情報・電子入門シリーズ 14

わかりやすい
量子力学
［第2版］

青木亮三 著
平木昭夫 校閲

共立出版

情報・電子入門シリーズ

刊行のことば

メモリチップを例にとると，この20年間3年ごとに集積度が4倍に増えるという集積回路技術の驚異的な進歩をベースにして，エレクトロニクス，コンピュータはすべての産業分野の基盤技術となってきている．これからは電子・情報工学を専門としない学生・技術者から一般ビジネスマンにいたるまで，この分野の知識が必要不可欠となるであろう．

本シリーズはこのような趨勢をうけて，進歩の激しいハイテク分野をわかりやすく解説し，電子・情報系の学生，技術者のみならず，専門外の方々でもついていけるよう工夫された入門書である．いずれも基礎的な内容を中心とし，必要な数式は導出過程を明らかにしている．なるべく例題を豊富にあげ，章末には演習問題をまとめてあるので，教科書としても，自習書としても自分の理解度を確かめながら先へ進んでいくことができよう．

これからの高度情報化社会でわが国が先端技術をリードしていくためには，技術者の層の厚さと質の向上をはかっていかなければならない．本シリーズがその目的に貢献できることを願うものである．

編集委員

柳澤　健　東京工業大学名誉教授・工学博士
寺田浩詔　大阪大学名誉教授・工学博士
志村正道　東京工業大学名誉教授・工学博士
白川　功　大阪大学名誉教授・工学博士
大附辰夫　早稲田大学教授・工学博士
古田勝久　東京工業大学名誉教授・工学博士

第2版に当たり

初版以来10年が経過してその間に計9刷で1万冊に近い出版に及び，多くの学生，技術者諸氏の教科書，参考書としてご利用いただいていることに著者として感銘を得ております．

それとともに，初版第3刷ぐらいまでは多くの誤記ミスプリントがあり，ご迷惑をおかけしたことを深くお詫び申し上げます．

その後の電子，情報工学の進歩発展は目ざましく，「情報・電子入門シリーズ」としては量子力学の基礎だけでなく，それを応用して理解できる固体電子論の平易な解説を加える必要を痛感致しておりましたので，この第2版では新たに12章を加え，さらに13章ではそれによって理解できるいくつかのエレクトロニクス素子の基本的な解説紹介を行っています．理工学系学生へのガイダンスとして有用と考えられますので，ご利用ください．

なお，演習問題などの数値計算には，物理定数の手近な引用が便利と考え，巻末に各種定数表およびエネルギー換算値を付記致しました．

筆者の住む甲南の地も初版脱稿の冬に不慮の震災に遭い，この10年を経て人々はなお懸命の復興に努めています．皆様のご多幸を祈ります．

2005年8月

著　者

序　文

このテキストは筆者が工学部電気系2年生に行った「量子力学」の講義録を基にしている．年間講義枠のうち実質の講義時間は21回程度である．その間に量子力学についてのいちおうの概念理解とともに，いくつかの典型的な場での問題計算が近似法も含めてできるように目次順序を考えた．各章平均2回の講義を考えて，この11章構成が1つの目安となっている．

従来の教科書は2つに大別される．1つは完成された理論体系に従い，数式の展開とともに講義の要点を記述するもので，系統的であるが，初心独学者には無味乾燥に近い．他は量子論に始まり，多くの分野での量子力学の展開例を含む該博大部な著書である．

最近の量子力学の応用は量子エレクトロニクスや物性科学など工学の分野にも及び，多くの一般学生が否応なく「量子力学」に遭遇するが，あまりに多数の書物やとても読破できない参考書の山を前にして茫然の態にある．そのためこのテキストでは，いかに冗長専門的な言及を省いて，最も基本的なエッセンスとして何を選ぶべきかを考え，それらをなるべく平易・明解に組み立てることに心がけた．とくに全体を通じて，読者がものの考え方の流れに従い自然に各章に移って読み進めるように留意したつもりであるが，皆様のご検討をいただければ幸いである．なお入門書ではあるが，読者が量子力学的概念や言葉の案内を得るための参考として，索引には多くの項目を載せた．

この稿の作成に当たっては先人の多くの著書を参考にさせていただいた．具体的な点については，学生にさらに参照を促すために該当各所に脚注としてあげたが，それ以外にも広く影響をいただいている．その中には著者の学生時代以来の古典ともいうべき朝永振一郎「量子力学Ｉ」，シッフ「量子力学」をはじめとして，小出昭一郎「量子力学Ｉ」，「量子論」には学生に情熱を伝えることを，阿部竜蔵「量子力学入門」には簡潔明快な記述を，望月和子「量子物理」には多くの具体的な計算例を，とりわけ原島鮮「初等量子力学」にはていねい平易な論理記述を学び深い感銘を得た．その他諸先生方にもここに深く謝意を表する次第です．また，量子エレクトロニクスに関連する応用例については講義の共同担当者である杉野隆氏に適切なコメントをいただいた．

本書の出版については，著者の多忙により執筆開始から脱稿まで2年を要し，共立出版(株)瀬水勝良氏に多大のお世話をかけた．

この年の夏は大変に暑く，執筆の多くは神戸の自宅の妻レイの机上を借りて行ったことを思い出としたい．

1994年　秋

著　者

もくじ

1 はじめに

2 量子力学の生まれるまで

3 シュレディンガー方程式

8 物理量と演算子

9 シュレディンガー方程式の近似解法

10 スピン

11 多粒子系の量子統計と交換相互作用

12　結晶内電子状態と電導性

13　エレクトロニクスへの応用

1 はじめに

「量子」という言葉は日常なじみの浅いものであるが，一方すでに「量子エレクトロニクス」などの先端的な用語も工業社会に現れている．これから学ぶ量子力学とはいったいどのようなものであるのか，またその学び方について，はじめに説明する．

1.1 量子力学とは

「量子力学」という言葉は聞き慣れないかもしれない．それは英語の Quantum Mechanics の訳語から出たもので，Quantum＝量子というのはたとえば粒子の速さ（または運動量）やエネルギーが連続的に変化するのでなくて，図 1.1 に示されるようにトビトビの値になる場合にその単位量を意味する．ポテンシャル場の中で，粒子がどのようにトビトビの運動量やエネルギーをもつ状態で存

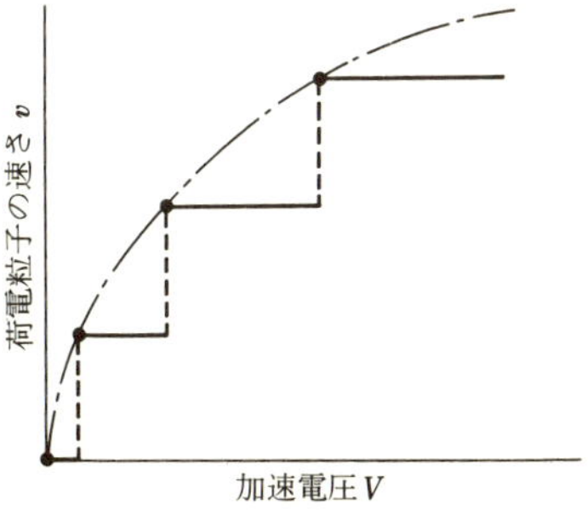

図 1.1 電界の中でトビトビの運動量 mv をもつ荷電粒子の例
—・— 曲線は $v=\sqrt{2eV/m}$ の連続的な関係

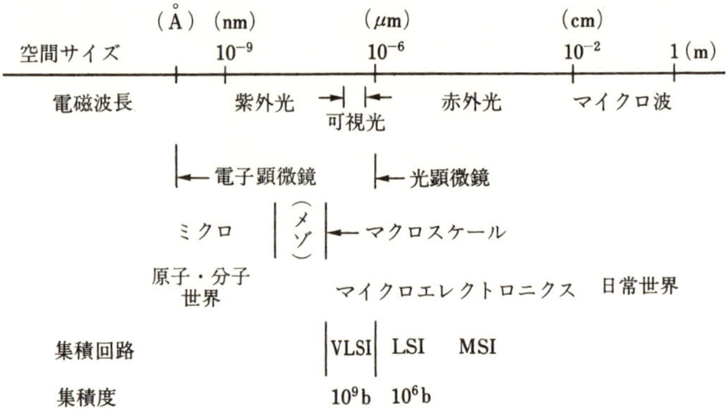

図 1.2　日常世界から量子効果の世界へ

在したり，運動するのかを調べるのが量子力学である．

たとえば図1.1で，金属内の荷電粒子に加速電圧 V を加えるとその速さ v は鎖線のように連続的に変化するが，半導体内の荷電粒子では実線のようにトビトビの値に変化する．

このようなことは化学の世界ではかなり以前から認められていた．それは水や炭酸ガスのような化合物は，決まった割合の物質が反応して一定組成のものが生成されるが，これは物質がどこまでも細かく連続的に分割できて，任意の割合で反応すると考えたのでは説明できないことで，結局，物質の最小単位として原子や分子という粒子が存在しており，その質量や電荷が量子化されていることで理解された．

それと同じようにエネルギーや運動量が粒々の単位で測られるようになるのは，物の大きさや，考える空間の大きさがあるレベルよりも小さくなったときである．そのスケールを図1.2に示すが，エネルギーや運動量の量子効果が表れる原子や分子の世界は 10^{-10}～10^{-8}m 以下である．これをわれわれが日常に見えるマクロ（巨視的）世界に対してミクロ（微視的）世界という．

ところが最近，もう少し大きなサイズ（メゾスコピック）の系でも量子効果が起こることがわかってきた．そこでは物質内であっても電子が自由に飛行できる距離（平均自由行程）や光の波長よりも小さいサイズの空間であり，電子のホール係数が量子化されたり，光との相互作用が連続的でなくなったりして新しい量子エレクトロニクスの領域が開かれようとしている．

1.2 量子力学の学び方

おそらく，あと10年もすれば中学校までに古典力学を修めて，高校からは量子力学がやさしく教えられ，今までのニュートン (Newton) の運動方程式と同じようにシュレディンガー (Schrödinger) 方程式を学ぶことになるであろう．そして企業や家庭でも量子効果が当り前のように応用されることになると予想される．

量子力学も初めに仕組みがわかれば後はどんどんそれを使って問題を解いて慣れてゆくことが大事であり，そのためにここではなるべくわかりやすく説明してゆくつもりである．考えてみれば皆さんが高校で習って日常使い馴れている古典力学の運動の法則も，その原理は生やさしいものではなくて，ニュートンの原著「Principia」はきわめて難解で哲学的なものであるが，皆さんはそんなことにはお構いなく与えられた方程式を用いて力学の問題を解き，人工衛星がそれに従って飛行している．しかしたとえば加速度と力が比例関係にあり，その係数の質量と重量の関係などはけっして直観的にわかりやすいものではなく，また重い物体を水平に運ぶだけでは仕事としないという結果はおよそ生理的感覚からは程遠いものであるが，あえて皆さんは疑問をはさまずに習っていますが，思えば不思議なことである．それと同様に，量子力学における物理量の演算子表現なども新しい量子論のエッセンスを学んだ後は，1つの法則としてどんどん使ってゆくことが，それのもつ有用性から必要と考えられる．

演習問題

1.1 化学反応が $2\,\mathrm{H}+\mathrm{O}\rightarrow \mathrm{H_2O}$ のように，必ず水素ガスと酸素ガスが2：1のモル比で反応する事実を説明するには，H 原子と O 原子の物質存在単位が必要であることを考えよ．また合金 $\mathrm{A}_{1-x}\mathrm{B}_x\ (0<x<1)$ のように種々の割合で固溶する場合はこの原子説ではどのように考えられるか．

1.2 物体 (M) を重力空間の定位置に保持するだけで手の筋肉がエネルギーを消費するのはどうしてだろうか．

1.3　キャリア密度 n(/m^3) の半導体では，素子のサイズが $L=2(\pi/3n)^{\frac{1}{3}}$ に近くなるとエレクトロニクスに量子効果が現れる．$L=0.1\,\mu\mathrm{m}=10^{-7}\,\mathrm{m}$ の集積素子で，それが生ずるとすると，その半導体の n はいくらほどか，またその素子の集積面密度（/cm^2）はどの程度か．

2 量子力学の生まれるまで

20世紀の初めには人類の自然に対する理解が飛躍的に発展した．いままで完全な学問体系と思われていたニュートン力学やマクスウェル電磁波論では，原子の世界のようなミクロ現象の理解に破綻が生じ，それを超えての新しい観点を求めざるを得なかった．当時の人々の苦悩と模索の末に辿り着いた量子論の考え方を，典型的な電磁波である光についての理解から物質波に至る道筋に沿って訪ねてみよう．

2.1 光は波とみられていた

2.1.1 光の直進，屈折，分散

光は人間にとって大事なもので，視覚に関連する領域は脳の主要な部分を占め敏感に検知される．光は矢のように進んで影をつくるので，大昔は光源から粒子が光線のように放射されると考えていた (図 2.1)．しかしそれだけでは説明できないことが見出されてきた．太陽光をガラスの三角断面をしたプリズムに入射させると虹のように，いろいろな色の光成分によって屈折角が異り分散

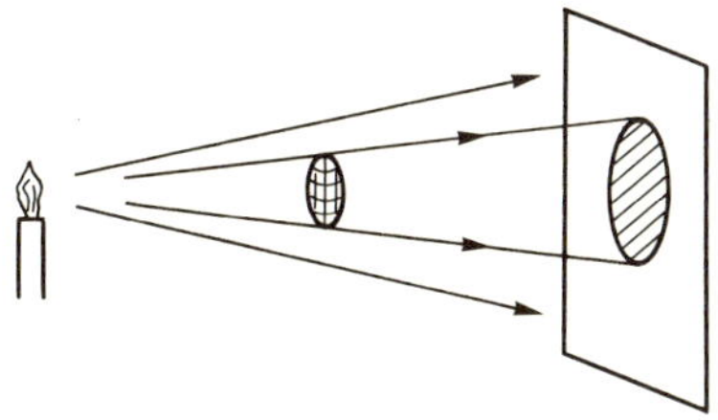

図 2.1 直進する光線による物体の影

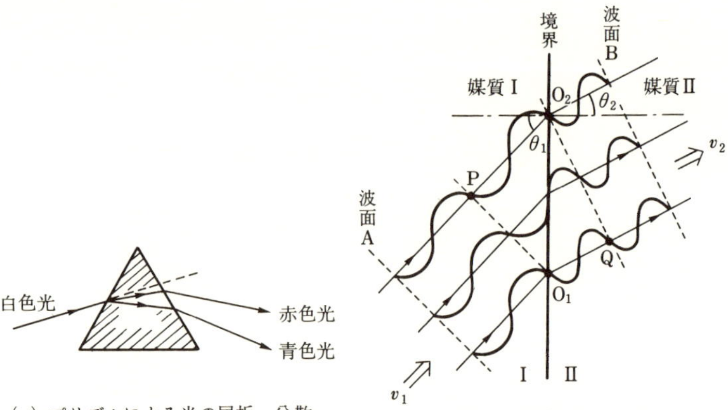

(a) プリズムによる光の屈折・分散

(b) 波動の媒質界面での伝播変化

図 2.2　光の屈折

する(図 2.2(a)). 空気とガラスのように異った物質の界面で, どうして光線は折れ曲がるのか.

ホイヘンス (Huygens) は光を波と考えて, 物質内での光の波の進む速さが物質の種類や光の色 (振動数) によって異るために光路の屈折が起こることを図 2.2(b)のように示した. それはちょうど自動車が道路の縁から砂地へ斜めに突込むときに先に砂地に入った車輪が遅くなり, ハンドルをとられて大きく曲がるのと同じ仕組みである. もう少しよく理解できるように, 次に波の性質を調べよう.

2.1.2　波動の性質

波動とはたとえば水面を進む波紋のように, 1つの時間 t_0 の瞬間をみると水面という空間 (x, y) に広がった周期的な変化 (水面の高さが高低を繰り返す模様) であり, またその一点 (x_0, y_0) に注目すると, 時間とともに周期的に上下振動を繰り返している. いま水面の高さ I を x, t で表すと, その様子は図 2.3 に示されている.

そこでは

$$\left.\begin{array}{lll} \text{ある時間 } t=0 \text{ では} & & I(x,0)=A(0)\cos kx \\ \text{ある点}\quad x=0 \text{ では} & & I(0,t)=B(0)\cos \omega t \end{array}\right\} \qquad (2.1)$$

のようなそれぞれ単振動となっている.

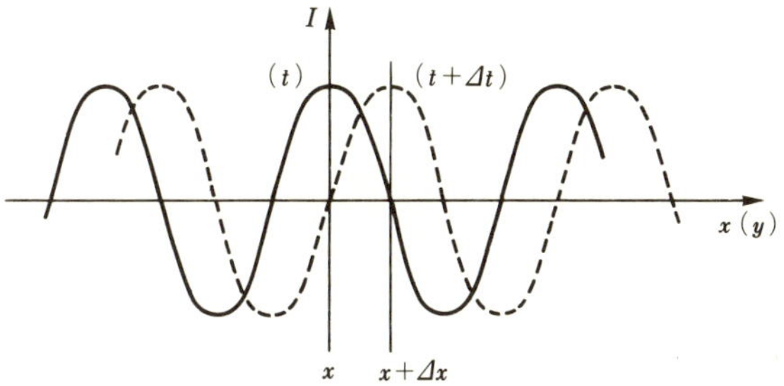

図 2.3 波動の空間 (x) 変化と時間 (t) 経過

ここで k は**波数**，ω は**角振動数**と呼ばれる．また**波長** λ とは波の山から山，谷から谷のように同一位相点間の距離であるので，次の関係式が成り立つ．

$$\cos kx = \cos k(x+\lambda) = \cos(kx+k\lambda) = \cos(kx+2\pi)$$

上式より $k\lambda=2\pi$．したがって $\lambda=2\pi/k$ と表される．逆に波数 $k=2\pi/\lambda$ は単位長さ 2π(cm) の中にある波（の山）の数といえる．

同様に**周期** T とは1つの点の振動で，同一位相状態（山とか谷）が再び現れるまでの期間であるので，次の関係式が成り立つ．

$$\cos \omega t = \cos \omega(t+T) = \cos(\omega t+\omega T) = \cos(\omega t+2\pi)$$

上式より $\omega T=2\pi$．したがって $T=2\pi/\omega$ と表される．

逆に $\omega=2\pi/T$ は単位時間 2π（秒）当りに振動する回数といえる．なおよく用いられる毎秒当りの**振動数** ν(Hz) は $\nu=\omega/2\pi$ である．

式 (2.1) をまとめて表すと

$$I(x, t) = 2C\cos kx \cos \omega t = C[\cos(kx-\omega t)+\cos(kx+\omega t)] = I_1(\theta_1)+I_2(\theta_2) \quad (2.2)$$

ここで第1項 I_1 を進行波，第2項 I_2 を逆行波という．

その意味を調べるために，波の山が進む速度（**位相速度**）v についてみてみよう．図2.3に描かれているように，たとえば波の山 ($\theta=0$) の位相点を考えると，それが時間 t に x の位置にあったものが，その後の時間 $t+\Delta t$ には $x+\Delta x$ に移っているとしよう．ここで式 (2.2) の第1項 $I_1(\theta)$ の場合には

$$\theta = 0 = kx-\omega t = k(x+\Delta x)-\omega(t+\Delta t)$$

の関係となる．これから $k\Delta x-\omega\Delta t=0$．すなわち，この山の進む速度は

$$v \equiv \frac{\Delta x}{\Delta t} = \frac{\omega}{k} \tag{2.3}$$

となり，$v>0$ である．すなわち波の位相点は x の正方向に速さ $v=\omega/k$ で進むので進行波と呼ばれる．

ところが，式 (2.2) の第2項の場合には

$$\theta = 0 = kx + \omega t = k(x+\Delta x) + \omega(t+\Delta t)$$

となり，これから $k\Delta x + \omega\Delta t = 0$ となり，この山の進む速度は

$$v \equiv \frac{\Delta x}{\Delta t} = -\frac{\omega}{k}$$

となり，$v<0$ である．すなわちこの場合の波は，x の負方向に同じ速さ ω/k で進むので逆行波と呼ばれる．

いずれにしても単振動の波の進む速さ＝**位相速度の大きさ**は ω/k で表されるが，これは式(2.2)の上の説明での $\omega=2\pi/T$, $k=2\pi/\lambda$ を用いると $v=\lambda/T$ となり，波は周期 T の間に波長 λ だけ進むことになる．

2.1.3　光の回折と干渉

光を波と考えることを支持する，さらにはっきりした事実がわかってきた．

（a）　回折現象

図2.1で物の影を見たのとは逆に，図2.4のように，グリマルディ (Grimaldi) は光源のそばに衝立をおいて，それにあけられた径 d が 1mm 程度の細い孔を通った明るい光の像を $L=1$m 程度も遠くに離れたスクリーンの上に映して詳しく調べた．するとスリットによる小さな点光源からの直進光線はどこま

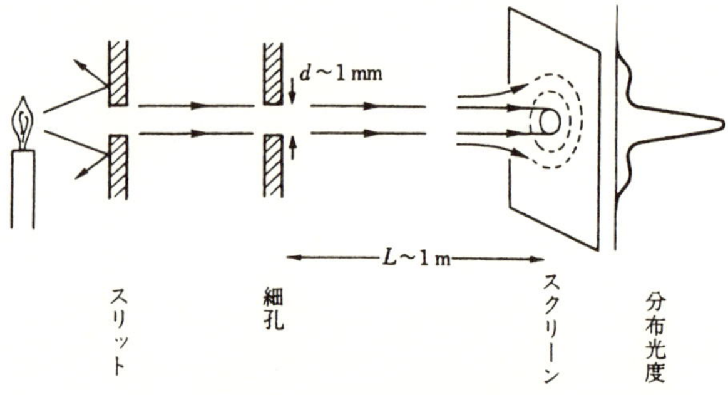

図 2.4　細孔による光の回折実験

で行っても明瞭な孔の縁の像を示すはずなのに，実は孔像の周辺に 0.6mm 程度の範囲にぼやけた滲み出しの光像が存在することがわかった．これは光の一部が孔を通ってから光線の外側に回り込んでいることを示すもので，回折現象という．波にはこのような回り込みがあることは，たとえば図 2.5 に描かれている港の防波堤の切れ目から沖からの直進波とは別に新しい波が広がってゆくことからも知られている．

（b）　干渉効果

ヤング（Young）が図 2.4 の衝立に細孔を 2 個近づけてあけたところ，さらに興味ある現象が生じた．それは図 2.6 に示すように 2 つの孔を通った回折波の山や谷が重なり合って，強め合ったり弱め合ったりして光の明暗（強弱）の

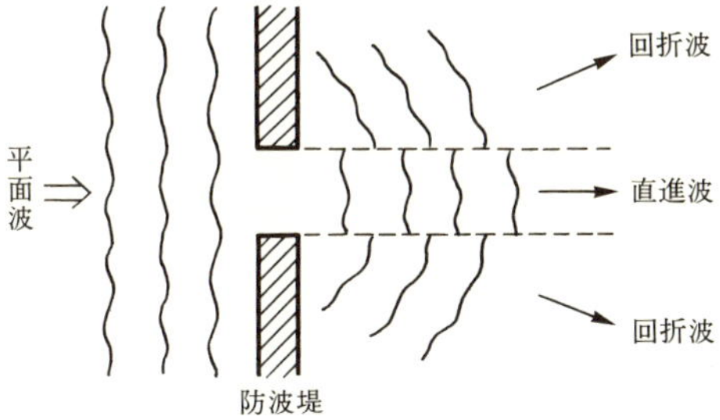

図 2.5　防波堤切れ間からの新しい波の発生

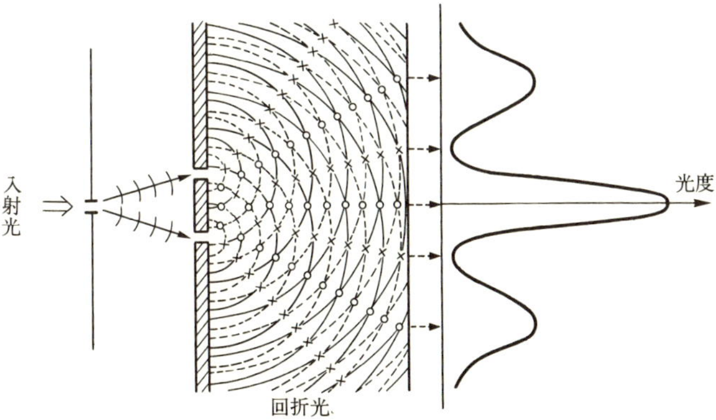

図 2.6　2 つの細孔による光の回折干渉実験
実線は山の波面を，点線は谷の波面を表す．
そして○印は強め合う点，×印は弱め合う点となる．

縞模様が生ずることがわかった．これを干渉効果という．光を光源から放射する粒子とみたのでは，ある瞬間には粒子はどちらかの孔だけしか通らないので，結局個々の孔の光像の足し合わせにしかならないので，2つの細孔の間が明るい図2.6のような縞模様は理解できない．

このようにして光の性質は光波という概念で17世紀頃から理解され，さらに赤外線からラジオ波までも含めて広く**電磁波**としてとらえられて，有名なマクスウェル（Maxwell）の波動方程式で統一的に表現された．

2.2　光は粒子でもある

一方，光を波とみるならば太陽から地球に届く光波は途中の真空宇宙空間をいったい何の媒質が振動して伝えられるのかという疑問が生じてきた．そして20世紀初頭に，どうしても光波では説明できない現象が発見された．

2.2.1　光電子効果

金属などのきれいな物質表面に光を当てると，図2.7のように光が吸収されて代りに電子が飛び出すことをレナード（Lenard）が発見した．光電子効果というこの実験は，次の特徴をもっている．

①　電子が飛び出すのは，照らす光の振動数 ν が一定の値 ν_0 以上の場合に限る（図2.8(a)）．ν_0 は物質によって定まっており，それ以下の振動数（$\nu<\nu_0$）の場合には，いくら明るい光（強度大）でも表面で反射されるだけで，電子は放出されない（図2.8(b)）．

②　光によって電子が放出される場合（$\nu>\nu_0$）には，飛び出る電子のうちの

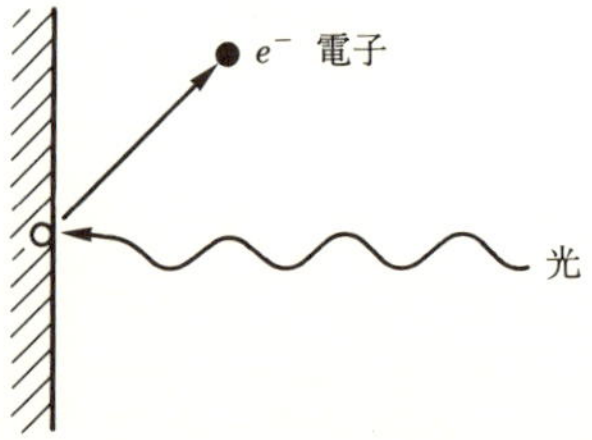

図 2.7　光電子効果

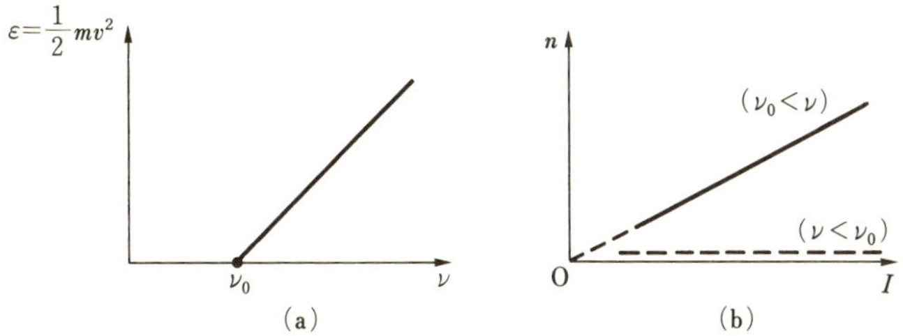

図 2.8　照射光の振動数 ν，強度 I と放出される光電子の運動エネルギー ε，および放出個数 n の関係

最高エネルギー ε は光の振動数 ν と図 2.8(a) の関係にあり，これを式で表すと次のようになる．

$$\varepsilon=\frac{1}{2}mv^2=h(\nu-\nu_0)=h\nu-W \tag{2.4}$$

光の強度は光波 $I=A\cos(kx-\omega t)$ の場合，その振幅の自乗 A^2 に比例する*)．ところが明るい光は図 2.8(b) のように飛び出る電子の数を多くするが，エネルギー ε には関係しない．この現象はどのように考えればよいのであろうか．光のエネルギーが電子に移るとして，光の強度が電子のエネルギー ε に関係しないということは，光を波とみる限り理解できない．アインシュタイン (Einstein) はこの事実を次のように理解した．

①　光はこの場合，波とみるよりは粒子である．振動数 ν の光波はエネルギー $\varepsilon=h\nu$ の光(粒)子と考えられる．

②　上の式の $W=h\nu_0$ は物体の内部に束縛されている電子を表面外にまで解放するためのエネルギー(仕事関数)とすれば，この問題は 1 個の光子と 1 個の電子の間の衝突相互作用と考えてエネルギー保存則が満足される．

③　比例定数 h はプランク定数と一致するものである．

実はこのアインシュタインの光量子説が発表された 1905 年直前の 1900 年にプランク (Planck) が，当時発展していた鉄鋼産業の熔鉱炉の発光スペクトル分布と炉内温度の関係解析から次のような量子仮説を提唱した．

物質が振動数 ν の光を吸収したり放出するときは，やりとりされるエネルギ

---

*)　光も電磁波の一種であり，電気ベクトル $\vec{E}$ と磁気ベクトル $\vec{B}$ が互いに垂直方向に振動しながら空間を伝播してゆく．E も B も振幅 A に比例するので，光波のエネルギーは $|\vec{E}\times\vec{B}|\propto A^2$ に比例する．

一はつねにトビトビの量で，その値は $h\nu$ の整数倍である．

この係数 h は，プランクによって次の数値が与えられた．

$$h=6.626\times10^{-34}\,\mathrm{J\cdot s}$$

なお式（2.4）の ν を角振動数 ω で表現するときは $\varepsilon=(h/2\pi)\omega$ となり，これを $\varepsilon=\hbar\omega$ と表す．この比例定数 $\hbar$（エッチバー）の値は

$$\hbar=1.0_5\times10^{-34}\,\mathrm{J\cdot s}$$

のように簡単な値なのでよく用いられる．

2.3 物質波の考え

2.3.1 光は波でもあるし，粒でもある

光はある現象では波の性質をもち，他の現象では粒子の特徴をもつ．光を波動か，粒子かどちらかに決めてしまってはすべての実験事実を説明することができない．この両面性のいずれもが真実である，というのが結論である．

このように20世紀以後の新しい科学では，それまでの古典力学や電磁気学で得られた明快な直観的描像とは異って，両面性とか，不確定性のように日常の目で見える巨視的な系での常識を否定するような複雑な視点を必要とするようになった．そこで次のような問題意識が生じた．

光のように，波とみられているものが粒子でもあるのなら，逆にいままで粒子（の集り）と考えていた自然界の物質も波動の性質を備えているのであろうか．物質はすべて原子=「イオン」+「電子」から構成されている．その電子にも波動性があるのだろうか．

2.3.2 電子線回折

電子は粒子ビームとして図2.9のような装置で真空中に取り出すことができる．これを光の場合のように細孔を通したあとの像を観察するために，ブラウン管の中に細孔スリットと蛍光板をおくと，電子が到達した点が輝く．光波の場合のように孔像の周縁部を調べてみるが，電子の場合には図2.4のような L や d の大きさの実験ではとても回り込みぼやけや干渉縞は現れない．そこでダ

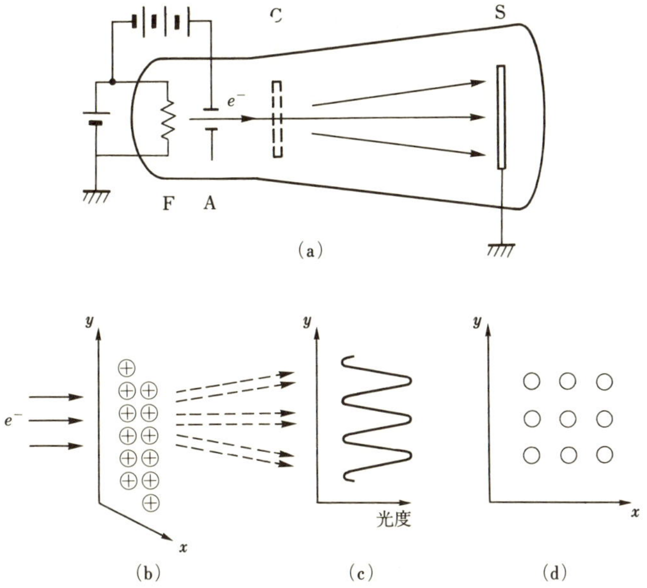

図 2.9 ブラウン管による電子線回折の実験
(a) ブラウン管の構造
F：熱電子放出フィラメント，A：加速電極
C：薄い結晶試料，S：蛍光板
(b) 結晶内のイオン格子
(c) 結晶透過電子が蛍光板に映す光度分布 (y 方向)
(d) 蛍光板 (x, y) 上の光の 2 次元点像

ビットソン (Davidson) とガーマー (Germer) および菊池らは人工の孔やスリット板の代りに金属膜や雲母などの結晶の原子配列のすき間を利用して実験を行ったところ図 2.10 に示されるような明瞭な回折像が現れた．この場合，入射電子（線）波に対して原子は網の目のように配列しているので，回折干渉像は図 2.6 のような縞模様がさらに平面的に多数重なり合って，このように点配列となるのであって，電子の粒が原子配列の間を直進してそのまま影をつくっていると考えた場合の像ではない．

このような結晶回折像は光波の波長がもっと短くなった X 線入射でも同様に観測されている．この結果から，いままで粒子としか考えられなかった電子やイオンなどすべての物質粒子もまた，波動と粒子の両面性をもっていることがわかった．

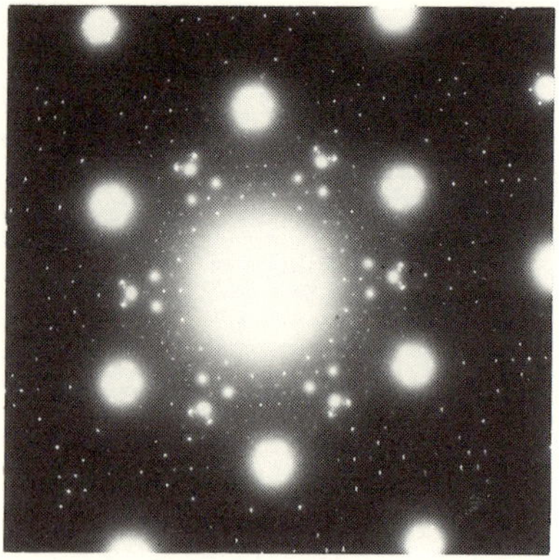

図 2.10　雲母に似たNbS_2単結晶に，さらにアニリン分子が配列した試料の電子線（200 keV）回折像（藤田，青木，1983）

2.3.3 ド・ブロイ（de Broglie）の軌道電子波の考え

電子は，ふつう原子内で核やイオンのまわりを図 2.11 のように円軌道を描いて運動している．この粒子を波と考えると面白い特性が現れてくる．それは軌道の上を進行する電子の波は，1周したときに図の A のように同じ位相で重なり合わなければならない．そうでないと B のように山や谷のいろいろな位相で重なって何回も回っていると，電子波は打ち消されてしまう．A のようになる

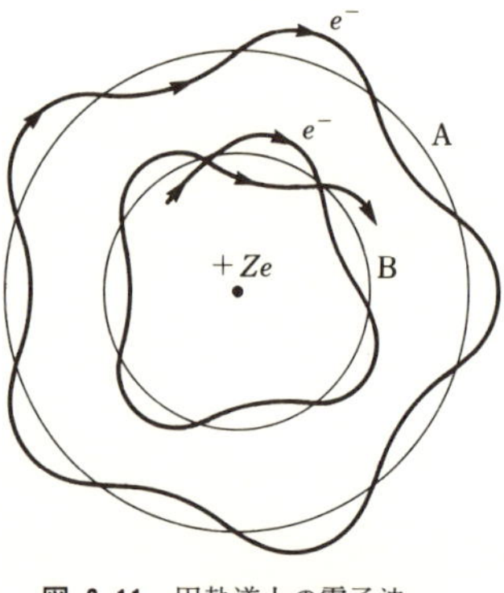

図 2.11　円軌道上の電子波
A：軌道上定在波
B：軌道上非定在波

条件は（円）軌道半径を r とすると，1周長の長さ $2\pi r$ が電子波の波長 λ の整数倍であればよい．すなわち

$$2\pi r = n\lambda \quad (n=1, 2, 3, \cdots) \tag{2.5}$$

したがって電子の軌道は，その半径が $r_1=(\lambda/2\pi)\,n_1$，$r_2=(\lambda/2\pi)\,n_2$，…のように整数値 n_1，n_2 によってトビトビの値しかとれない．すなわち原子内の電子の軌道は量子化されることになる．2.1.2 項の波動の性質で述べた，波数 $k=2\pi/\lambda$ を波長 λ の代りに用いると，上の関係はさらに簡単に次式となる．

$$kr = n \quad (n=1, 2, 3, \cdots) \tag{2.6}$$

2.3.4 ボーア（Bohr）の量子論

原子内電子状態の量子化については，別に粒子の軌道運動エネルギーの観点からボーアが考えていた．すなわち電子を質量（m），電荷（$-e$）の粒子として，それが正電荷（$+Ze$）の核の周囲の一定軌道を回っている状態の全エネルギーは，運動エネルギーとクーロンポテンシャルエネルギーの和として次のようになる．

$$E = \frac{m}{2}v^2 - \frac{Ze^2}{4\pi\varepsilon_0 r} \tag{2.7}$$

この円運動では，半径方向にクーロン力（Ze^2/r^2）と遠心力（mv^2/r）が釣り合っていることになる．すなわち

$$\frac{Ze^2}{4\pi\varepsilon_0 r^2} = \frac{mv^2}{r} \tag{2.8}$$

したがって

$$\frac{mv^2}{2} = \frac{p^2}{2m} = \frac{Ze^2}{8\pi\varepsilon_0 r}$$

これを式（2.7）に用いると

$$E = -\frac{Ze^2}{8\pi\varepsilon_0 r} \quad \text{すなわち} \quad p = \sqrt{2m|E|} \tag{2.9}$$

が得られる．だから軌道運動電子のエネルギーは軌道半径によって決まる．

原子内では多くの電子が図 2.12 のようにそれぞれ異った半径の軌道を運動しているが，これに光（振動数 ν）を入射すると，図 2.13(a) の特徴的な線スペクトルで光の吸収，放出が起こる．水素原子の場合，光速を c，波長を λ として

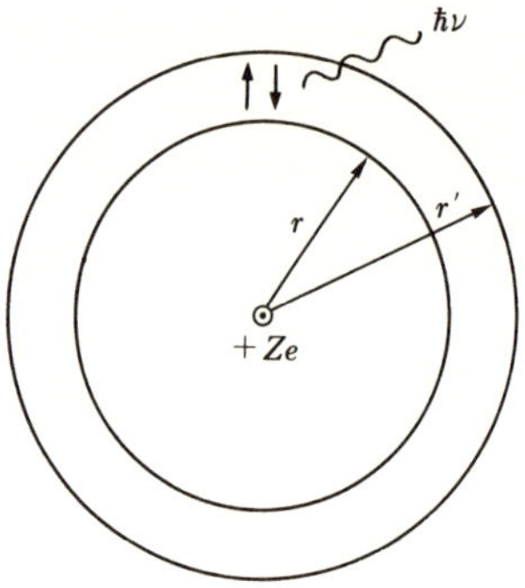

図 2.12　原子内の電子軌道間励起

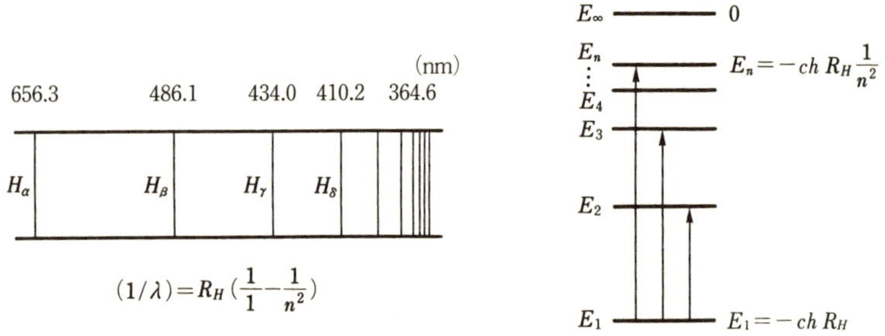

(a) 光吸収線スペクトル(n=1, バルマー系列)　　(b) トビトビのエネルギー状態レベル

図 2.13　水素原子の光吸収スペクトルとエネルギー系列

$$\nu_{nn'}=\frac{c}{\lambda}=cR_H\left(\frac{1}{n^2}-\frac{1}{n'^2}\right)\quad (n,\ n'=1,2,3,\cdots,n<n') \qquad (2.10)$$

のような規則性で表される．これは電子が2つの項のおのおので表される，図2.13(b) のようなトビトビのエネルギーの軌道

$$E_n=-\frac{chR_H}{n^2}\quad (n=1,2,3,\cdots) \qquad (2.11)$$

にあって，光($h\nu$)によって n, n' 軌道間を飛び移っているものと考えられる．実際に $n'=n+q\gg n$ とすると，式 (2.10) から近似的に

$$\varDelta E_{nn'}=h\nu_{nn'}\backsim qh\nu_n\quad (q=1,2,3,\cdots)$$

のプランクの量子論の関係が導かれる．式(2.10)の R_H は $R_H=1.097\times10^7\,\mathrm{m}^{-1}$ と観測され，**リュドベリー** (Rydberg) **定数**という．

電子は光入射などがなければ式（2.11）の軌道で一定のエネルギー状態（定常状態）を保っていると考えられる．

そこでは電子は式（2.7），（2.9）で表される通常の力学の法則に従って軌道運動をしている．このようなトビトビの軌道状態*) はどのようにして決められるのであろうか．円軌道の場合には，中心からのクーロン力に対して電子の運動方向はつねに直交しているので仕事はされず，$E=p^2/2m$ は時間的に一定である．一般の楕円軌道の場合にはこの直交関係は各点では保たれないが，この場合も軌道 (n) 上の 1 周積分形式 $\oint_n \boldsymbol{p}\cdot d\boldsymbol{r}=C$ では定数 C が保たれることがケプラー以来の古典力学で，作用積分の法則として知られている**)．

ボーアは種々の考察の結果，この一定値 C という作用積分量が実は軌道 n によってトビトビの値でプランク定数 h の整数倍であると判断した．すなわち

$$\oint \boldsymbol{p}\cdot d\boldsymbol{r}=nh \quad (n=1,2,3,\cdots) \tag{2.12}$$

これをボーアの軌道運動量子化条件という．

円軌道の場合に適用すると，軌道上で $|\boldsymbol{p}|=$一定であるから

$$\oint \boldsymbol{p}\cdot d\boldsymbol{r}=p\cdot 2\pi r=nh \qquad \therefore \quad pr=n\hbar \tag{2.13}$$

2.3.5　粒子性と波動性の関係

式（2.13）の表現と，2.3.3 項でド・ブロイによって与えられた式（2.6）を合わせると，一般的な次の関係式が得られる．

$$\boldsymbol{p}=\hbar\boldsymbol{k} \tag{2.14}$$

すなわち，物質を波動とみたときの波数 $\boldsymbol{k}$（波面の進行方向に $k=2\pi/\lambda$ の大きさをもつベクトル）と粒子とみたときの運動量 $\boldsymbol{p}$（粒子の進行方向に大きさ $p=mv$ をもつベクトル）の間には上記の比例関係があり，これを**ド・ブロイの関係式**という．

いままでの物質波についての結果をまとめると，物質は粒子性と波動性の両面を備えていて，両者の特性の間には表 2.1 の関係がある．

---

*)　式（2.9）と（2.11）を比較すると，軌道半径 r が n によってトビトビになっていることがわかる．

**)　これは円軌道上の $p=$一定に代って，楕円など一般軌道上では，1 周軌道上の平均値 $\bar{p}=$一定を意味する．

表 2.1　物質の粒子性と波動性の関係

	アインシュタインの関係	ド・ブロイの関係
関係式	$\varepsilon=h\nu=\hbar\omega$	$\boldsymbol{p}=\hbar\boldsymbol{k}$
粒子性	エネルギー　$\varepsilon=mv^2/2$ 速さ　v	運動量　$\boldsymbol{p}=m\boldsymbol{v}$ 質量　m
波動性	振動数　$\nu=\omega/2\pi$ 周期　$T=1/\nu$	波数　$\boldsymbol{k}$ 波長　$\lambda=2\pi/\lvert\boldsymbol{k}\rvert$

この表2.1*) の関係式はこれから量子力学を学んでゆくのにぜひ必要なので，まとめて記憶しておくことである．

演習問題

2.1　図2.2において媒質IとIIでは波の位相速度が v_1, v_2 のように異る．その場合に伝播する波面の進行方向が境界で屈折することを図の上の記号P, Q, O_1, O_2 を用いて説明せよ．媒質の屈折率 n と波数 k が比例するとして，屈折角 θ_1, θ_2 と n_1, n_2 の関係式を導け．

2.2　式 (2.10) の右辺の表現に $n'=n+q\,(n\gg q)$ を用いると，近似的に

$$\varDelta E_{nn'}=h\nu_{nn'}\sim q\cdot\left|\frac{2E_n}{n}\right|$$

の形が得られることを示せ．

2.3　水素原子内軌道運動のエネルギー E についての式 (2.9) の古典的表現に，E が整数 n によって量子化されている式 (2.11) の実験結果を用いると，軌道半径 r および運動量 p が n によってどのように量子化されるかを示せ．

このpと r の表現 (R_H を含む) を古典力学の作用積分の法則に用いると，式 (2.12) と同じ形で n に比例して積分が量子化されることを示せ．

2.4　上記の計算から，リュドベリー定数が

$$R_H=\frac{me^4}{8\varepsilon_0{}^2h^3c}$$

で表されることを導け．

物理定数表から電子の質量 m(kg)，電荷 e(クーロン)，真空誘電率 ε_0，プランク定数 h の値を求めて，R_H を計算して，実際の数値 $1.1\times10^7\,\mathrm{m}^{-1}$ が得られる

*)　表2.1の関係には粒子の速さ v が光速 c に近くなるときに現れる相対論効果は含まれていない．

ことを示せ.

2.5 表 2.1 の関係から電子について粒子性と波動性の各特性量の間の以下の換算をする.

すなわち電位差 $V = 100\,\mathrm{kV}$ の極板間で加速された電子の運動エネルギー E (J) と速さ v(m/s) の値を求める. 次にこの電子線を波動とみた場合の振動数 ν (s^{-1}) と波長 λ(m^{-1}) を表 2.1 に従って計算せよ.

また加速電圧 V と波長 λ の関係式を求めよ.

3 シュレディンガー方程式

いよいよ量子力学への出発点として，古典力学のニュートン運動方程式に相当するシュレディンガー方程式の記述の方法を学ぶ．そこでは，観測する物理量を演算子で表現するという新しい概念を用いる．また，特別な条件のときだけ方程式に固有解が存在することが量子性の源であることがわかる．

この章からいよいよ量子力学を具体的に手に入れる第一歩に入ろう．ちょうど古典力学でのニュートン運動方程式に対応して，物質の（波動）状態を求める方程式を学ぶ．これを使って，具体的に問題を解く方法をぜひ習得していただきたい．

3.1 波動方程式

3.1.1 古典的な波動

物質波の表現は1次元方向に振動伝播する進行波として式(2.1)で，空間座標 x と時間 t を用いて，次のようになる（複素関数表示も示す）．

$$\left.\begin{aligned} &\phi(x, t)=A\cos(kx-\omega t) \quad \text{または} \quad B\sin(kx-\omega t) \\ &\phi(x, t)=I\exp[i(kx-\omega t)]^{*)}=I\cos(kx-\omega t)+iI\sin(kx-\omega t) \end{aligned}\right\} \tag{3.1}$$

これらはいずれも次の性質をもっている．

$$\frac{\partial^2\phi}{\partial x^2}=-k^2\phi, \qquad \frac{\partial^2\phi}{\partial t^2}=-\omega^2\phi \tag{3.2}$$

---

*） $\exp[Q]$ という表現は指数関数 e^Q と同じである．

したがって，式(2.3)で得られた $v=\omega/k$ で表される位相速度 v を用いると

$$\frac{\partial^2\psi}{\partial t^2}=v^2\frac{\partial^2\psi}{\partial x^2} \quad \text{または} \quad \frac{\partial\psi}{\partial t}=-v\frac{\partial\psi}{\partial x} \qquad (3.3)$$

の微分方程式でその特性が表されることになる．

3.1.2 3次元空間波の表現

3.1.1項では簡単のために波は x 方向にだけ変化する1次元波を考えたが，一点から発生した音波が球面波となって，伝播するように，一般には3次元〔$\boldsymbol{r}(x, y, z), t$〕波を考えなければならない．そのときは

$$\begin{aligned}\psi(x, y, z, t) &= I\exp[ik_x x]\cdot\exp[ik_y y]\cdot\exp[ik_z z]\cdot\exp[-i\omega t]\\ &= I\exp[i(k_x x+k_y y+k_z z)-i\omega t]\\ &= I\exp[i(\boldsymbol{k}\cdot\boldsymbol{r}-\omega t)] \qquad (3.4)\end{aligned}$$

同様に

$$\psi(x, y, z, t)=A\cos(\boldsymbol{k}\cdot\boldsymbol{r}-\omega t) \quad \text{または} \quad =B\sin(\boldsymbol{k}\cdot\boldsymbol{r}-\omega t)$$

でもよい．ここで $\boldsymbol{k}$ は成分 (k_x, k_y, k_z) をもつ波数ベクトルと呼ばれるもので，図3.1に示すように波面（波の山や谷のような同一位相部分）の進行方向に沿って，大きさが $|\boldsymbol{k}|=\sqrt{k_x{}^2+k_y{}^2+k_z{}^2}=2\pi/\lambda$ というベクトルである．それに対して $\boldsymbol{r}$ は (x, y, z) の位置座標ベクトルである．

このような3次元波動の場合には

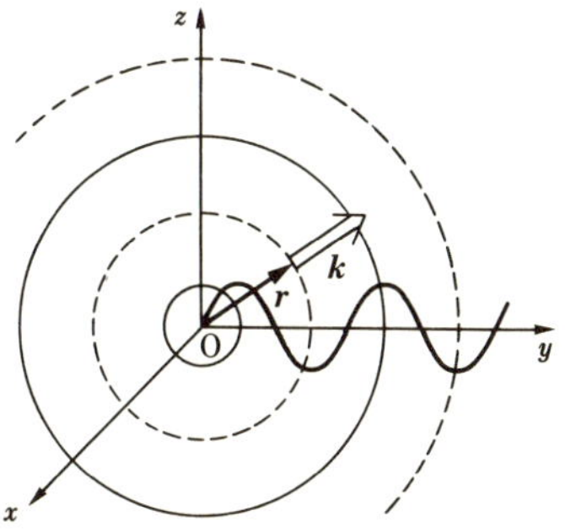

図 3.1 3次元空間に広がる波

$$\left.\begin{aligned}&\frac{\partial^2\psi}{\partial t^2}=-\omega^2\psi \quad \text{とともに}\\&\frac{\partial^2\psi}{\partial x^2}+\frac{\partial^2\psi}{\partial y^2}+\frac{\partial^2\psi}{\partial z^2}\equiv\Delta\psi\equiv\nabla^2\psi=-(k_x{}^2+k_y{}^2+k_z{}^2)\psi=-k^2\psi\end{aligned}\right\} \tag{3.5}$$

となるので*)，$k^2=\omega^2/v^2$ の関係を利用すると，一般的な波動方程式は

$$\frac{1}{v^2}\frac{\partial^2\psi}{\partial t^2}=\Delta\psi \tag{3.6}$$

の形に表現される**)．

3.1.3　物質波の波動方程式

ここまでは，一般的な波動の振動数 ω と波数 $\boldsymbol{k}$ の間の位相速度の関係 $v=\omega/|\boldsymbol{k}|$ を用いた波動方程式であるが，ここで表 2.1 に表されている物質波の特徴を入れてみよう．すなわち

$$\left.\begin{aligned}&\text{エネルギーの関係} && E=\frac{p^2}{2m}=\hbar\omega\\&\text{運動量の関係} && \boldsymbol{p}=\hbar\boldsymbol{k}\\&\therefore && \hbar\omega=\left(\frac{\hbar^2}{2m}\right)k^2\end{aligned}\right\} \tag{3.7}$$

これが物質波の振動数 ω と波数 k の間の新しい特性関係である．

これを一般的な位相速度の表現である式 (2.3) の $\omega=vk$ と比較すると，$v=(\hbar/2m)k$ となり***)，波面の進行速度 v が波長 $\lambda=2\pi/k$ によって変わり，一定ではないことを意味する．

そのためにいま図 3.2 のように，いろいろな波長 λ の波を重ね合わせた合成波で $t=0$ に 1 つの大きな波頭 (**波束**) をつくっても，各成分波の進む速さ v が異るので時間の経過とともに波頭は崩れて波束は分散する．このような意味から，式 (3.7) のような $\omega=\omega(k)$ の関係を一般に**波動の分散関係**といって，波

*) Δ のベクトル演算記号はラプラス方程式で用いられるのでラプラシアンと発音される．また $\Delta\equiv\nabla\cdot\nabla=\nabla^2$ と表される．$\nabla\left(\frac{\partial}{\partial x},\frac{\partial}{\partial y},\frac{\partial}{\partial z}\right)$ 演算記号はナブラ (nabla) またはデル (del) と呼ばれる．

**) 他に波動方程式として式 (3.3) の 1 階微分方程式も考えられるが，一般に 3 次元表現では右辺が $\nabla\psi$ のようにベクトル量となって，左辺のスカラー量と対応させる問題があるので，通常この 2 階微分形式をとる．

***) 本当は波には位相速度 $v=\omega/k$ の他に後述の群速度 $v_g=\partial\omega/\partial k$ があって，それで考えると $v_g=(\hbar/m)k$ となる．

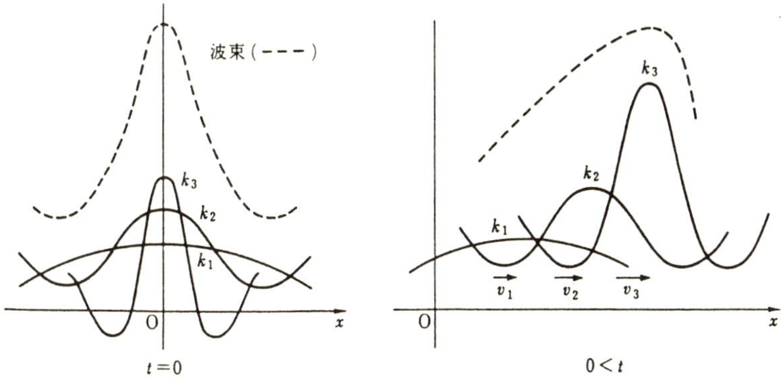

図 3.2 いろいろな波数（$k=2\pi/\lambda$）の物質波の重ね合わせによる波束の進行と分散

の基本的特性を表す重要な関係である．

さて式（3.7）の特性をもつ3次元物質波の波動方程式を考えよう．式（3.4）の指数関数表現から

$$\frac{\partial\psi(\boldsymbol{r},t)}{\partial t}=-i\omega\psi(\boldsymbol{r},t),\ \ \nabla\psi(\boldsymbol{r},t)=i\boldsymbol{k}\psi(\boldsymbol{r},t),\ \ \Delta\psi(\boldsymbol{r},t)=-k^2\psi(\boldsymbol{r},t) \tag{3.8}$$

これに式（3.7）の $\hbar\omega=(\hbar/2m)k^2$ の関係を用いると

$$\begin{aligned}\hbar\frac{i\partial\psi(\boldsymbol{r},t)}{\partial t}&=-\left(\frac{\hbar^2}{2m}\right)\Delta\psi(\boldsymbol{r},t)\\&=-\left(\frac{\hbar^2}{2m}\right)\left[\frac{\partial^2\psi}{\partial x^2}+\frac{\partial^2\psi}{\partial y^2}+\frac{\partial^2\psi}{\partial z^2}\right]\end{aligned} \tag{3.9}$$

これが自由な空間（粒子にポテンシャルや外力が働かない）を伝播する物質波の波動方程式である．

3.1.4 一般的な場での波動方程式のつくり方

ニュートン運動方程式でそれが有用なのは，いろいろな外力 $\boldsymbol{F}$ やポテンシャル $V(\boldsymbol{r})$ が作用するときの物体の運動を，基本的な方程式から解明できることである．物質波についても，いま，粒子に働く外力 $\boldsymbol{F}$ はすべてポテンシャル $V(\boldsymbol{r})$ で，$\boldsymbol{F}=-\nabla V$ のように表現されるとして，一般的な波動方程式を考えよう．

その場合には，式（3.7）のエネルギー E の表現が

$$E=\frac{p^2}{2m}+V(\boldsymbol{r})$$

のようになる．これによって分散関係は

$$\omega=\left(\frac{\hbar}{2m}\right)k^2+\left(\frac{1}{\hbar}\right)V \tag{3.10}$$

となり，つまり波動方程式は V を含んで

$$i\hbar\frac{\partial\psi}{\partial t}=-\frac{\hbar^2}{2m}\Delta\psi+V(\boldsymbol{r})\psi \tag{3.11}$$

のように一般的に表現される．

3.2　量子力学的波動方程式

3.2.1　演算子への変換

物質波という考えはすでに古典力学にはみられないものであるが，ここでいよいよ量子力学の世界に進もう．

式（3.4）の波動関数に次のような微分演算を行ってみよう．

$$\left.\begin{array}{lll}
i\hbar\dfrac{\partial\psi}{\partial t}=\hbar\omega\psi & (\text{ここで } E=\hbar\omega \text{ の関係から}) & i\hbar\dfrac{\partial\psi}{\partial t}=E\psi \\
\left.\begin{array}{l}
-i\hbar\dfrac{\partial\psi}{\partial x}=\hbar k_x\psi \\
-i\hbar\dfrac{\partial\psi}{\partial y}=\hbar k_y\psi \\
-i\hbar\dfrac{\partial\psi}{\partial z}=\hbar k_z\psi
\end{array}\right\} & (\text{ここで } \boldsymbol{p}=\hbar\boldsymbol{k} \text{ の関係から}) & \begin{array}{l}
-i\hbar\nabla\psi=\boldsymbol{p}\psi \\
-\dfrac{\hbar^2}{2m}\Delta\psi=\dfrac{p^2}{2m}\psi
\end{array}
\end{array}\right\} \tag{3.12}$$

この右側の表現をみると，量子力学では

$$\left.\begin{array}{l}
\text{エネルギー } E \text{ は } i\hbar\dfrac{\partial}{\partial t} \\
\text{運動量 } \boldsymbol{p} \text{ は } -i\hbar\nabla
\end{array}\right\} \tag{3.13}$$

という演算作用に対応していることがわかる．それで

$$\left.\begin{aligned} &i\hbar\frac{\partial}{\partial t}\ \text{を}\textbf{エネルギー演算子}\\ &-i\hbar\nabla\ \text{を}\textbf{運動量演算子}\end{aligned}\right\}$$

として1つの物理量のように扱う．これが量子力学の基本である．

これらの演算子を，一般的なポテンシャル場での波動関数 $\psi(\boldsymbol{r},t)$ に作用させるという観点で式（3.11）をみると，次の関係となっている．

$$E\psi=\left(\frac{p^2}{2m}+V(\boldsymbol{r})\right)\psi$$

これは古典力学における

（全エネルギー E）＝（運動エネルギー T）＋（位置エネルギー V）

の表現に他ならない．すなわち量子力学でも古典力学と同様なエネルギー則は成立している．

しかし粒子に働く外力が単純にポテンシャル $V(\boldsymbol{r})$ では表せないような場合（たとえば摩擦の抗力とか，ローレンツ（Lorentz）力のように速度に比例するような力が働くときなど）には $E=T+V$ とは記述できないが，それらの場合も含めて，古典力学の世界では，ラグランジュ（Lagrange）方程式やハミルトン（Hamilton）方程式を使って，その運動状態を巧妙に解く方法が一般的に解析力学として与えられている*)．そこでは一般化運動量 p_i と一般化座標 r_i を用いて，ハミルトン関数 $\mathcal{H}(p_1,p_2,\cdots,r_1,r_2,\cdots)=\mathcal{H}(\boldsymbol{p},\boldsymbol{r})$ を表現することに成功すると

$$\mathcal{H}(\boldsymbol{p},\boldsymbol{r})=E \tag{3.14}$$

という条件で運動状態が表されることになる．

自然界の物質の状態は本来1つのもので，ミクロの世界でもそれを式(3.14)のように古典力学的に記述しても，式（3.11）のように物質波的にみても両者に通ずるものがなければならない（対応状態の法則）．それで次のような便利な方法が考えられる．

すなわち

① 粒子系の運動に関する複雑な外力下の問題でも，まず従来のよく知られた解析力学の手法を用いてハミルトン関数 $\mathcal{H}$ を求め，式(3.14)の表現を得る．

---

*) 阿部龍蔵：量子力学入門，第I章，岩波書店，1987および小出昭一郎：量子力学I，付録1,3，裳華房，1969など参照のこと．

② 次にこれを式 (3.11) の物質波に関する関係式に対応するものと考えて，ここで粒子の一般化運動量 $\boldsymbol{p}$ とエネルギー E について，式 (3.12) の量子力学的表現，すなわち演算子置換を行う．

③ その結果

$$\mathcal{H}(-i\hbar\nabla, \boldsymbol{r})\psi(\boldsymbol{r}, t) = i\hbar\frac{\partial}{\partial t}\psi(\boldsymbol{r}, t) \tag{3.15}$$

の新しい方程式を得る．これで古典的な粒子に対する運動方程式の枠を超えて，新しい量子力学の世界に通用する波動方程式が得られたことになる．

系に働く力がポテンシャルで表される場合には，式 (3.15) をもう一度具体的に表すと，次のようになる．

$$i\hbar\frac{\partial\psi(\boldsymbol{r}, t)}{\partial t} = \left[-\left(\frac{\hbar^2}{2m}\right)\Delta + V(\boldsymbol{r}, t)\right]\psi(\boldsymbol{r}, t) \tag{3.16}$$

これが，これからいろいろな量子力学の問題を解いてゆくときの基本になる波動方程式であり，**一般的なシュレディンガー方程式**と呼ばれる．

3.2.2 時間を含むシュレディンガー方程式

ポテンシャル $V(\boldsymbol{r}(t), t)$ に時間 t が $\boldsymbol{r}(t)$ 以外にあらわに (explicit) 含まれているのは，たとえば荷電粒子に時間的に変化する電磁場 $\boldsymbol{E}(t)$，$\boldsymbol{B}(t)$ が加えられるような場合であって，次々と時間的に変化する場の中を非定常に運動したり，あるいは電磁場との相互作用で光（電磁波）を吸収，放出するようなことがある．このような時間的に非定常に変化する現象については式 (3.16) を解いて，$\psi(\boldsymbol{r}, t)$ を求める必要がある．その意味で式 (3.16) は**時間を含むシュレディンガー方程式**と呼ばれることがある．

3.2.3 定常的な問題のシュレディンガー方程式

複雑な問題を含む一般的なシュレディンガー方程式を解くことはなかなか難しいが，いま式 (3.16) でポテンシャル場 V が $V(\boldsymbol{r})$ のようにあらわには t を含まず定常的な場合を考えよう．このときには式 (3.16) をみると，演算子について面白い性質がみられる．

すなわち

左辺；$i\hbar\dfrac{\partial\psi}{\partial t}$ $\longrightarrow$時間 t についての演算のみ

右辺；$-\left(\dfrac{\hbar^2}{2m}\right)\Delta\psi+V(\boldsymbol{r})\psi$ $\longrightarrow$空間座標についての演算のみ

このような性質をもつ偏微分方程式では，次の変数分離の方法が用いられる．すなわち $\psi(\boldsymbol{r},t)=T(t)\cdot\phi(\boldsymbol{r})$ のように，時間 t の関数と，空間ベクトル $\boldsymbol{r}$ の関数部分の積の形に分離して表す．これを式（3.16）のシュレディンガー方程式に入れると

$$i\hbar\phi(\boldsymbol{r})\cdot\frac{\partial T(t)}{\partial t}=T(t)\cdot\mathscr{H}[\Delta,V(\boldsymbol{r})]\phi(\boldsymbol{r})$$

両辺を $\psi(\boldsymbol{r},t)=T(t)\cdot\phi(\boldsymbol{r})$ で割ると

$$i\hbar\frac{1}{T(t)}\frac{\partial T(t)}{\partial t}=\frac{1}{\phi(\boldsymbol{r})}\mathscr{H}[\Delta,V(\boldsymbol{r})]\phi(\boldsymbol{r})\tag{3.17}$$

この式の左辺と右辺は完全に t と $\boldsymbol{r}$ について変数分離されており，独立変数の t と $\boldsymbol{r}$ が別々に変化しても，式(3.17)の等号が成立するためには両辺ともに定数で等しくなくてはならない．それを E とおくと

$$i\hbar\frac{1}{T}\frac{\partial T}{\partial t}=E=\frac{1}{\phi(\boldsymbol{r})}\mathscr{H}[\Delta,V(\boldsymbol{r})]\phi(\boldsymbol{r})$$

すなわち

$$i\hbar\frac{\partial T}{\partial t}=ET\tag{3.18}$$

$$\mathscr{H}[\Delta,V(\boldsymbol{r})]\phi(\boldsymbol{r})=E\phi(\boldsymbol{r})\tag{3.19}$$

式（3.18）からは

$$\frac{1}{T}\frac{\partial T}{\partial t}=\frac{\partial\ln T}{\partial t}=-i\frac{E}{\hbar}\qquad\therefore\quad T(t)=T_0\exp\left[-i\frac{E}{\hbar}t\right]\tag{3.20}$$

式（3.19）からは

$$-\frac{\hbar^2}{2m}\Delta\phi(\boldsymbol{r})+V(\boldsymbol{r})\phi(\boldsymbol{r})=E\phi(\boldsymbol{r})\tag{3.21}$$

結局 $\psi(\boldsymbol{r},t)=T(t)\cdot\phi(\boldsymbol{r})$ を求めるには，式（3.21）の微分方程式を解いて $\phi(\boldsymbol{r})$ が得られれば

$$\psi(\boldsymbol{r},t)=\exp\left[-\frac{i}{\hbar}Et\right]\cdot\phi(\boldsymbol{r})\tag{3.22}$$

とすればよい．したがって定常ポテンシャル $V(\boldsymbol{r})$ の場合には，式（3.21）の

微分方程式を解いて $\phi(\boldsymbol{r})$ を求めることが必要な問題となる．それで式(3.21)を**定常状態のシュレディンガー方程式**，またはふつうに**シュレディンガー方程式**という．$\phi(\boldsymbol{r})$ が求まれば空間の各点での物質波の様子がわかり，その各点 $\boldsymbol{r}$ で物質波は時間的には $\exp[-iE/\hbar t]$，($E=$一定) のように単振動を行っている．しかしこの振動の各瞬間の状態は，E が確定した値の場合には後述の不確定性原理により，観ることはできない．

3.2.4　シュレディンガー方程式の特徴

量子力学において定常的な問題を解くために必要な基本方程式をもう一度ここでまとめて表現すると，次のようになる．

$$\mathscr{H}\phi(\boldsymbol{r})=\left[-\frac{\hbar^2}{2m}\Delta+V(\boldsymbol{r})\right]\phi(\boldsymbol{r})=E\phi(\boldsymbol{r}) \tag{3.23}$$

式 (3.16) と同じように古典力学との対応で考えると，カッコ内の第1項は運動エネルギー，第2項は位置ポテンシャルのエネルギーである．初めて量子力学の世界に導かれた読者にとって，波動関数 $\phi(\boldsymbol{r})$ の2階微分 $\Delta\phi=\nabla^2\phi=\partial^2\phi/2\boldsymbol{r}^2$ が波動のエネルギーとなることについては自明でないので考えてみよう．

①　古典的な波動論によれば，$\phi=A\sin kx$ で表される波の平均エネルギーは $\langle\phi^2\rangle\propto A^2$ のように振幅の自乗に比例する*)．しかし図3.3の(a)に描かれているように，いくら振幅の大きい津波でも，その波長 $\lambda=2\pi/k$ が長いときには船はほとんど影響を受けない．波の激しさは波数 $k=2\pi/\lambda$ にも関係する．しかし (b) のようにいくら k が大きく (λ が小) ても，振幅 A が小さければやはり

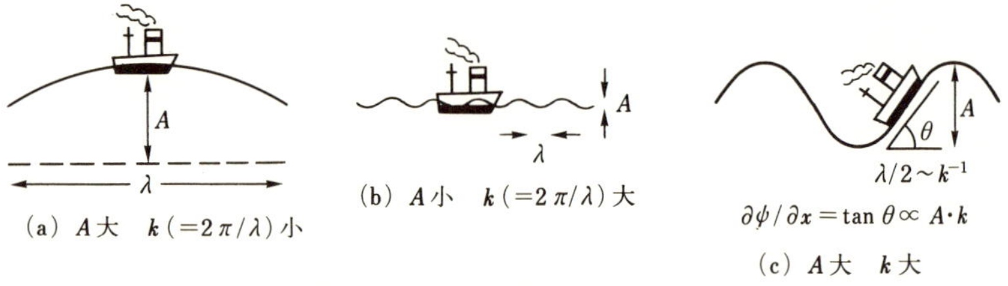

図 3.3　波の力積（運動量）の大きさ

*)　p11の脚注参照

波の影響は小さい．結局 (c) のように，波の山と谷の間の勾配が大きいときに波の影響（運動量）が大きいことになる．それは $\tan\theta=|\partial\phi/\partial x|\propto Ak$ に比例するものとして，波の運動量 $\boldsymbol{p}\phi=-i\hbar\nabla\phi$ が表現され，それから式 (3.23) の第 1 項の運動エネルギー $T=(p^2/2m)\phi=-\hbar^2\nabla^2\phi/2m$ が導かれるわけである．

② この方程式の左辺には，2 階微分演算子 Δ やポテンシャル関数 $V(\boldsymbol{r})$ が含まれていて，それらを $\phi(\boldsymbol{r})$ に演算した結果が右辺では単に $\phi(\boldsymbol{r})$ の定数 E 倍になっているという関係である．そのような関係を満足する ϕ は特別な関数で，いつも見つかるとは限らない．それはエネルギー E が特定の値のときだけ存在することがある．そのような方程式の解を探すことを固有値問題といい，特定の E の値を**エネルギー固有値**，またその E において式 (3.21) の方程式を満足する波動関数 $\phi(\boldsymbol{r})$ を**固有関数**という．

③ シュレディンガー方程式 (3.21) をみると，左辺の第 1 項と右辺はどのような場合にも同じ形で，物質波の存在する場の条件によって異るのは左辺第 2 項のポテンシャル $V(\boldsymbol{r})$ のみであって，これによっていろいろな問題での固有値 E や波動関数 $\phi(\boldsymbol{r})$ が決められることになる．

④ この方程式は 2 階微分方程式であるため，それを積分して解 $\phi(\boldsymbol{r})$ を求めてゆく過程で 2 つの任意積分定数が現れる．これを，粒子が存在する空間の境界での状態（境界条件）や時間の初めと終りでの状態（初期，終期条件）などによって定めることで，そのポテンシャル $V(\boldsymbol{r})$ 内に存在できる物質波の固有解 $\phi(\boldsymbol{r})$ が定まる．

これらのことを踏まえて，次に簡単な問題例から実際にシュレディンガー方程式を解いて，物質波の状態を調べてみよう．

演習問題

3.1 電子のように質量の小さい粒子が光速に近く加速されると，相対論的効果によって式 (3.10) とは異った，$E(=\hbar\omega)$ と $p(=\hbar k)$ の関係となる．すなわち

$$E=mc^2,\quad m=m_0\left[1+\left(\frac{v}{c}\right)^2\right]^{\frac{1}{2}}$$

これから粒子像の場合の E と p の関係および波動の場合，分散関係 $\omega=\omega(k)$ を表現せよ．またこれを用いて，式(3.10)とは別の物質波の波動方程式を導け．

これは素粒子が光速に近く運動する場合に用いられるクライン・ゴルドン(Klein-Gordon) 方程式と呼ばれるものである．

3.2 シュレディンガー方程式を組み立てるとき，$E=\boldsymbol{p}^2/2m+V(r)$, $\boldsymbol{p}=-i\hbar\nabla$ を用いたが，いま $\phi^*\mathcal{H}\phi=\phi^*E\phi$ において

$$\frac{1}{2m}(-i\hbar\nabla\phi)^*(-i\hbar\nabla\phi)=\phi^*(E-V)\phi$$

$$\therefore\quad -\frac{\hbar^2}{2m}|\nabla\phi|^2=(E-V)|\phi|^2$$

とならないことを説明せよ．

4 いろいろなポテンシャル場での物質波固有解の求め方

シュレディンガー方程式をいろいろなポテンシャル場の例について具体的に解いてゆく方法を学ぶ．やさしい例から始めて，その中には実際の半導体素子や金属内自由電子の問題に原理的に応用できる例が含まれる．さらにクーロン散乱などへの対応準備のために方程式の極座標表示に取り組む．

4.1 自由空間（$V=0$）

4.1.1 1次元空間

最も簡単な例として，波が伝播する空間が細長い水槽のように1つの方向(x)にだけ伸びている場合(1次元問題)で，しかも平らな水槽の底の場合のように波動（粒子）に働くポテンシャル $V(x)$ が一定として，図4.1のような場での問題を解く．

シュレディンガー方程式（3.23）は，その場合に次のようになる．

$$-\frac{\hbar^2}{2m}\Delta\phi(x)+V_0\phi(x)=E\phi(x)$$

このとき $\phi(x)$ は x 方向にのみ変化するので，$\Delta=\partial^2/\partial x^2$ と簡単になり，また一定のポテンシャルレベルを $V_0=0$ とすると，もっと簡単になる．

$$\frac{\partial^2\phi}{\partial x^2}+\left(\frac{2mE}{\hbar^2}\right)\phi=0 \tag{4.1}$$

この微分方程式を満足する関数に要求されていることは，2階微分すると元の関数の負の定数倍になることである．そのような関数は式(3.1)に示されている指数関数か三角関数に限られている．

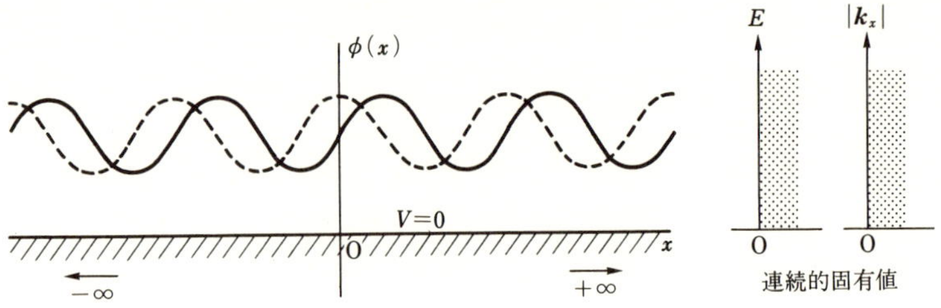

図 4.1 1次元自由空間($V=0$)に広がる波$\phi(x)$

実際に

$$\phi(x)=I\exp[ikx], \qquad A\cos kx, \qquad B\sin kx \tag{4.2}$$

のいずれの場合にも式 (4.1) に代入すると，$[-k^2+(2mE/\hbar^2)]\phi(x)=0$ となり，いま $k=\sqrt{2mE}/\hbar$ の波数の場合には上記の $\phi(k,x)$ は方程式を満足する．

すなわち，この場合のシュレディンガー方程式(4.1)は $E=(\hbar^2/2m)k^2$ というエネルギー固有値において，それを満足する固有関数として式(4.2)の波動関数をもつ．これらはいずれも原点($x=0$)を通って，$x=-\infty$から$+\infty$まで広がっている波動を表すが，このような$\pm\infty$領域まで広がってゆく波の場合には

$$\phi(x)=I\exp[ikx] \tag{4.3}$$

の形が一般的で，あとで述べるように便利である．

なおこの場合，波数 k は$[-\infty,+\infty]$の間の任意の値でよいので，それで決められるエネルギー固有値

$$E=\frac{\hbar^2k^2}{2m} \tag{4.4}$$

もまた図4.1に示すように $[0,\infty]$ の間で連続的に分布する．これを**連続的固有値**という．

4.1.2 3次元自由空間の場合

4.1.1項では x 方向にだけ伝播する波を扱ったが，これを一般的な3次元空間で考えてみよう．同じように $V=0$ の自由空間とすると，シュレディンガー方程式は式 (3.23) から，簡単な形であるが1次元の場合の式 (4.2) とは異って

$$\frac{\partial^2\phi(x,y,z)}{\partial x^2}+\frac{\partial^2\phi(x,y,z)}{\partial y^2}+\frac{\partial^2\phi(x,y,z)}{\partial z^2}+\left(\frac{2mE}{\hbar^2}\right)\phi(x,y,z)=0 \tag{4.5}$$

となる．x，y，z 変数への依存は微分演算子の各項に分かれているので変数分離が可能である．すなわち $\phi(x,y,z)=\phi_1(x)\cdot\phi_2(y)\cdot\phi_3(z)$ と表現することができるとして，これを式 (4.5) に代入して，それから $\phi(x,y,z)$ で両辺を割ると次のように表される．

$$\frac{1}{\phi_1(x)}\frac{\partial^2\phi_1(x)}{\partial x^2}+\frac{1}{\phi_2(y)}\frac{\partial^2\phi_2(y)}{\partial y^2}+\frac{1}{\phi_3(z)}\frac{\partial^2\phi_3(z)}{\partial y^2}=-\frac{2mE}{\hbar^2} \tag{4.6}$$

左辺の各項は，独立変数 x，y，z の 1 つにだけ依存しており，独立に変化することができる．それなのに右辺をみるとそれらの和が一定値であることが要求されている．このことは左辺の各項がそれぞれ定数であって，それらの和が一定であることを意味しており，次のように表現される．

$$\frac{1}{\phi_1(x)}\frac{\partial^2\phi_1(x)}{\partial x^2}=-\frac{2m}{\hbar^2}E_1,\qquad \frac{1}{\phi_2(y)}\frac{\partial^2\phi_2(y)}{\partial y^2}=-\frac{2m}{\hbar^2}E_2,$$

$$\frac{1}{\phi_3(z)}\frac{\partial^2\phi_3(z)}{\partial z^2}=-\frac{2m}{\hbar^2}E_3$$

ただし，$E_1+E_2+E_3=E$．

これらの各方程式は 1 次元問題の場合の式 (4.2) と同様なので，それぞれの固有関数は式 (4.3) と同じく

$$\phi_1(x)=I_1\exp[ik_1x],\qquad \phi_2(x)=I_2\exp[ik_2y],\qquad \phi_3(z)=I_3\exp[ik_3z]$$

と与えられる．その結果，3 次元自由空間の固有解は次のように表現される（図 4.2）．

$$\left.\begin{aligned}\phi(x,y,z)&=\phi_1(x)\cdot\phi_2(y)\cdot\phi_3(z)=I\exp[i(k_1x+k_2y+k_3z)]\\&=I\exp[i\boldsymbol{k}\cdot\boldsymbol{r}]\\E=E_1+E_2+E_3&=\frac{\hbar^2}{2m}(k_1{}^2+k_2{}^2+k_3{}^3)=\frac{\hbar^2}{2m}|\boldsymbol{k}|^2\end{aligned}\right\} \tag{4.7}$$

ここで $\boldsymbol{r}$ は (x,y,z)，$\boldsymbol{k}$ は (k_1,k_2,k_3) の座標軸方向成分をもつ位置ベクトルと波数ベクトルと呼ばれるものである．このように 3 次元空間の場合の取り

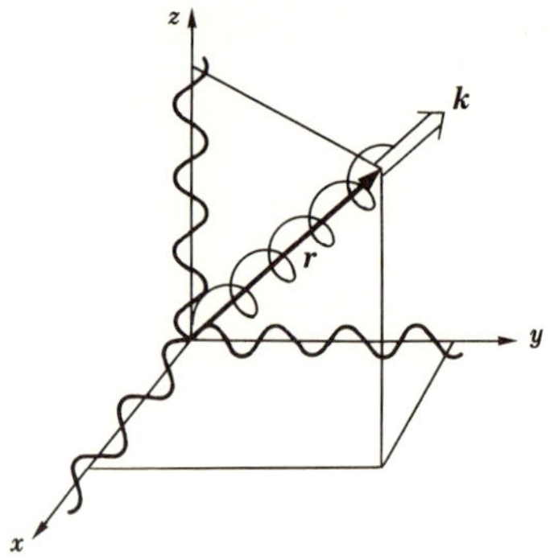

図 4.2　3次元自由空間の波 ϕ ($\boldsymbol{k}\cdot\boldsymbol{r}$) の各成分

扱い方としては，もしポテンシャル $V(x, y, z)$ が$=0$（または後述（演習問題4.1）のように $V(x, y, z)=V_1(x)+V_2(y)+V_3(z)$ の和の形の直交座標成分に分離できる）場合には，固有関数は x，y，z 各方向の1次元関数の積で，またエネルギー固有値はそれらの和で表される形となるので，1次元問題に直すことができる．

それでは再び1次元の問題について次節以下で考えよう．

4.2　制限のある空間

4.2.1　自由空間で円形軌道の場合

ポテンシャル $V=0$ の自由空間ではエネルギー固有値 E も連続的で，古典的な波動方程式の結果と変わらないようであるが，それでは量子効果の現れる例を調べてみよう．

2.3.3項のド・ブロイの物質波論で原子内電子軌道の上の波動を説明したが，ここではそれを改めて取り上げよう．そのときも電子の波は真空中を自由に伝播するように考えたが，本当は電子のような粒子が円形軌道運動をするためには中心からの引力がなければならない．そのためにクーロンポテンシャル $V(r)=-Ze^2/r$ が働いているはずであるが，この場合，軌道半径 r が十分に大きくて，$V(r)\to 0$ と考えよう．そうすると図4.3のように，軌道上でP点からの距離を x とすると，近似的に式(4.1)と同じ形のシュレディンガー方程式が

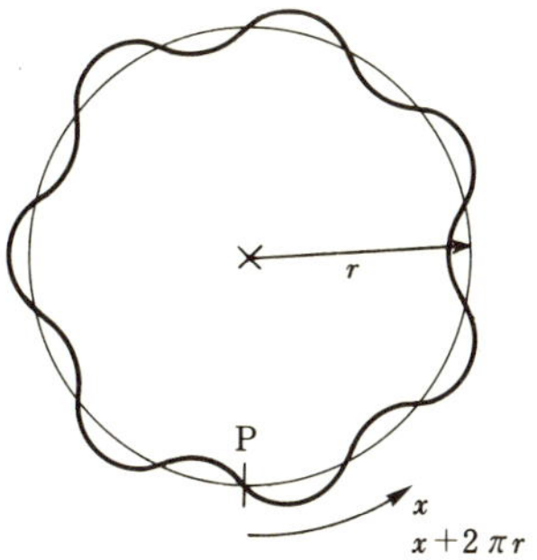

図 4.3 円形軌道上の自由空間 ($V=0$) 波

この場合にも成立する．その結果

$$\phi(x)=I\exp[ikx], \qquad E=\frac{\hbar^2k^2}{2m} \tag{4.8}$$

の固有関数とエネルギー固有値が与えられるのであるが，こんどの場合，円形軌道が閉じているので次のような問題がある．すなわち，P 点において 1 周してきた波はもとの波と位相が合致しなくてはならない．

それは $\phi(x=0)=\phi(x=L=2\pi r)$ の関係で表現される．すなわち

$$I=I\exp[ikL], \qquad L=2\pi r$$

これから

$$kL=2\pi n \quad \therefore \quad k=\left(\frac{2\pi}{L}\right)n=\frac{n}{r} \quad (n=\pm1, \pm2, \pm3, \cdots) \tag{4.9}$$

というように $p=\hbar k$ の運動量固有値はトビトビの値しか許されない．またそれによってエネルギー固有値も

$$E=\left(\frac{\hbar^2}{2m}\right)k^2=\left(\frac{\hbar^2}{2mL^2}\right)n^2=\frac{1}{2m}\left(\frac{\hbar}{r}\right)^2n^2 \quad (n=1, 2, 3, \cdots)$$

のようにトビトビの値に限定されることになる．これらを**離散的固有値**という．

このような特別な条件のもとで，固有関数

$$\phi(x)=I\exp[ikx]=I\exp\left[i\frac{n}{r}x\right]$$

が存在する．閉じた軌道というのが空間における境界条件 $\phi(x)=\phi(x+L)$ を与え，それが離散的固有値をもたらしたことになる．

4.2.2　1次元有限空間（無限高井戸型ポテンシャル）の場合

こんどはポテンシャル $V(x)$ が存在する場合を考えよう．$V(x)$ は一般に空間の位置 x によって変化するものであるが，最も簡単で極端な場合として，図4.4(a)のようなポテンシャルの形を考える．このように平らな底と垂直に切り立った壁をもつ形を井戸型という．しかもいま $x=\pm L$ の壁より外の高さを無限大 ∞ とする．すなわち無限高井戸型ポテンシャルで，これを数式で表現すると

$$V(x)=0, \qquad |x|<L \quad （領域 I）$$
$$V(x)=V_0=\infty, \qquad |x|\geq L \quad （領域 II）$$

このように空間領域によってポテンシャルの形が格段に異る場合には，領域に分けてシュレディンガー方程式を立てる．

（領域 I）　$V(x)=0$ なので

$$-\left(\frac{\hbar^2}{2m}\right)\frac{\partial^2\phi}{\partial x^2}=E\phi \tag{4.10}$$

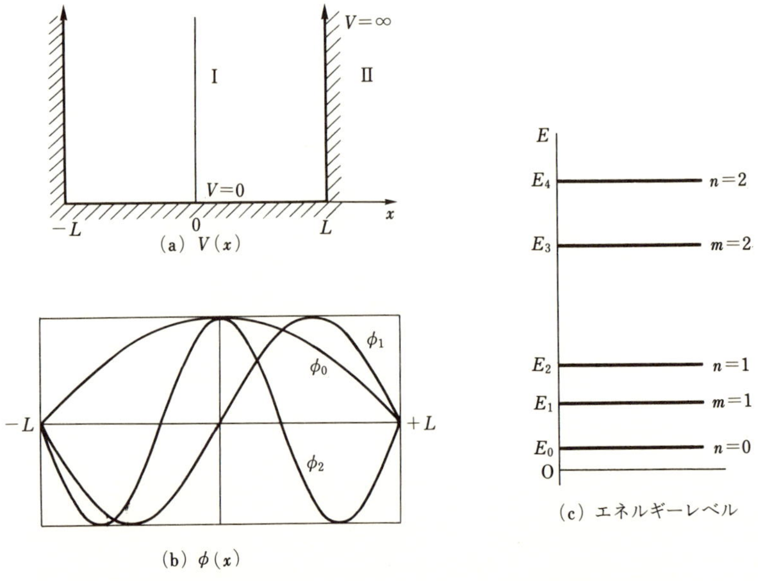

図 4.4　無限高井戸型ポテンシャル $V(x)$ と内部の波動関数 $\phi(x)$

これの固有解は，4.1.1 項で述べたように一般的に式（4.2）で与えられる．

（領域II） $V(x)=V_0=\infty$ であるので，解析的にシュレディンガー方程式を表現すること自体が問題であるが，一応 V_0 としてシュレディンガー方程式を立て，それを変形すると

$$\left(\frac{\hbar^2}{2m}\right)\frac{\partial^2\phi}{\partial x^2}=(V_0-E)\phi$$

$V_0\to\infty$ において，左辺が有限値であるためには，右辺で

$$\phi(x)=0, \qquad |x|\geq L \tag{4.11}$$

しか存在できない．

ここで領域 I と II の境界点 $|x|=L$ で，$\phi(x)$ のことを考えてみよう．

波動は広がりをもって，少なくとも波長 $\lambda=2\pi/k$ の範囲では，波形が突然に変化することはできない．そうすると，$x=L$ の点で，領域 I の解（4.2）と領域 II の解（4.11）との間に不連続が生ずることは許されず，連続的に変化しなければならない．すなわち

$$\phi_{\mathrm{I}}(x=\pm L)=\phi_{\mathrm{II}}(x=\pm L)=0 \tag{4.12}$$

そのために領域 I の解には特別な条件がつく．

$$A\cos(\pm kL)=0, \qquad A\sin(\pm kL)=0 \quad \text{または} \quad I\exp[\pm ikL]=0$$

このように異った空間領域の境界で，波動関数の連続性を保つために要求される条件を**境界条件**という．これによって領域内の固有関数はさらに限定されることになる．いまの場合，前の 2 つの関数にはそれを満足する解がある．

$$\cos kL=0,\ \ kL=\frac{2n+1}{2}\pi \quad \therefore \quad k=\frac{\pi}{L}\left(n+\frac{1}{2}\right) \quad (n=0, \pm1, \pm2, \cdots)$$

$$\sin kL=0,\ \ kL=m\pi \quad \therefore \quad k=\frac{\pi}{L}m \quad (m=\pm1, \pm2, \cdots)$$

ところが $\exp[\pm ikL]=\cos kL\pm i\sin kL=0$ を満足する解は，上記のように $\cos kL$ と $\sin kL$ を同時に $=0$ にすることができないので存在しない．だから $\exp[ikx]$ はこの場合，固有関数とはなり得ない．このようにポテンシャル内に閉じ込められた物質波の場合には，4.1 節の自由空間の場合と異って，一般に三角関数が固有関数として用いられる．そのため結局，無限井戸型ポテンシャル内の固有関数とエネルギー固有値の様子は図 4.4(b)，(c)のようになり，次式で表される*)．

*） 式（4.13）において整数 m とは別に，係数 $\hbar^2/2m$ の m は従来どおり粒子の質量を表す．

$$\left.\begin{array}{l}
|x| \leq L \\
\phi(x)=A\cos\dfrac{(2n+1)\pi}{2L}x, \quad E_n=\dfrac{\hbar^2}{2m}k_n{}^2=\dfrac{\hbar^2}{2m}\left(\dfrac{\pi}{L}\right)^2\cdot\left(n+\dfrac{1}{2}\right)^2 \\
\qquad\qquad (n=0, \pm 1, \pm 2, \cdots) \\
\text{または} \\
\phi(x)=B\sin\dfrac{m\pi}{L}x, \quad E_m=\dfrac{\hbar^2}{2m}k_m{}^2=\dfrac{\hbar^2}{2m}\left(\dfrac{\pi}{L}\right)^2 m^2 \\
\qquad\qquad (m=\pm 1, \pm 2, \cdots) \\
L \leq |x| \text{ では} \\
\qquad \phi(x)=0
\end{array}\right\} \tag{4.13}$$

このように固有解が整数 n, m で決められるトビトビ（離散的）の量子状態に限定される仕組みは，図 4.4 に示されているようにポテンシャルの壁によって粒子を閉じ込めた結果，空間領域の境界条件を満足する物質波のみを許すためである．トビトビのエネルギーレベルを図 4.4(c) に示す．

このような井戸型ポテンシャルの存在は自然界で特異な例とみられるが，そうではない．たとえば 2 章の光電効果で説明した金属内の電子は表面の井戸型ポテンシャルによって，光が入射しないときには試料空間内に閉じ込められている．さらに最近開発されている (GaAs/GaAlAs) などのエレクトロニクス素子では積層界面での井戸型ポテンシャルの壁が積極的に利用されている*)．それらの問題の理解にはここで学んだことが役に立つ．

［**例**］ 3 次元 (x, y, z) 空間で $V=0$ の自由空間が $0<x<a$, $|y|<b$, $-\infty<z<+\infty$ で存在するが，$x \leq 0$, $a \leq |x|$, および $b \leq |y|$ では $V=\infty$ の井戸型ポテンシャルが図 4.5 のように存在する場合について，シュレディンガー方程式の固有状態を計算しよう．

この場合，3 次元直交座標 (x, y, z) で表現されるポテンシャル空間 $V(x, y, z)$ は $V(x)$, $V(y)$, $V(z)$ に分けられているので，式 (4.7) に従って，x, y, z 各 1 次元座標系でのシュレディンガー方程式の固有関数を考えればよい．このうち x, y 系は図 4.5(a) のように井戸型ポテンシャルなので式 (4.13) を用いることができる．ここで気をつけねばならないのは，x 方向ではポテンシャルが座標の正負空間に非対称で，$\psi_x(0)=\psi_x(a)=0$ であるために，$\cos k_x x$ の形の固有関数は許されずに $\sin k_x x$ のみが

*) 井戸型ポテンシャル内に生じた式 (4.13) のトビトビのエネルギーレベルの間で，光の共鳴吸収・放出を行わせて，レーザー発光や光エレクトロニクスへの利用を行っている．

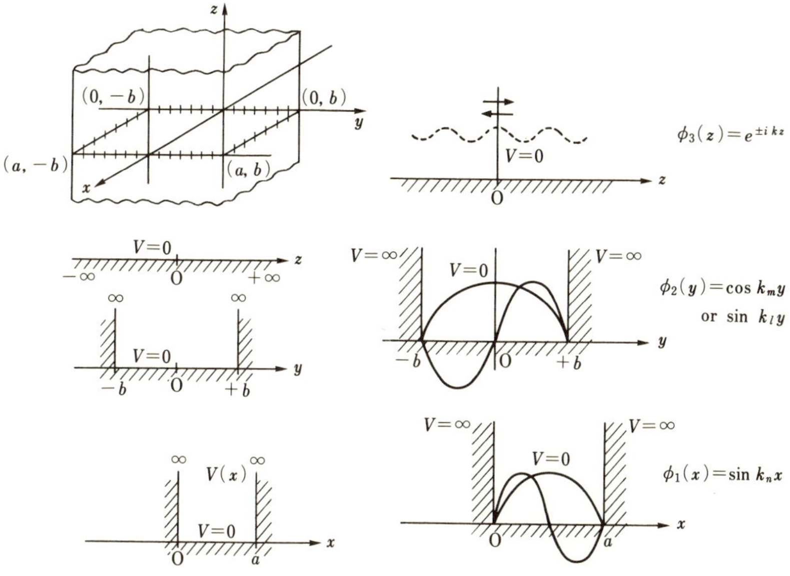

(a) $V(x, y, z)=V(x)+V(y)+V(z)$ ポテンシャル例　　(b) x, y, z 各方向の固有状態

図 4.5 3次元各方向に異ったポテンシャル場での固有状態の例

可能である．また z 方向には，$V(-\infty<z<+\infty)=0$ の自由空間なので，ϕ_z には式 (4.3) の指数関数が許される．結局，式 (4.7) に相当する固有状態としては

$$\left\{\begin{array}{l}
\phi(x, y, z)=C\phi_1(x)\cdot\phi_2(y)\cdot\phi_3(z), \qquad E=E_1+E_2+E_3=\dfrac{\hbar^2}{2m}(k_x{}^2+k_y{}^2+k_z{}^2) \\
\phi_1(x)=\sin k_x x, \qquad \sin k_x a=0 \quad \therefore \quad k_x=\dfrac{n\pi}{a} \quad (n=\pm1, \pm2, \pm3, \cdots) \\
\phi_2(y)=\cos k_y y, \qquad \cos k_y(\pm b)=0 \quad \therefore \quad k_y=(2m+1)\dfrac{\pi}{2b} \\
\qquad\qquad\qquad\qquad\qquad\qquad (m=0, \pm1, \pm2, \pm3, \cdots) \\
\text{または} \\
\qquad =\sin k_y y, \qquad \sin k_y(\pm b)=0 \quad \therefore \quad k_y=\dfrac{l\pi}{b} \quad (l=\pm1, \pm2, \pm3, \cdots) \\
\phi_3(z)=\exp[ik_z z] \qquad (-\infty<k_z<+\infty)
\end{array}\right.$$

ゆえに

$$\phi(x, y, z)=C\sin\left(\frac{n\pi}{a}x\right)\cdot\cos\left(\frac{2m+1}{2b}\pi y\right)\exp[\pm ikz]$$

$$E=\frac{\hbar^2}{2m}\left[\left\{\left(\frac{n}{a}\right)^2+\left(\frac{2m+1}{2b}\right)^2\right\}\pi^2+k^2\right]$$

または

$$\phi(x,y,z)=C\sin\left(\frac{n\pi}{a}x\right)\cdot\sin\left(\frac{l\pi}{b}y\right)\exp[\pm ikz]$$

$$E=\frac{\hbar^2}{2m}\left[\left\{\left(\frac{n}{a}\right)^2+\left(\frac{l}{b}\right)^2\right\}\pi^2+k^2\right]$$

のように表される．

最近の量子エレクトロニクスで用いられる量子細線（z 方向に伸びる角形断面の極細導体）内の電子状態はこのような固有関数で表される．

4.2.3　通り抜けられる枠の中の自由空間の場合（周期境界条件）

4.2.2 項で述べた，いろいろの実際的問題に式(4.13)の固有解を用いる場合にひとつ困ったことがある．それは，試料サイズすなわち電子が自由に動ける空間領域の長さ L が直接に $\phi(x)$ や E の表現の中に含まれている．そのためサイズの異った種々の試料内の電子状態を取り扱うたびに，L の異った固有関数を考え直さなければならない．そのような場合には，どれにも通用するもっと小さな単位長さでの規準空間を考え，個々の問題には図 4.6 のようにそれを必要な長さに連結して間に合わされないかと工夫する．ちょうどプレハブ住宅でユニット室を設計して，あとはそれらをつなぎ合わせて種々の注文仕様に応ずる例である．具体的には次のように考える．

①　規準空間としては，たとえば物質を構成する結晶の単位格子のようなものを考え，その単位長を a とする．

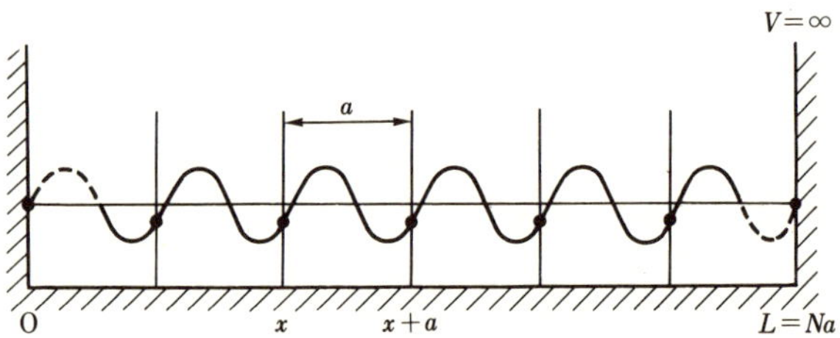

図 4.6　規準空間の連結で任意長（L）の空間内の波動を考える

② こんどの場合，本当のポテンシャルの壁は $x=0$ と L の位置にあって，各単位格子の境界のところでは壁はなくて $V=0$ である．ただしこの単位格子を接続して，1つの系として組み立てるためには，隣の格子との間で波動が図 4.6 のように同じ位相で連続的につながらなければならない．その条件は結局，4.2.1 項の円形軌道の場合と同様に

$$\phi(x)=\phi(x+a) \tag{4.14}$$

であればよくて，式(4.12)のようにその値が$=0$である必要はない．この関係を**周期境界条件**という．図 4.6 のように波動は単位格子長 a を越えて広がっているので，固有関数として式（4.8）と同じ形の

$$\phi(x)=I\exp[ikx] \tag{4.15}$$

を選ぶことにする．これに式（4.14）の境界条件を適用すると

$$\exp[ikx]=\exp[ik(x+a)] \qquad \therefore \quad \exp[ika]=1 \qquad \therefore \quad ka=2\pi n$$

これから $k=(2\pi/a)n$,（$n=1, 2, 3, \cdots$）となる．

すなわち，どのようなサイズ $L=Na$,（$N\gg1$）の試料系でも固有状態として

$$\phi(x)=I\exp\left[i\left(\frac{2\pi}{a}\right)nx\right], \qquad E_n=\frac{\hbar^2}{2m}\left(\frac{2\pi}{a}\right)^2 n^2 \tag{4.16}$$

を考えればよい．

ここで問題となるのは $x=0$ と $x=L$ の点においては単に式(4.14)の条件だけでなく，$\phi(0)=\phi(L)=0$ を要求され，式(4.15)の関数形はそれを満足せず，試料の端部では波動関数はおそらく図 4.6 の点線で示されるように部分的に歪んで，井戸型ポテンシャルの壁のところで $\phi=0$ となっている．しかしその歪みの領域は全体の$[0, L]$のうちではごく限られた部分なので，無視して式(4.16)で固有関数は代表される．

このようにして金属や半導体の大きな試料内の波動関数も，結晶格子ポテンシャルの周期的な枠を通り抜けて広がる式（4.16）のような固有関数で表されている．

4.3 連続的に変化するポテンシャル $V(x)$ の場合

井戸型ポテンシャルなどと違って $V(x)$ が空間領域で連続的に変化してい

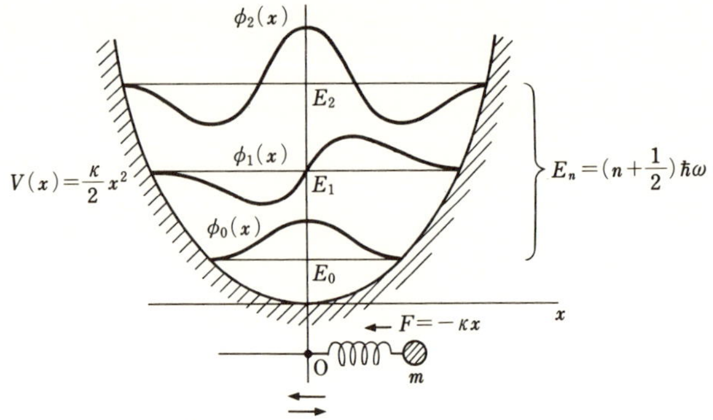

図 4.7　調和振動ポテンシャル $V(t)$ 内の固有波動関数

る場合は，より一般的であるが，シュレディンガー方程式は次のように非線形方程式となって解くことが困難となる．

$$-\frac{\hbar^2}{2m}\frac{\partial^2\phi(x)}{\partial x^2}+V(x)\phi(x)=E\phi(x) \tag{4.17}$$

すなわち左辺第2項の $\phi(x)$ の係数がさらに x を含んで変化することになるので，この微分方程式はやっかいであり，$V(x)$ が特別な関数形のときしか簡単な形での $\phi(x)$ が求まらない．

4.3.1　調和振動子とエルミート多項式

いま1つの例として

$$V(x)=\left(\frac{\kappa}{2}\right)x^2 \tag{4.18}$$

で表される図4.7の場合について考えよう．このポテンシャルの中の粒子はよく知られた調和振動を行うもので，$F=-\nabla V=-\kappa x$ となり，フックの法則に従うバネで，中心 $x=0$ から引かれた質点（m）の振動（ω）に相当する．

粒子の運動を扱う古典力学では，この場合簡単に粒子の位置座標 x の時間変化が $x(t)=A\sin\omega t$，$\omega=\sqrt{\kappa/m}$ のように求まる．量子力学では波動振幅の空間分布 $\phi(x)$ を求めるので容易ではない．まず式(4.18)のポテンシャルを実際に用いてシュレディンガー方程式を表すと

$$-\frac{\hbar^2}{2m}\frac{\partial^2\phi}{\partial x^2}+\frac{1}{2}\kappa x^2\phi=E\phi \tag{4.19}$$

これを簡単にまとめるために，次のような変数変換を行う．

$$\xi=\alpha x, \qquad \alpha=\sqrt{\frac{m\omega}{\hbar}}, \qquad \lambda=\frac{2E}{\hbar\omega}$$

ここで ω は古典的な粒子の振動数 $\omega=\sqrt{\kappa/m}$ と同じものである．これを式 (4.19) に用いると，次のようにまとまった形となる．

$$\frac{\partial^2\phi(\xi)}{\partial\xi^2}+(\lambda-\xi^2)\phi(\xi)=0 \tag{4.20}$$

λ はエネルギー固有値を粒子の振動エネルギー $\hbar\omega$ の単位で測ったものであるが，いま特別に $\lambda=1$ の場合を考えよう．そうすると，式 (4.20) は

$$\frac{d^2\phi_0}{d\xi^2}+(1-\xi^2)\phi_0=0 \tag{4.21}$$

という最も簡単な形となり，この場合には

$$\phi_0(\xi)=\exp\left[-\frac{\xi^2}{2}\right] \tag{4.22}$$

がこの方程式を満足する．実際にこれを用いて計算してみると

$$\frac{d\phi_0}{d\xi}=-\xi\phi_0 \quad \text{もう一度微分して} \quad \frac{d^2\phi_0}{d\xi^2}=-\phi_0+\xi^2\phi_0$$

となって，式 (4.21) に代入すれば，左辺は $=0$ となる．

しかし式 (4.20) で $\lambda\neq1$ の場合は式 (4.22) のような簡単な解は見つからない．そのような場合，$\lambda=1$ のときの特別解の式 (4.22) に一般性をもたせるために，次のような**試行関数**を考える*)．

$$\phi(\xi)=u(\xi)\cdot\phi_0(\xi)=u(\xi)\cdot\exp\left[-\frac{\xi^2}{2}\right] \tag{4.23}$$

これを式 (4.20) に代入すると，u についての方程式が得られる．

$$\frac{d^2u}{d\xi^2}-2\xi\frac{du}{d\xi}+(\lambda-1)u=0 \tag{4.24}$$

これもまた非線形微分方程式で，簡単な形の関数解は得られない．そのような場合に $u(\xi)$ を級数で表現する方法がある．すなわち

$$u(\xi)=\sum_{s=0}^{\infty}C_s\xi^s$$

と表して，これを式 (4.24) の微分方程式に代入して，それを満足するように

*) このような方法は，科学のいろいろな問題に現れる複雑な微分方程式の解を探すときによく用いられる方法なので理解しておくとよい．

各係数 C_s を決めるものである．これを**多項式展開法**という．

問題はこのような方法で解の $u(\xi)$ を求めるとしても，式(4.24)を満足するためには，$s\to\infty$ までの無限項を必要とするならば，無限の C_s を求めることになって実際計算はできない．s が大きくなると $C_s\to 0$ となるか，はっきりと少ない有限項の和で $u(\xi)$ が表現されることが望ましい．

この問題については，すでにいろいろと調べられていて，実は $\lambda=2n+1$, $(n=0, 1, 2, \cdots)$ のとき，すなわち

$$E_n=\lambda\cdot\frac{\hbar\omega}{2}=\left(n+\frac{1}{2}\right)\hbar\omega \tag{4.25}$$

の場合には，そのような有限項の解が存在していて，それは**エルミート**（Hermite）**の多項式** $H_n(\xi)$ と呼ばれている．すなわち $H_n(\xi)$ は，式(4.24)に相当する次の方程式を満足するもので

$$\frac{d^2H_n(\xi)}{d\xi^2}-2\xi\frac{dH_n(\xi)}{d\xi}+2n\cdot H_n(\xi)=0 \tag{4.26}$$

具体的な形としては

$$\left.\begin{array}{l} H_0(\xi)=1, \quad H_1(\xi)=2\xi, \quad H_2(\xi)=4\xi^2-2 \\ H_3(\xi)=8\xi^3-12\xi, \quad H_4(\xi)=16\xi^4-48\xi^2+12 \end{array}\right\} \tag{4.27}$$

のように n 次の多項式であり，式（4.27）を実際に式（4.26）に用いると，それを満足することがわかる．一見すると $H_n(\xi)$ の表現は不規則のようであるが，これらは母関数 $S(\xi, s)$ を用いて，次のような統一的な関係にある．

$$S(\xi, s)=\exp[\xi^2-(s-\xi)^2]=\sum_{n=0}^{\infty}\frac{H_n(\xi)}{n!}s^n \tag{4.28}$$

左辺の関数を別に級数展開して右辺と比較すると，$H_n(\xi)$ は次のようにも表現される．

$$H_n(\xi)=\exp[\xi^2]\cdot\left[\frac{d^n}{d\xi^n}\exp[-(s-\xi)^2]\right]_{s=0} \tag{4.29}$$

結局，式（4.19）のシュレディンガー方程式の解は

$$\left.\begin{array}{l} \text{エネルギー固有値}\quad E_n=\left(n+\frac{1}{2}\right)\hbar\omega \quad \text{のときに} \\ \text{固有関数}\quad \phi_n(x)=\exp\left[-\frac{m\omega}{2\hbar}x^2\right]\cdot H_n\left(\sqrt{\frac{m\omega}{\hbar}}x\right) \end{array}\right\} \tag{4.30}$$

として与えられる．そして式(4.22)の場合も式(4.30)で $n=0$ とすると，$H_0=$

1 のためこの一般表現の中に含まれていることになる．$\phi_n(x)$，E_n の様子を図 4.7 に示す．

調和振動*) の固有解の特徴は

① エネルギー固有値が基準レベルの E_0 を除いては，等間隔に分布している．このことは，いろいろなエネルギーレベル間の電子のとび移りで光が吸収・放出されるとき，その光のエネルギーは式（4.25）で決められたエネルギー単位 $\hbar\omega$ の整数倍になり，光を粒子とみるとき大変好都合である．そのため調和振動子モデルは自然界のいろんな振動現象の理解に広く近似的に用いられる．

② $\phi_n(x)$ の表現は複雑のようであるが，図 4.7 のグラフを見てわかるように，ポテンシャル壁の近傍を除いては井戸型ポテンシャルの場合の $\sin k_n x$, $\cos k_n x$ に似た振動をしている．事実 $\phi_{2n+1}(x)$ は奇関数，$\phi_{2n}(x)$ は偶関数であり，振動の節 $(\phi=0)$ の数も n に比例して増加している．この類似関係は次のように理解される．すなわち調和振動子ポテンシャルは，第 0 近似としての井戸型ポテンシャルの壁が有限の幅で連続的に変化しているものとみられる．そのため高エネルギーレベルでの解はポテンシャル中央付近では三角関数の級数展開と同様のふるまいをして，壁に近い部分では，式（4.30）の指数関数により減衰する．このように自然の状態は，モデル計算によっては一見異る表現をとるが，本質は連続的に推移するものである．

もっと一般的にポテンシャル $V(\boldsymbol{r})$ が空間で複雑に変化して存在する場合には，シュレディンガー方程式を解析的に解くことは容易ではない．試行関数を用いたり，級数展開法で逐次近似的に解を求めてゆくが，それには計算機による数値計算が広く行われている．

4.3.2 3 次元ポテンシャル場と極座標表示

現実の世界は 3 次元であるが，一般の 3 次元ポテンシャル $V(\boldsymbol{r})$ の場合にシュレディンガー方程式をどのように扱えばよいのだろうか．4.1.2 項および 4.2.2 の例題では，直交座標系で表現して

*）調和振動の言葉の由来はもともと音響振動ではオクターブ（倍振動数）離れた倍音の間ではきれいに調和して，和音が生ずることによる．その特徴が式（4.25）に表れている．

$$\Delta=\sum_i^3 \frac{\partial^2 \phi}{\partial {x_i}^2}, \qquad V(x, y, z)=\sum_i^3 V(x_i)$$

として解いてきた．この表現は明解であり，実際に x, y, z 方向にイオンが整列集合している結晶格子空間や金属試料内では有効であるが，別に個々の粒子の周辺は球対称であり，またその間の相互作用は粒子を結ぶ方向に通常働く．たとえば，イオンや電子の周辺のクーロンポテンシャルは

$$V(r)=\frac{q}{4\pi\varepsilon_0 r}, \qquad r=\sqrt{x^2+y^2+z^2}$$

と表現され，さらに磁気双極子の場合などは相対角度に依存する．そのような場合には，ポテンシャルの極座標表示 $V(r, \theta, \varphi)$ が便利である．

しかしそのときには，シュレディンガー方程式全体を次のように極座標でまとめて表現する必要がある．

$$-\frac{\hbar^2}{2m}\Delta(r, \theta, \varphi)\phi(r, \theta, \varphi)+V(r, \theta, \varphi)\phi(r, \theta, \varphi)=E\phi(r, \theta, \varphi) \quad (4.31)$$

ここで極座標 (r, θ, φ) による微分演算子 Δ を考えよう．確かに Δ にとっては直交座標系 (x, y, z) の方がすっきりした対称的な形

$$\Delta(x, y, z)=\frac{\partial^2}{\partial x^2}+\frac{\partial^2}{\partial y^2}+\frac{\partial^2}{\partial z^2}$$

にまとめられるが，図 4.8 を参照して

$$x=r\sin\theta\cdot\cos\varphi, \qquad y=r\sin\theta\sin\varphi, \qquad z=r\cos\theta$$

の変数変換を行わなければならない．この計算は少々複雑であるが，しかし一

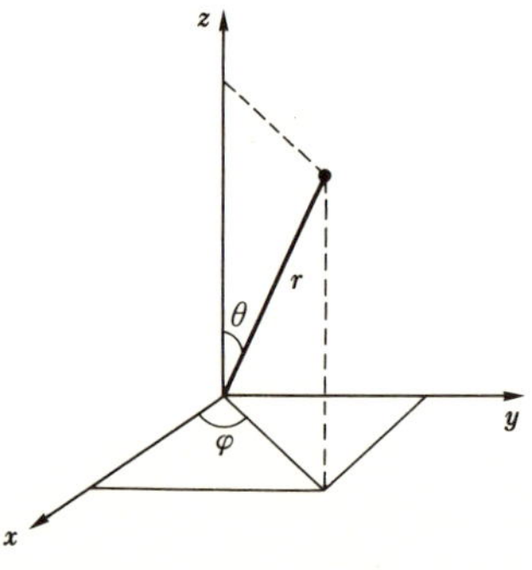

図 4.8　直交座標系 (x, y, z) と極座標系 (r, θ, φ) の関係

度これをやっておけばすべての場合のシュレディンガー方程式に通用する．

偏微分の変数変換の規則に従って

$$\left.\begin{aligned}\frac{\partial}{\partial x}&=\frac{\partial r}{\partial x}\frac{\partial}{\partial r}+\frac{\partial\theta}{\partial x}\frac{\partial}{\partial\theta}+\frac{\partial\varphi}{\partial x}\frac{\partial}{\partial\varphi}\\ \frac{\partial}{\partial y}&=\frac{\partial r}{\partial y}\frac{\partial}{\partial r}+\frac{\partial\theta}{\partial y}\frac{\partial}{\partial\theta}+\frac{\partial\varphi}{\partial y}\frac{\partial}{\partial\varphi}\\ \frac{\partial}{\partial z}&=\frac{\partial r}{\partial z}\frac{\partial}{\partial r}+\frac{\partial\theta}{\partial z}\frac{\partial}{\partial\theta}+\frac{\partial\varphi}{\partial z}\frac{\partial}{\partial\varphi}\end{aligned}\right\}\tag{4.32}$$

のように表される．ここで

$$r=\sqrt{x^2+y^2+z^2},\qquad \theta=\tan^{-1}\frac{\sqrt{x^2+y^2}}{z},\qquad \varphi=\tan^{-1}\frac{y}{x}\tag{4.33}$$

の関係から式 (4.32) の各係数を計算すると

$$\left.\begin{aligned}&\frac{\partial r}{\partial x}=\frac{x}{r}=\sin\theta\cos\varphi,\qquad \frac{\partial r}{\partial y}=\frac{y}{r}=\sin\theta\sin\varphi,\qquad \frac{\partial r}{\partial z}=\frac{z}{r}=\cos\theta\\ &\frac{\partial\theta}{\partial x}=\frac{\cos\theta\cos\varphi}{r},\qquad \frac{\partial\theta}{\partial y}=\frac{\cos\theta\sin\varphi}{r},\qquad \frac{\partial\theta}{\partial z}=-\frac{1}{r}\sin\theta\\ &\frac{\partial\varphi}{\partial x}=-\frac{\sin\varphi}{r\sin\theta},\qquad \frac{\partial\varphi}{\partial y}=\frac{\cos\varphi}{r\sin\theta},\qquad \frac{\partial\varphi}{\partial z}=0\end{aligned}\right\}\tag{4.34}$$

となる．

さらに

$$\frac{\partial^2}{\partial x^2}=\frac{\partial r}{\partial x}\frac{\partial}{\partial r}\left(\frac{\partial}{\partial x}\right)+\frac{\partial\theta}{\partial x}\frac{\partial}{\partial\theta}\left(\frac{\partial}{\partial x}\right)+\frac{\partial\varphi}{\partial x}\frac{\partial}{\partial\varphi}\left(\frac{\partial}{\partial x}\right)\tag{4.35}$$

のような演算を繰り返すと，結局

$$\begin{aligned}\Delta(r,\theta,\varphi)&=\frac{\partial^2}{\partial x^2}+\frac{\partial^2}{\partial y^2}+\frac{\partial^2}{\partial z^2}\\ &=\frac{1}{r^2}\frac{\partial}{\partial r}\left(r^2\frac{\partial}{\partial r}\right)+\frac{1}{r^2\sin\theta}\frac{\partial}{\partial\theta}\left(\sin\theta\frac{\partial}{\partial\theta}\right)+\frac{1}{r^2\sin^2\theta}\frac{\partial^2}{\partial\varphi^2}\end{aligned}\tag{4.36}$$

の表現に到達する．このように $\Delta(r,\theta,\varphi)$ は $\Delta(x,y,z)$ に比べて複雑な形をしている．

さて式 (4.36) を式 (4.31) に用いて，シュレディンガー方程式を (r,θ,φ) で表現すると

$$\frac{\partial}{\partial r}\left(r^2\frac{\partial\phi}{\partial r}\right)+\frac{1}{\sin\theta}\frac{\partial}{\partial\theta}\left(\sin\theta\frac{\partial\phi}{\partial\theta}\right)+\frac{1}{\sin^2\theta}\frac{\partial^2\phi}{\partial\varphi^2}$$
$$+\frac{2mr^2}{\hbar^2}[E-V(r,\theta,\varphi)]\phi=0 \tag{4.37}$$

と整理される．

4.3.3　中心力ポテンシャルと球面調和関数

$V(r,\theta,\varphi)$ が一般的な形であればこれだけの複雑な非線形微分方程式を解くことは容易ではないが，いま一番簡単なポテンシャルを考えてみよう．それは 4.3.2 項で述べた点電荷のまわりのクーロン場のように，ポテンシャル源を極座標の中心とすると，V はその点からの距離 r だけの関数で θ, φ にはよらない．このようなポテンシャルを**中心力ポテンシャル**という．それを $V(r)$ とすると，式 (4.37) は次のように分離できる．

$$\left[\frac{\partial}{\partial r}\left(r^2\frac{\partial\phi}{\partial r}\right)+\frac{2mr^2}{\hbar^2}\{E-V(r)\}\phi\right]$$
$$+\left[\frac{1}{\sin\theta}\frac{\partial}{\partial\theta}\left(\sin\theta\frac{\partial\phi}{\partial\theta}\right)+\frac{1}{\sin^2\theta}\frac{\partial^2\phi}{\partial\varphi^2}\right]=0 \tag{4.38}$$

ここで

$$\phi(r,\theta,\varphi)=R(r)\cdot Y(\theta,\varphi) \tag{4.39}$$

のように表現すれば，式 (4.5) の場合と同じように式 (4.38) は変数分離が可能である．すなわち式 (4.39) を (4.38) に用いて，ϕ で割ることによって両辺は定数 λ とおける．

$$\frac{1}{R}\frac{d}{dr}\left(r^2\frac{dR}{dr}\right)+\frac{2mr^2}{\hbar^2}[E-V(r)]$$
$$=\lambda=\frac{-1}{Y}\left[\frac{1}{\sin\theta}\frac{\partial}{\partial\theta}\left(\sin\theta\frac{\partial Y}{\partial\theta}\right)+\frac{1}{\sin^2\theta}\frac{\partial^2 Y}{\partial\varphi^2}\right]$$

これから次の 2 つの方程式が得られ，それぞれから $R(r)$, $Y(\theta,\varphi)$ を求めることによって，固有解 $\phi(r,\theta,\varphi)$ が式 (4.39) から得られる．

$$\frac{1}{r^2}\frac{d}{dr}\left(r^2\frac{\partial R}{\partial r}\right)+\left[\frac{2m}{\hbar^2}\{E-V(r)\}-\frac{\lambda}{r^2}\right]R=0 \tag{4.40}$$

$$\frac{1}{\sin\theta}\frac{\partial}{\partial\theta}\left(\sin\theta\frac{\partial Y}{\partial\theta}\right)+\frac{1}{\sin^2\theta}\frac{\partial^2 Y}{\partial\varphi^2}+\lambda Y=0 \tag{4.41}$$

極座標の動径 r による波動関数 $R(r)$ はポテンシャル $V(r)$ が変わると式(4.40)によっていろいろ異るが，角度 θ，φ による波動関数 $Y(\theta,\varphi)$ の方は式(4.41)にポテンシャル項を含まずそれ自体で決まってしまう．すなわち中心力ポテンシャル場 $V(r)$ での固有関数の角度依存性はどんな問題でもつねに同じ形なのである．だからこれから求める $Y(\theta,\varphi)$ を用意しておけば，すべての場合に対応できるので，記憶すべきことである．

それではまず $Y(\theta,\varphi)$ を求めることから始めよう．

式(4.41)に $\sin^2\theta$ を掛けたものを考えると，$Y(\theta,\varphi)=\Theta(\theta)\cdot\Phi(\varphi)$ のようにおいて，さらに変数分離できることがわかる．実際にそれを行ってみると，式（4.41）は次の2つの方程式に分離される．

$$\frac{d^2\Phi}{d\varphi^2}+\nu\Phi=0 \quad (\nu：定数) \tag{4.42}$$

$$\frac{1}{\sin\theta}\frac{d}{d\theta}\left(\sin\theta\frac{\partial\Theta}{\partial\theta}\right)+\left(\lambda-\frac{\nu}{\sin^2\theta}\right)\Theta=0 \tag{4.43}$$

このうち $\Phi(\varphi)$ についての式（4.42）の方程式は見慣れた形で，その解は

$$\Phi=Ae^{i\sqrt{\nu}\varphi}+Be^{-i\sqrt{\nu}\varphi}$$

φ は図4.8で示されている極座標の方位角であるから，1周したときに Φ は同じ値でなければならない．ゆえに $e^{\pm i\sqrt{\nu}(\varphi+2\pi)}=e^{\pm i\sqrt{\nu}\varphi}$．よって $e^{\pm i\sqrt{\nu}2\pi}=1$．これから $\sqrt{\nu}=m$ は，$m=0,1,2,\cdots$ の整数である必要がある．したがって，固有関数としては

$$\Phi(\varphi)=Ae^{im\varphi} \quad (m=0,\pm1,\pm2,\cdots) \tag{4.44}$$

さらにこの固有値 $\nu=m^2$ を式(4.43)に用いて，次に $\Theta(\theta)$ について考える．

$$\frac{1}{\sin\theta}\frac{\partial}{\partial\theta}\left(\sin\theta\frac{\partial\Theta}{\partial\theta}\right)+\left(\lambda-\frac{m^2}{\sin^2\theta}\right)\Theta=0 \tag{4.45}$$

θ もまた極座標の z 軸からの方位角であり，Θ は θ について 2π の周期をもっていなければならないので，θ の直接の関数というよりは三角関数の形で θ を含んでいるものと考えられる．そこで一応 $z=\cos\theta$ を考え，z の関数とする．

$$\Theta(\theta)=P(z)=P(\cos\theta) \tag{4.46}$$

そして式（4.45）を θ から z に変数変換して整理すると，次のようになる．

$$\frac{d}{d\mathcal{Z}}\left[(1-\mathcal{Z}^2)\frac{dP}{d\mathcal{Z}}\right]+\left(\lambda-\frac{m^2}{1-\mathcal{Z}^2}\right)P=0 \tag{4.47}$$

これも容易には解が思いつかれる方程式ではないが，いま簡単のために $m=0$ の場合を考える．そうすると

$$(1-\mathcal{Z}^2)\frac{d^2P}{d\mathcal{Z}^2}-2\mathcal{Z}\frac{dP}{d\mathcal{Z}}+\lambda P=0 \tag{4.48}$$

ところがこれによく似た微分方程式で解が見つかっている．それは

$$(1-\mathcal{Z}^2)\frac{d^2w}{d\mathcal{Z}^2}+2(l-1)\mathcal{Z}\frac{dw}{d\mathcal{Z}}+2lw=0 \tag{4.49}$$

であり，これは $w=(\mathcal{Z}^2-1)^l$，$(l=0, 1, 2, 3, \cdots)$ という解をもっている．

さらにこの式 (4.49) を l 回微分して，$d^lw/d\mathcal{Z}^l = v(\mathcal{Z})$ とおいてみると

$$(1-\mathcal{Z}^2)\frac{d^2v}{d\mathcal{Z}^2}-2\mathcal{Z}\frac{dv}{d\mathcal{Z}}+l(l+1)v=0 \tag{4.50}$$

となり，われわれが解きたい式 (4.48) と $\lambda=l(l+1)$ のときに一致する．

すなわち，求むる固有関数 $\Theta(\theta)$ の $m=0$ のときの $P(\mathcal{Z})$ は，λ が整数 l で表される次のような固有値のとき

$$\left.\begin{array}{l} \lambda=l(l+1) \quad (l=0, 1, 2, 3, \cdots) \\ P_l(\mathcal{Z})=C\dfrac{d^l}{d\mathcal{Z}^l}(z^2-1)^l \end{array}\right\} \tag{4.51}$$

として与えられることがわかった．

式 (4.50) はルジャンドル (Legendre) の微分方程式と呼ばれるもので，その解の $v=P_l(\cos\theta)$ は**ルジャンドル関数**である．具体的な形としては，次のような多項式で与えられる．

$$P_0(\mathcal{Z})=1 \qquad\qquad P_0(\cos\theta)=1$$
$$P_1(\mathcal{Z})=\mathcal{Z} \qquad\qquad P_1(\cos\theta)=\cos\theta$$
$$P_2(\mathcal{Z})=\frac{1}{2}(3\mathcal{Z}^2-1) \qquad P_2(\cos\theta)=\frac{1}{4}(3\cos 2\theta+1)$$
$$P_3(\mathcal{Z})=\frac{1}{2}(5\mathcal{Z}^3-3\mathcal{Z}) \quad P_3(\cos\theta)=\frac{1}{8}(5\cos 3\theta+3\cos\theta)$$
$$\cdots\cdots \qquad\qquad\qquad \cdots\cdots$$

これらの級数は一見複雑のようであるが，実は次の母関数表示で統一的に表される．

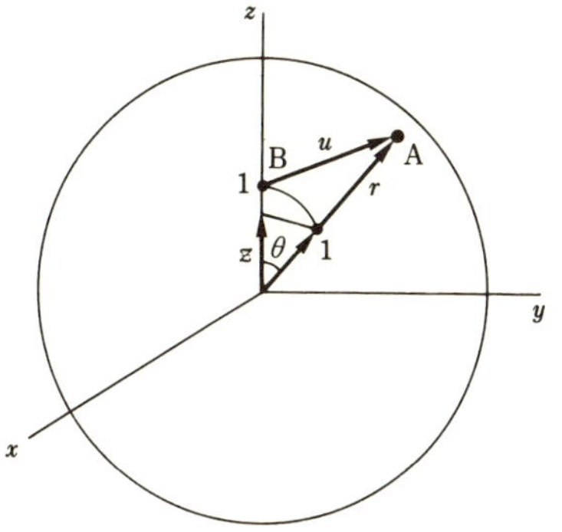

図 4.9 球面調和関数

$$\frac{1}{\sqrt{1-2r\mathcal{Z}+r^2}}=\sum_{l=0}^{\infty}P_l(\mathcal{Z})\,r^l$$

なお母関数に含まれる $u=\sqrt{1-2r\mathcal{Z}+r^2}$ は，図 4.9 のように半径 r の球面上の点 A(r) と z 軸上の $z=1$ の点 B(1) の間の距離を表す．

さて $m=0$ の場合の $\Theta_{l0}(\theta,\varphi)$ 関数は求まったが，一般解 $\Theta_{lm}(\theta,\varphi)$ の問題に移ろう．そのためには，あらためて式 (4.47) の解を探さねばならないが，これを展開すると

$$(1-\mathcal{Z}^2)\frac{d^2P}{d\mathcal{Z}^2}-2\mathcal{Z}\frac{dP}{d\mathcal{Z}}+\left(\lambda-\frac{m^2}{1-\mathcal{Z}^2}\right)P=0 \tag{4.52}$$

の形になる．問題の最終項を消去するためには P を $(1-\mathcal{Z}^2)^S$ を含む形にすると，第 1 項における 2 階微分操作の降次による $(1-\mathcal{Z}^2)^{S-2+1}$ と，最終項の $(1-\mathcal{Z}^2)^{S-1}$ とが合致して，うまくパラメータを選ぶと項消去の可能性がある．

それで

$$P(\mathcal{Z})=(1-\mathcal{Z}^2)^S\cdot\omega(\mathcal{Z}) \tag{4.53}$$

の形を考えると

$$\frac{dP}{d\mathcal{Z}}=-2S\mathcal{Z}(1-\mathcal{Z}^2)^{S-1}\omega(\mathcal{Z})+(1-\mathcal{Z}^2)^S\frac{d\omega}{d\mathcal{Z}}$$

これらをあらためて式 (4.52) に代入して，試行関数 $\omega(\mathcal{Z})$ についての方程式を求めると，次のようになる．

$$(1-\mathcal{Z}^2)\frac{d^2\omega}{d\mathcal{Z}^2}-2(2S+1)\mathcal{Z}\frac{d\omega}{d\mathcal{Z}}+\left[\lambda-2S(2S+1)+\frac{4S^2-m^2}{1-\mathcal{Z}^2}\right]\omega=0$$

これをみると，いま $4S^2-m^2=0$，したがって $S=m/2$ とすれば，最終項が消えることになり，上式は式（4.50）のルジャンドルの方程式に類似して，次のように表せる．なお，そのために $\lambda=l(l+1)$ とおいている．

$$(1-z^2)\frac{d^2\omega}{dz^2}-2(m+1)z\frac{d\omega}{dz}+[l(l+1)-m(m+1)]\omega=0 \tag{4.54}$$

もともと式（4.50）の解は式（4.51）のように微分形式で表されているので，試みに式（4.50）の方程式をさらに m 回微分して，それを解くべき式（4.54）と比較してみよう．そのためには，式（4.50）のもとの式である

$$\frac{d}{dz}\left[(1-z^2)\frac{dv}{dz}\right]+l(l+1)v=0$$

について m 回微分することを考える．そのとき $\dfrac{d^mF}{dz^m}\equiv F^{(m)}$ の表式によって

$$[U(z)V(z)]^{(m)}=U(z)V(z)^{(m)}+{}_mC_1U(z)^{(1)}V(z)^{(m-1)}$$
$$+{}_mC_2U(z)^{(2)}V(z)^{(m-2)}+\cdots$$

の公式を用いると

$$(1-z^2)v^{(m+2)}-2(m+1)zv^{(m+1)}-2\frac{(m+1)m}{2}v^{(m)}+l(l+1)v^{(m)}=0$$

いま $v^{(m)}=u$ とすると

$$(1-z^2)\frac{d^2u}{dz^2}-2(m+1)z\frac{du}{dz}+[l(l+1)-m(m+1)]u=0 \tag{4.55}$$

となって，式（4.54）と一致する．

すなわち，求むる式（4.52）の解は

$$P(z)=P_l^m(z=\cos\theta)=(1-z^2)^{\frac{m}{2}}\frac{d^m}{dz^m}P_l(z)$$

$$=(1-z^2)^{\frac{m}{2}}\cdot\frac{d^{l+m}}{dz^{l+m}}(z^2-1)^l \quad (m\leq l)$$

のように表される．これを**ルジャンドルの陪**（バイ）**関数**という*)．

結局，中心力ポテンシャル場 $V(r)$ における固有関数 $\phi(r,\theta,\varphi)$ は，$V(r)$ の形に依存する $R(r)$ の部分と，それによらない $Y(\theta,\varphi)$ の部分に分けられて

---

*）「陪」というのは「つき従う」という意味で，「もとのルジャンドル関数から派生して得られる関数」という表現である．

$$\phi(r,\theta,\varphi)=R(r)\cdot Y(\theta,\varphi)$$

のように表され，さらに

$$Y_{l,m}(\theta,\varphi)=C\cdot P_l^{|m|}(\cos\theta)\cdot e^{im\varphi}\quad(m=0,\pm1,\pm2,\cdots,\pm l)$$

のように求められる．この $Y(\theta,\varphi)$ は**球面調和関数**と呼ばれ，極座標系ではつねに用いられる．具体的な形は表 4.1 のように示される*)．

表 4.1　球面調和関数

$l=0$	$Y_{0,0}=\frac{1}{\sqrt{2\pi}}\frac{\sqrt{2}}{2}$		
$l=1$	$Y_{1,0}=\frac{1}{\sqrt{2\pi}}\frac{\sqrt{6}}{2}\cos\theta$	$Y_{1,\pm1}=\mp\frac{1}{\sqrt{2\pi}}\frac{\sqrt{3}}{2}\sin\theta\, e^{\pm i\varphi}$	
$l=2$	$Y_{2,0}=\frac{1}{\sqrt{2\pi}}\frac{\sqrt{10}}{4}(3\cos^2\theta-1)$	$Y_{2,\pm1}=\mp\frac{1}{\sqrt{2\pi}}\frac{\sqrt{15}}{2}\sin\theta\cos\theta\, e^{\pm i\varphi}$	$Y_{2,\pm2}=\frac{1}{\sqrt{2\pi}}\frac{\sqrt{15}}{4}\sin^2\theta\, e^{\pm 2i\varphi}$
$l=3$	$Y_{3,0}=\frac{1}{\sqrt{2\pi}}\frac{3\sqrt{14}}{4}\left(\frac{5}{3}\cos^3\theta-\cos\theta\right)$	$Y_{3,\pm1}=\mp\frac{1}{\sqrt{2\pi}}\frac{\sqrt{42}}{8}\sin\theta \times(5\cos^2\theta-1)\, e^{\pm i\varphi}$	$Y_{3,\pm2}=\frac{1}{\sqrt{2\pi}}\frac{\sqrt{105}}{4}\sin^2\theta\cos\theta\, e^{\pm 2i\varphi}$
	$m=0$	$m=\pm1$	$m=\pm2$

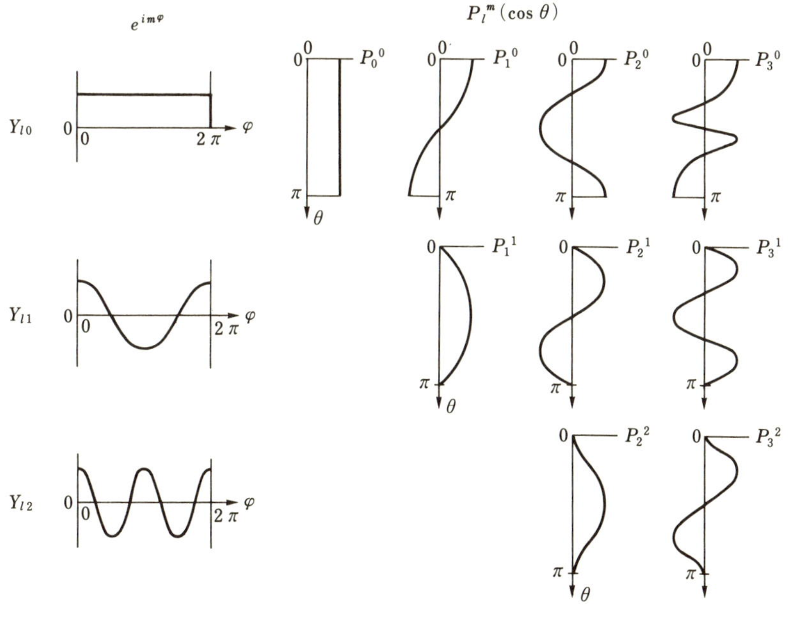

図 4.10　球面調和関数 $Y_l^m(\theta,\varphi)$ の変化

*）　原島　鮮：初等量子力学（改訂版），pp 188〜189，裳華房，1991

一般的傾向としては l の次数が増大すると $\cos\theta$ の次数が増える．m が増大すると，φ の次数が増えると同時に $\cos\theta$ が $\sin\theta$ に変化してゆく．その結果，図 4.10 にまとめてあるように l の増大とともに θ 変化による振動は著しくなる．一方，m の増大とともに φ 変化による振動は著しくなるが，θ 変化による振動は穏やかになる．

なお表 4.1 における各関数 $Y_{lm}(\theta, \varphi)$ のはじめの係数値は次の 5 章 5.1.2 項で説明する方法（規格化条件）で決められる．

演習問題

4.1　自由空間（$V=0$）でなくて一般の 3 次元ポテンシャル空間 $V(x, y, z)$ の場合にも，それが

$$V(x, y, z) = V_1(x) + V_2(y) + V_3(z)$$

のように重ね合わせの形で表されるときは，式（4.7）と同様に変数分離が可能であることを示せ．

4.2　電子が原子サイズ程度（$a=10^{-10}\,\mathrm{m}$）の立方体の箱（$0<x, y, z<a$）の内部で自由に運動するときの基底エネルギー $E_1(\mathrm{J})$ を求めよ．

4.3　1 次元調和振動子ポテンシャルでの固有関数を求める過程で，式（4.23）の試行関数を式（4.20）の方程式に用いた場合に，実際に式（4.24）が得られることを確かめよ．

4.4　式（4.28）の母関数表示を展開して，式（4.29）のエルミート関数 $H_n(\xi)$ 表現が得られることを示せ．また，$H_4(\xi)=16\xi^4-48\xi^2+12$ が微分方程式（4.26）を満足することを示せ．

4.5　式（4.32）と（4.34）からラプラシアン $\Delta(r, \theta, \varphi)$ 表現が式（4.36）となることを導け．

5 波動関数の性質

方程式の具体的な固有解がいくつか得られたところで，それらの波動関数が量子力学における固有状態を表すためには，どのような性質をもっているのかその意味について調べる．ここで初めて量子力学の基本的特性についての理解を得る．

前章でいろいろなポテンシャル場でのシュレディンガー方程式を解いて固有関数を求めることを行ったが，これで物質（波）の固有状態についての波動関数とエネルギー固有値が得られた．次にこの固有関数 $\psi(\boldsymbol{k}, \boldsymbol{r})$ と粒子の状態 $(\boldsymbol{r})$ や運動 $(\boldsymbol{p})$ とは一体どのような関係にあるのか，またそれは単なる微分方程式の数学的な解というだけでなく，物質の状態を表すという特性からいろいろな性質をもっている．この章ではそのようなことを調べてゆく．

5.1 確率と観測

5.1.1 粒子の存在確率と確率密度分布

ある物理量，たとえばエネルギー演算子$\mathcal{H}$に対する固有値方程式

$$\mathcal{H}\psi_E = E\psi_E$$

で求められた固有関数 $\psi_E(\boldsymbol{r})$ があれば，それはエネルギー E をもった粒子が点 $\boldsymbol{r}$ 付近の微小体積 $d\boldsymbol{r}$ の中に見出される確率 $P(\boldsymbol{r})$ が

$$P(\boldsymbol{r}) = |\psi_E(\boldsymbol{r})|^2 d\boldsymbol{r} = \psi_E{}^*(\boldsymbol{r})\psi_E(\boldsymbol{r})\,d\boldsymbol{r} \tag{5.1}$$

で表されることを意味する．一般に何かの特性（たとえば決められたエネルギ

ー E や運動量 $\boldsymbol{p}$) の粒子の存在確率 $P(\boldsymbol{r})$ に相当する $|\psi(\boldsymbol{r})|^2$ を**確率密度**という．

このように空間の各点における粒子の存在確率密度が与えられると，たとえば 4.2.2 項の場合のように井戸型ポテンシャルで決められた空間 ($|x|\leq L$) に閉じ込められた粒子の場合には，粒子はその体積空間 V のどこかには必ず存在するので次の条件を $\psi(\boldsymbol{r})$ は満たされなければならない．これを波動関数の**規格化条件**という．

$$\int_V |\psi(\boldsymbol{r})|^2 d\boldsymbol{r} = \int_V \psi^*(\boldsymbol{r})\psi(\boldsymbol{r})\,d\boldsymbol{r} = 1 \tag{5.2}$$

一般にシュレディンガーの微分方程式の解は積分定数を含み，たとえば式(4.13) の固有関数はその振幅が任意であり

$$\phi_n(x) = A\cos\left[\frac{(2n+1)\pi}{2L}\right]x$$

と表されているが，その定数 A はこの式(5.2)の条件から決められることになる．すなわち

$$\int_V |\phi_n(x)|^2 dx = 1 = A^2\int_{-L}^{L}\cos^2\left[\frac{(2n+1)\pi}{2L}x\right]dx$$

$$= \left(\frac{A^2}{2}\right)\int_{-L}^{L}\left[1+\frac{\cos(2n+1)\pi}{L}x\right]dx = A^2L$$

$$\therefore\quad A = \frac{1}{\sqrt{L}}\quad \text{だから}\quad \phi_n(x) = \left(\frac{1}{\sqrt{L}}\right)\cdot\cos\left[\frac{(2n+1)\pi}{2L}x\right] \tag{5.3}$$

5.1.2　波動関数の規格化

規格化されていない波動関数 $\psi'(x)$ を規格化した $\psi(x)$ の形にするためには，$\psi'(x) = C\psi(x)$ とおいて

$$\int_V |\psi'(x)|^2 dx = C^2\int_V \psi^*(x)\psi(x)\,dx = C^2 \qquad \therefore\quad C = \left[\int_V |\psi'(x)|^2 dx\right]^{1/2}$$

これを用いると

$$\psi(x) = \frac{\psi'(x)}{C} = \left[\int_V \psi'^*(x)\psi'(x)\,dx\right]^{-1/2}\cdot\psi'(x) \tag{5.4}$$

のように計算することができて，$\psi'(x)$ を規格化することができる．

［**例**］　4.2 節の井戸型ポテンシャル内の固有状態について，式(4.13)の固有関数の

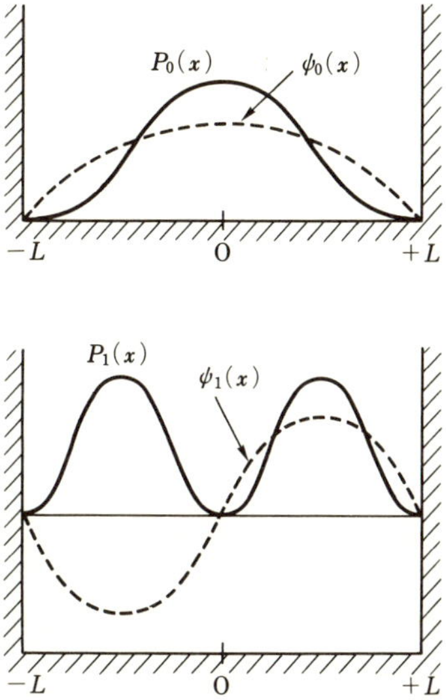

図 5.1 井戸型ポテンシャル内の
固有関数 $\psi(x)$ (--- 点線)と
確率密度関数 $P(x)$ (— 実線)

うち $E(n=0)$ と $E(m=1)$ の 2 つの場合を規格化して, 粒子の存在確率密度の分布を図示せよ.

(解) 式 (4.13) のうち $\psi_0(x)$ と $\psi_1(x)$ について, 式 (5.3) の規格化の計算を行うと, 結果は次のようになる.

$$\psi_0(x)=\frac{1}{\sqrt{L}}\cos\frac{\pi}{2L}x, \qquad \psi_1(x)=\frac{1}{\sqrt{L}}\sin\frac{\pi}{L}x$$

$$\therefore \quad P_0(x)=|\psi_0(x)|^2=\left(\frac{1}{2L}\right)\cdot\left[1+\cos\frac{\pi}{L}x\right],$$

$$P_1(x)=|\psi_1(x)|^2=\left(\frac{1}{2L}\right)\cdot\left[1-\cos\frac{2\pi}{L}x\right]$$

これをグラフに描くと図 5.1 のようになる. 興味あることは井戸型ポテンシャル内の平坦な $V=0$ の領域でも粒子の存在確率密度はいくつかの山をもつ分布を示す. これは壁からの物質波の反射のためである.

5.1.3 観測と確率分布の問題

ニュートン力学に従う古典的粒子の場合には, 初めの状態($t=0$ での位置 $\boldsymbol{r}_0$,

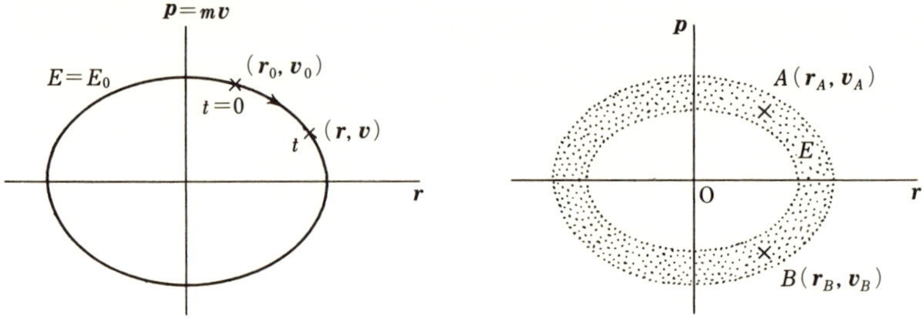

図 5.2　粒子の位相空間での状態分布

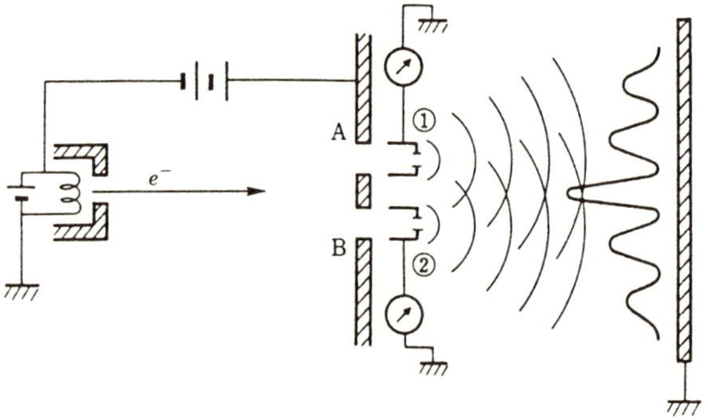

図 5.3　2つの孔A，Bのところに電子の通過を検出するカウンタ①，②をおいた実験

速度 $\boldsymbol{v}_0$) が与えられると，運動方程式に従ってその後の状態は決定され，任意の時間 t における $\boldsymbol{r}(t)$，$\boldsymbol{v}(t)$ は確定する．とくに外力が働かない場合には，図5.2(a)の位相空間において，軌跡は E＝一定の軌道上を周回するか，散乱の場合は通過してゆくことになる．

ところが量子力学においては E＝一定のもとでの存在確率密度 $|\psi_E(\boldsymbol{r})|^2$ は，図5.2(b) のように位相空間の各点 $(\boldsymbol{p}, \boldsymbol{r})$ に分布していて，一点には集中していない．すなわち粒子の存在確率は E に相当する領域にわたって広がっている．だからいま，エネルギー E の粒子の位置を観測する実験を行うと，ある場合にはA点 ($\boldsymbol{r}_A$) に，別の場合にはB点 ($\boldsymbol{r}_B$) に見出されることになる．

これはたとえば図5.3に示されているように，いま衝立の2つのスリット孔を通って電子波が入射して，干渉像が蛍光面上につくられる場合に，各粒子検出器①，②を孔A，Bのところにおいて観測すれば，各瞬間にはAかBのどちらかで電子は検出される*)．しかしこれを何度も繰り返して観測していると，A点に見出される頻度（回数）が F_A，またB点では F_B となり，これらを全観測回数 N で割れば，$P(\boldsymbol{r}_A)=F_A/N$，$P(\boldsymbol{r}_B)=F_B/N$ となる．

そしてこれら各点の $F(\boldsymbol{r})$ から全体の粒子の存在分布の様子が図5.2(b) のように描かれる．たとえば原子内の電子の確率密度分布を $\boldsymbol{r}$ 空間に表したとき，この様子を**電子雲**という．

粒子の各時間での状態（すなわち位置と運動量）をきちんと一点に決められないのが量子力学で記述される物質状態の特徴であり，後に述べる不確定性原理と関係している．

5.2 物理量の平均値

5.2.1 観測平均値と遷移確率

粒子がある状態 $(\boldsymbol{p}, \boldsymbol{r})$ にある確率は，式 (5.1) のように規格化関数を用いて

$$P(\boldsymbol{p}, \boldsymbol{r})=|\psi(\boldsymbol{p}, \boldsymbol{r})|^2$$

で表される．その状態に付随する物理量 $Q(\boldsymbol{p}, \boldsymbol{r})$ が観測される確率もまた，$P(\boldsymbol{p}, \boldsymbol{r})$ である．だからいまこの物理量 Q を観測するとき，状態 $(\boldsymbol{p}, \boldsymbol{r})$ に対応する $\hat{Q}$ の実効値は

$$Q(\boldsymbol{p}, \boldsymbol{r})P(\boldsymbol{p}, \boldsymbol{r})\,d\boldsymbol{p}d\boldsymbol{r}=\psi^*(\boldsymbol{p}, \boldsymbol{r})\hat{Q}\psi(\boldsymbol{p}, \boldsymbol{r})\,d\boldsymbol{p}d\boldsymbol{r}$$

である．ここで $\hat{Q}$ は物理量 Q に対応する量子力学的演算子である．

多数回測定したときに得られる Q の平均値 $\langle Q\rangle$ は，次のように表される．

$$\langle Q\rangle=\frac{\int\psi^*(\boldsymbol{p}, \boldsymbol{r})\hat{Q}(\boldsymbol{p}, \boldsymbol{r})\psi(\boldsymbol{p}, \boldsymbol{r})\,d\boldsymbol{p}d\boldsymbol{r}}{\int\psi^*(\boldsymbol{p}, \boldsymbol{r})\psi(\boldsymbol{p}, \boldsymbol{r})\,d\boldsymbol{p}d\boldsymbol{r}}$$

*) これはAとBから同時に入射する波の干渉像が観測されることから考えると奇妙なことであるが事実である．粒子検出の観測の瞬間に，波は収縮して，AかBのどちらかの点に集中すると解釈せざるを得ない．これを量子論では**波束の収縮**という．

これを物理量 Q の**期待値**という．

いま $\psi(\boldsymbol{r})$ が規格化されている場合には，この式の分母は＝1となる．

これからは，各場合の固有関数は規格化されているものとする．

とくに $\boldsymbol{r}=\boldsymbol{r}_0$ 点における種々の運動量 $\boldsymbol{p}$ のもとでの観測平均値と，$\boldsymbol{p}=\boldsymbol{p}_0$ の状態における種々の $\boldsymbol{r}$ 点での観測平均値を次式に示す．

$$\left.\begin{aligned} \langle Q(\boldsymbol{r}_0)\rangle &= \int \psi^*(\boldsymbol{p},\boldsymbol{r}_0)\,\hat{Q}(-i\hbar\nabla,\boldsymbol{r}_0)\,\psi(\boldsymbol{p},\boldsymbol{r}_0)\,d\boldsymbol{p}, \\ \text{あるいは}\quad &= \sum_n \psi^*(\boldsymbol{p}_n)\,\hat{Q}(-i\hbar\nabla,\boldsymbol{r}_0)\,\psi^*(\boldsymbol{p}_n) \\ \langle Q(\boldsymbol{p}_0)\rangle &= \int \psi^*(\boldsymbol{p}_0,\boldsymbol{r})\,\hat{Q}(-i\hbar\nabla,\boldsymbol{r})\,\psi(\boldsymbol{p}_0,\boldsymbol{r})\,d\boldsymbol{r} \end{aligned}\right\} \tag{5.5}$$

このようにある物理量 Q の観測平均値すなわち期待値を求めるときは，その物理量に対応する演算子 $\hat{Q}$ を両側から**複素共役**な波動関数 ψ^* と ψ ではさんで積分計算する操作が必要である．

5.2.2　波動関数の内積とブラケットベクトル

式（5.2）のような，2つの波動関数 φ と ψ についての積 $\varphi^*\psi$ の積分について，もう少し一般的に考えて

$$\left.\begin{aligned} \langle\varphi|\psi\rangle &\equiv \int \varphi^*(\boldsymbol{p},\boldsymbol{r})\,\psi(\boldsymbol{p},\boldsymbol{r})\,d\boldsymbol{r} \\ \text{または}\quad &\int \varphi^*(\boldsymbol{p},\boldsymbol{r})\,\psi(\boldsymbol{p},\boldsymbol{r})\,d\boldsymbol{p} \end{aligned}\right\} \tag{5.6}$$

を定義して，これを関数 φ と ψ の**内積**と呼び，次のような意味をもつ．

積分内の右側の $|\psi\rangle$ は，この系について注目する前の始状態を表し，一方の $\langle\varphi|$ はこの系に注目して何らかの作用を行ったあとの終状態を表す．

φ が φ^* の形で積分の中に含まれていることが終状態を始状態と区別しており，$\langle\varphi|\psi\rangle=\langle\psi|\varphi\rangle^\dagger$ である．

そして $|\langle\varphi|\psi\rangle|^2$ は初めの量子状態 ψ に，何らかの作用を行って φ 状態が検出される確率を表す．

初めの $|\psi\rangle$ が定常固有状態であって，作用によっても何らの変化も示さないときは，互いに直交する φ と ψ の $\langle\varphi|\psi\rangle$ は＝0であり，$\delta\langle\psi|\psi\rangle=\int_\delta|\psi|^2d\boldsymbol{p}$ or $d\boldsymbol{r}$ のみが式（5.1）のように固有状態の確率の意味をもつ．

しかし ψ が完全な固有状態でなく，いろんな状態を含んで揺らいでいるときには，φ と直交することなく $\langle\varphi|\psi\rangle\neq 0$ であり，φ の状態が検出される確率が存在する．

さらに式（5.5）の $\langle Q\rangle$ についても，同様な表現が可能である．それは

$$\langle\varphi|\hat{Q}|\psi\rangle\equiv\int\varphi^*(\boldsymbol{p},\boldsymbol{r})\hat{Q}(-i\hbar\nabla,\boldsymbol{r})\psi(\boldsymbol{p},\boldsymbol{r})\,d\boldsymbol{r}\quad\text{or}\quad d\boldsymbol{p} \tag{5.7}$$

というもので，これは始状態 $\psi(\boldsymbol{p},\boldsymbol{r})$ が物理量 $\hat{Q}$（を観測する操作）の作用によって変化して，$\varphi(\boldsymbol{p},\boldsymbol{r})$ 状態になる確率振幅を表す．だから $|\langle\varphi|Q|\psi\rangle|^2$ が Q による**状態遷移の確率**となる．

$|\psi\rangle$ が $\hat{Q}$ の観測によっても変化を起こさない完全な固有状態の場合には，$\hat{Q}\psi=Q\psi$ であるので $\langle\psi|Q|\psi\rangle$ のみが $\neq 0$ であり，$\langle\psi|\psi\rangle=1$ のもとで，式(5.7)は式（5.5）と同じく $\hat{Q}$ の観測平均値 $\langle Q\rangle$ を表すことになる．

このような観点から，始状態と終状態を表す $|\psi\rangle$ と $\langle\varphi|$ を，逆に物理量 Q に対する一種の作用状態と考えて，$\langle\varphi|Q|\psi\rangle$ を Q についてブラケット（カッコ〈 〉）で囲むという意味で $\langle\varphi|$ をブラ・ベクトル，$|\psi\rangle$ をケット・ベクトルとディラック(Dirac)は名づけた．$\hat{Q}$ という物理量に対する演算ベクトルの概念は後述の行列力学（8章）のところでさらに明確になる．

5.3　波動関数の級数展開

5.3.1　固有関数の規格直交完全性

4章ではいろいろなポテンシャル場においてシュレディンガー方程式を解いて，エネルギー固有値 $E_1, E_2, E_3, \cdots, E_n, \cdots$ を与える固有関数系 $\{\psi_n(\boldsymbol{r})\}$，あるいは連続的分布する $\psi(\boldsymbol{k},\boldsymbol{r})$ を求めてきた．たとえば

i）1次元井戸型ポテンシャル（$V=0$ at $|x|<L$）内では

$$\psi_n(x)=\frac{1}{\sqrt{L}}\cos\left(n+\frac{1}{2}\right)\frac{\pi}{L}x\quad\text{および}\quad\frac{1}{\sqrt{L}}\sin m\cdot\frac{\pi}{L}x$$

（式（4.13）参照）

ii）周期的枠（ポテンシャル）空間（周期 a）では

$$\psi_n(x)=\frac{1}{\sqrt{a}}\exp\left[i\frac{2\pi n}{a}x\right]\quad \text{（式（4.16）参照）}$$

iii）　調和振動子型ポテンシャルでは

$$\psi_n(\xi)=H_n(\xi)\qquad \text{（式（4.27）参照）}$$

一般にこのような固有関数系 $\{\psi_n(\boldsymbol{r})\}$ は次のような性質をもっている．

①　これらは，$n=1, 2, 3, \cdots, \infty$ の無限個数の関数系列 $\{\psi_n(\boldsymbol{r})\}$ または連続的に変化する関数 $\psi(\boldsymbol{k}, \boldsymbol{r})$，$(0<|\boldsymbol{k}|<\infty)$ から成り立っている．

②　次の規格直交性を有している．

$$\left.\begin{array}{l}\displaystyle\int\psi_m{}^*(\boldsymbol{r})\,\psi_n(\boldsymbol{r})\,d\boldsymbol{r}=\delta_{mn}\quad\begin{cases}1,\ \ m=n\ \textbf{（規格化条件）}\\ 0,\ \ m\neq n\ \textbf{（直交条件）}\end{cases}\\ \displaystyle\sum_n\psi_n{}^*(\boldsymbol{r}')\,\psi_n(\boldsymbol{r}),\\ \text{または}\quad\displaystyle\int\psi^*(\boldsymbol{p}, \boldsymbol{r})\,\psi(\boldsymbol{p}, \boldsymbol{r}')\,d\boldsymbol{p}=\delta(\boldsymbol{r}-\boldsymbol{r}')\left\}\begin{array}{l}=1\ \ \boldsymbol{r}=\boldsymbol{r}'\\ =0\ \ \boldsymbol{r}\neq\boldsymbol{r}'\end{array}\right.\end{array}\right\}\tag{5.8}$$

［**例**］　実際に $\psi_n(x)=\frac{1}{\sqrt{L}}\sin n\frac{\pi}{L}x$ の場合について規格直交性を確かめよう．

$$\begin{aligned}I_{mn}&=\frac{1}{L}\int_{-L}^{L}\sin m\cdot\frac{\pi}{L}x\cdot\sin n\frac{\pi}{L}xdx\\ &=\frac{1}{2L}\int_{-L}^{L}\left\{\cos(m-n)\frac{\pi}{L}x-\cos(m+n)\frac{\pi}{L}x\right\}dx\\ &\left.\begin{aligned}&=\frac{1}{2L}\int_{-L}^{L}\left(1-\cos\frac{2n\pi}{L}x\right)dx=1\quad(m=n\text{ のとき})\\ &=\frac{1}{2\pi}\left[\frac{\sin(m-n)\frac{\pi}{L}x}{(m-n)}-\frac{\sin(m+n)\frac{\pi}{L}x}{(m+n)}\right]_{-L}^{L}=0\quad(m\neq n\text{ のとき})\end{aligned}\right\}\delta_{mn}\end{aligned}$$

③　シュレディンガー方程式の固有関数系 $\{\psi_n(\boldsymbol{r})\}$ は一般に**完全系**をつくる*）．すなわち任意の連続関数 $f(\boldsymbol{r})$ をこの $\{\psi_n(\boldsymbol{r})\}$ を用いて，次のように展開表現することができる．

$$f(\boldsymbol{r})=\sum_{n=1}^{\infty}C_n\psi_n(\boldsymbol{r})\tag{5.9}$$

この展開定数 C_n が $f(\boldsymbol{r})$ の特徴を表すのであるが，式(5.8)の規格直交性を用いて次のように算出される．式（5.9）の両辺に $\psi_m{}^*(\boldsymbol{r})$ を乗じて積分すると

*）　これはしかし自明のことではない．シッフ：量子力学（井上　健訳），p 54，吉岡書店，1961

$$\int \psi_m^*(\boldsymbol{r}) f(\boldsymbol{r})\, d\boldsymbol{r} = \sum_n C_n \int \psi_m^*(\boldsymbol{r}) \psi_n(\boldsymbol{r})\, d\boldsymbol{r} = \sum_n C_n \delta_{mn} = C_m$$

$$\therefore \quad C_m = \int f(\boldsymbol{r}) \psi_m^*(\boldsymbol{r})\, d\boldsymbol{r} \tag{5.10}$$

この C_m を $f(\boldsymbol{r})$ が m 状態をとる**確率振幅**という．そして任意に変化している状態 $f(\boldsymbol{r})$ が ψ_m という固有状態になっている確率密度は $|C_m|^2$ で表される．

5.3.2 固有関数の縮退

ここで m, n の区別記号はエネルギー固有値 E_m, E_n の違いによるものである．そのため異るエネルギー固有値をもつ固有関数の間には直交性が示されている．ところが同一のエネルギー固有値 E_n にいくつかの異る固有状態が属することがある．

たとえば 3 次元の箱型周期ポテンシャル内の固有状態は式 (4.7) と式 (4.16) の組合せで与えられるが，そこで

$\psi_{l,m,n}(\boldsymbol{r}) = \exp[i(k_l x + k_m y + k_n z)]$ と $\psi_{m,n,l}(\boldsymbol{r}) = \exp[i(k_m x + k_n y + k_l z)]$

は異った $\boldsymbol{k}$ 方向に伝播する 2 つの平面波の状態 (l, m, n) および (m, n, l) として，図 5.4 のように $\boldsymbol{k}$ 空間の各点で表現される．これらの点が同じ球面上にあるときはともに等しいエネルギー固有値

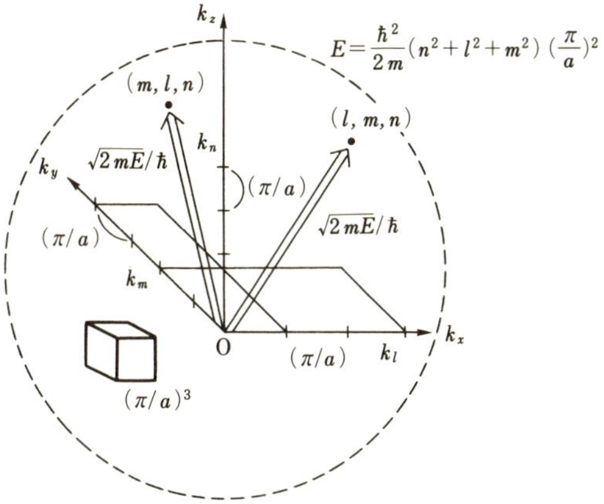

図 5.4 3 次元格子空間 (a^3) 内粒子の等エネルギー縮退状態

$$E=\frac{\hbar^2}{2m}(k_l{}^2+k_m{}^2+k_n{}^2)=\frac{\hbar^2}{2m}(l^2+m^2+n^2)\left(\frac{\pi}{a}\right)^2$$

をもっている．このときこれらの固有状態 $\{(l, m, n), (m, n, l), (n, l, m)\}$ は**エネルギー縮退しているという**．

このような場合にも $\psi_{l,m,n}$, $\psi_{m,n,l}$, $\psi_{n,l,m}$ の適当な組合せ1次結合 $\psi_i'(\boldsymbol{r})=\sum_j a_{ij}\psi_{j(l,m,n)}$ をつくることにより，$\psi_i'(\boldsymbol{r})$ の間に直交性をもたせることができる．たとえばシュミット（Schmidt）の方法*) と呼ばれるものがある．

結局，すべての固有関数の系 $\{\psi(\boldsymbol{r})\}$ は規格直交完全系となり得る．

5.3.3　フーリエ展開と不確定性原理

規格直交性の完全関数系の中でも $\{\sin(\boldsymbol{k}_n\cdot\boldsymbol{r}), \cos(\boldsymbol{k}_m\cdot\boldsymbol{r})\}$ $\{\exp(i\boldsymbol{k}\cdot\boldsymbol{r})\}$ は最も一般的に知られたもので，とくに**フーリエ関数系**と呼び，ある関数 $f(\boldsymbol{r})$ をフーリエ関数の級数和で表すことを**フーリエ展開**という．

$$f(\boldsymbol{r})=\int\alpha((\boldsymbol{p})\cdot\exp\left[-i\frac{\boldsymbol{p}}{\hbar}\cdot\boldsymbol{r}\right]d\boldsymbol{p}$$

$$\alpha(\boldsymbol{p})=\int f(\boldsymbol{r})\exp\left[i\frac{\boldsymbol{p}}{\hbar}\cdot\boldsymbol{r}\right]d\boldsymbol{r}$$

この両式は互いに逆変換の関係にあり，$\alpha(\boldsymbol{p})$ は $\boldsymbol{r}$ 空間の波形 $f(\boldsymbol{r})$ を合成するためにいろいろな運動量 $\boldsymbol{p}$ の平面波 $\exp[-i\boldsymbol{p}/\hbar\cdot\boldsymbol{r}]$ を重ね合わせる場合の組成成分（確率振幅）を表す．図5.5(a) のようにせまい領域 $\varDelta\boldsymbol{r}$ に集中した**波束** $f(\boldsymbol{r})$ を合成するためには，(b)図のように広い領域 $\varDelta\boldsymbol{p}$ のスペクトル成分 $\alpha(\boldsymbol{p})$ を重ね合わせねばならない．

とくに $\int_{-\infty}^{+\infty}\exp[-i\{(\boldsymbol{p}/\hbar)\cdot(\boldsymbol{r}-\boldsymbol{r}_0)\}]d\boldsymbol{p}=\delta(\boldsymbol{r}-\boldsymbol{r}_0)$ のように，幅 $\varDelta\boldsymbol{r}\to 0$ の**デルタ関数**を表現するためには，$\alpha(\boldsymbol{p})=1$,（$-\infty<\boldsymbol{p}<+\infty$）のように無限領域のスペクトル成分の重ね合わせを必要とする．

逆に，$\alpha(\boldsymbol{p})=\delta(\boldsymbol{p}-\boldsymbol{p}_0)$ のように（(d) 図），1成分（$\boldsymbol{p}_0$）しか $\alpha(\boldsymbol{p})$ が含まないときには $f(\boldsymbol{r})=\exp[i\boldsymbol{p}_0/\hbar\cdot\boldsymbol{r}]$ となって，$-\infty<\boldsymbol{r}<+\infty$ にわたって広がる平面波となり，$\varDelta\boldsymbol{r}\to\infty$ となる（図5.5(c)）．

このように $\varDelta\boldsymbol{p}$ と $\varDelta\boldsymbol{r}$ は逆比例の関係にあり，その大きさの程度は

*）原島　鮮：初等量子力学(改訂版)，pp 117～118，裳華房，1991

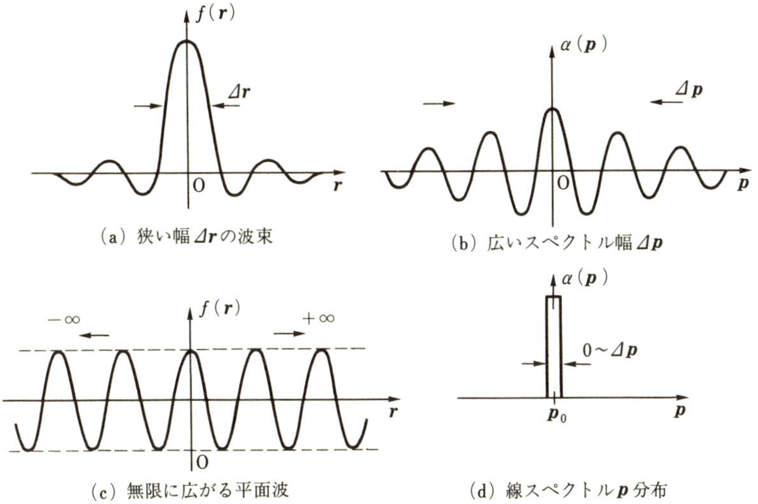

図 5.5 $\boldsymbol{r}$ 空間と $\boldsymbol{p}$ 空間のスペクトル分布

$$\Delta \boldsymbol{p} \cdot \Delta \boldsymbol{r} \geq \hbar$$

となって，けっして運動量と位置の確定幅 $\Delta \boldsymbol{p}$ と $\Delta \boldsymbol{r}$ を同時に→0になるように指定することはできない．これを**不確定性原理**という．

このような関係にある物理量の組は

$$\psi(\boldsymbol{p}, \boldsymbol{r}, t) = \exp[-i(\boldsymbol{k} \cdot \boldsymbol{r} - \omega t)] = \exp\left[-\left(\frac{i}{\hbar}\right)(\boldsymbol{p} \cdot \boldsymbol{r} - Et)\right]$$

の表現において，**共役の関係**にあるもので，その他にエネルギーと時間の組合せ

$$\Delta E \cdot \Delta t \geq \hbar$$

などがある．

5.3.4 波動関数の偶奇性（パリティ）

パリティとは波動関数 $\psi(\boldsymbol{p}, \boldsymbol{r})$ が空間反転（$\boldsymbol{r} \to -\boldsymbol{r}$）操作に対して対称（正負号不変）または反対称（正負号逆転）を示す性質であり，自然界の対称性についての大事な特性である．それは電荷の正負などと同じように粒子の個性を決める1つの尺度である．

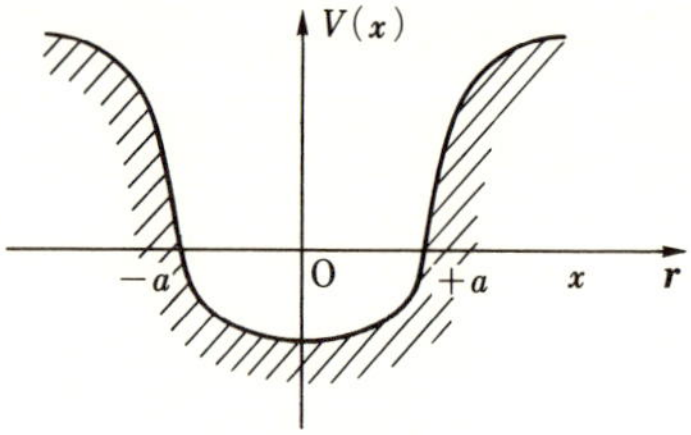

図 5.6　空間対称ポテンシャル

まず図5.6のように原点Oについて対称的なポテンシャル $V(x)$ がある場合を考える．それは $V(x)=V(-x)$ と表せるので，これを空間反転$(x\to -x)$対称性という．

そのときにはシュレディンガー方程式についても，次のように面白い性質がある．

$$-\frac{\hbar^2}{2m}\frac{\partial^2\psi(x)}{\partial x^2}+V(x)\psi(x)=E\psi(x) \tag{5.11}$$

ここで空間を原点について反転させる．すなわちすべての x を→$-x$ とする．

$$-\frac{\hbar^2}{2m}\frac{\partial^2\psi(-x)}{\partial(-x)^2}+V(-x)\psi(-x)=E\psi(-x)$$

そして $V(-x)=V(x)$，$(-x)^2=x^2$ を入れると

$$-\frac{\hbar^2}{2m}\frac{\partial^2\psi(-x)}{\partial x^2}+V(x)\psi(-x)=E\psi(-x) \tag{5.12}$$

これを式 (5.11) と比較すると，同じシュレディンガー方程式であるので，固有関数が縮退していない場合には，$\psi(x)$ と $\psi(-x)$ は同じ種類で独立な関数ではない．それで定数 C を使って，次のように表されなければならない．

$$\psi(-x)=C\psi(x) \tag{5.13}$$

ここでさらに，$x\to -x$ とすると

$$\psi(x)=C\psi(-x)=C^2\psi(x) \quad \therefore \quad C^2=1$$

したがって $C=\pm 1$ となり，これを式 (5.13) に入れると $\psi(-x)=\pm\psi(x)$ となる．すなわち，反転対称性のある $[V(-x)=V(x)]$ 空間における固有状態の波動関数は

$\psi(-x)=\psi(x)$：偶関数　か，または　$\psi(-x)=-\psi(x)$：奇関数

のいずれかである．

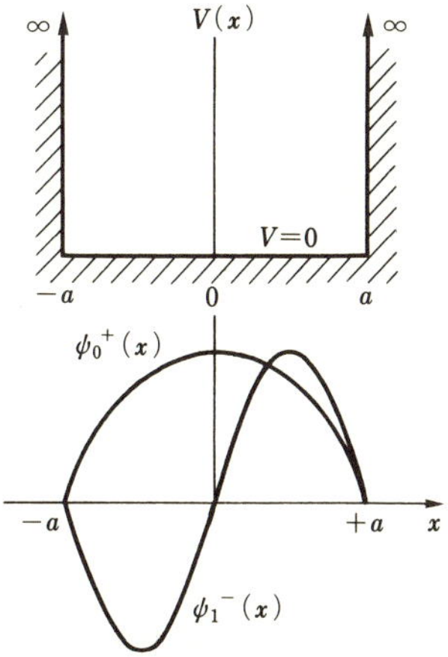

図 5.7 対称井戸型ポテンシャル内の偶関数 ψ_0^+ と奇関数 ψ_1^-

［**例**］ 1次元対称井戸型ポテンシャル内の固有状態について考える．
この場合，図5.7のように，$V(-x)=V(x)$ が成立している．

$$-\frac{\hbar^2}{2m}\frac{\partial^2\psi}{\partial x^2}=E\psi \quad (|x|<a,\ \ V=0)$$

$$\psi=0 \quad (|x|\geq a,\ \ V=\infty)$$

これから $\psi_n^-=A\sin k_n x,\quad E_n=\dfrac{\hbar^2}{2m}k_n^2,\quad k_n=\dfrac{\pi}{a}n\quad (n=1,2,3,\cdots)$

または $\psi_m^+=B\cos k_m x,\quad E_m=\dfrac{\hbar^2}{2m}k_m^2,\quad k_m=\dfrac{\pi}{a}\left(m+\dfrac{1}{2}\right)\quad (m=0,1,2,\cdots)$

実際に $\psi_n^-(-x)=-\psi_n^-(x)$，$\psi_m^+(-x)=\psi_m^+(x)$ であることがわかる．

このように奇関数 $\psi_n^-(x)$ で表される固有状態と，偶関数 $\psi_m^+(x)$ で表される固有状態が別々に存在する．$\psi_n^-(x)$ で表される粒子の状態を奇パリティ (odd-parity)，$\psi_m^+(x)$ で表される状態を偶パリティ (even-parity) と呼び，対称性を保ったまま空間ポテンシャルが変わっても2つの状態は交わり合うことはなく，パリティは $\psi^+(x)$，$\psi^-(x)$ で表される粒子を識別する大事な性質である．たとえば電荷の正負で電子と陽電子を区別するようなものである．

なお空間が，たとえば $V(-x)=-V(x)$ のようであったり，ハミルトニアン $\mathcal{H}$ がベクトルポテンシャル $\boldsymbol{A}(\boldsymbol{r})$ を含んだりして，一般的に反転対称性をもたない場合には，その中の状態はこのように簡単に区別されない．

また一般化されたシュレディンガー方程式

$$i\hbar\frac{\partial\psi(x,t)}{\partial t}=\mathscr{H}(x,t)\psi(x,t) \tag{5.14}$$

を使えば時間反転（$t\to -t$）対称性についても議論することができる*)．

5.3.5　波動関数の線形性

次に波動関数の線形性について考えよう．

シュレディンガー方程式が $\psi(x)$ について1次線形方程式であることから，$\psi(x)$ には次のような性質がある．すなわち，式(5.14)の固有関数として，$\psi_1(x,t)$，$\psi_2(x,t)$ を考えると

$$\frac{\partial^2}{\partial x^2}\psi_1(x,t)-\frac{2m}{\hbar^2}V(x)\cdot\psi_1(x,t)=-i\frac{2m}{\hbar}\frac{\partial}{\partial t}\psi_1(x,t)$$

$$\frac{\partial^2}{\partial x^2}\psi_2(x,t)-\frac{2m}{\hbar^2}V(x)\cdot\psi_2(x,t)=-i\frac{2m}{\hbar}\frac{\partial}{\partial t}\psi_2(x,t)$$

上式に C_1 を掛け，下式に C_2 を掛けて加えると

$$\frac{\partial^2}{\partial x^2}(C_1\psi_1+C_2\psi_2)=-\frac{2m}{\hbar^2}r(x)(C_1\psi_1+C_2\psi_2)=-i\frac{2m}{\hbar}\frac{\partial}{\partial t}(C_1\psi_1+C_2\psi_2)$$

すなわち ψ_1, ψ_2 が固有関数であるときは，それらの線形和 $C_1\psi_1+C_2\psi_2$ もまた固有関数であり，それで表される固有状態は存在する．これが固有関数の**線形性**である．

しかしながら，それではこれらの固有状態で観測される任意の物理量 $\boldsymbol{A}$（たとえば $\boldsymbol{p}=-i\hbar\nabla$）の観測値についても次のように線形和で表されるかというと，そうではない．

すなわち，いま ψ_1 の固有状態における $\boldsymbol{A}$ の観測値を a_1，ψ_2 における値を a_2 とすると

$$\hat{\boldsymbol{A}}\psi_1=a_1\psi_1,\qquad \hat{\boldsymbol{A}}\psi_2=a_2\psi_2 \tag{5.15}$$

上と同様に2つの方程式の和をとると

$$\hat{\boldsymbol{A}}(C_1\psi_1+C_2\psi_2)=(a_1C_1\psi_1+a_2C_2\psi_2)$$

となって，縮退している場合を除いて，一般には，$\hat{\boldsymbol{A}}(C_1\psi_1+C_2\psi_2)=a(C_1\psi_1+C_2\psi_2)$ の固有解の形とはならない．

*）　小山慶太：物理学の広場；時間の話・空間の話，p 133，丸善，1984

すなわち，$f=C_1\psi_1+C_2\psi_2$ の線形結合状態で一般の物理量 $\boldsymbol{A}$ を観測したときは式(5.15)に従って，ある場合には a_1 の値が得られ，別の場合には a_2 の値が観測される．多数回観測したときに a_1 が得られる確率が $|C_1|^2$ であり，a_2 の場合が $|C_2|^2$ である．これは5.1.3項で説明した観測の際の波束の収縮に対応する．

5.4 波動関数の連続性と境界条件

シュレディンガー方程式は2階微分方程式で，$\partial^2\psi/\partial x^2$ まで含まれている．

$$-\frac{\hbar^2}{2m}\frac{\partial^2\psi}{\partial x^2}+V(x)\psi(x)=E\psi(x) \tag{5.16}$$

この方程式に解 $\psi(x)$ が領域にわたって存在するためには，まず各項が有限でなければならない．

① $V(x)\to\pm\infty$ の領域があると，そこでは $\psi(x)\to 0$ でないと第2項が有限確定にならない．たとえば図5.8(a) の領域Iでは，$V(x)=+\infty$．ゆえに $\psi_{\mathrm{I}}(x<0)=0$ でなければならない．

② $V(x)$ が $-\infty<x<\infty$ で有限の場合でも，第1項の $\partial^2\psi/\partial x^2$ が確定して存在するために，$\partial\psi/\partial x$，$\psi(x)$ が有限連続でなければならない．

③ $V(x)$ が連続につながっている場合には，①の微分方程式の解 $\psi(x)$ も一般に連続と考えられるが，いま $V(x)$ が有限でも不連続に存在する場合，たとえば図5.8の $x=a$ 点では，波動関数に次のような連続の接続条件が要求される．

$$\lim_{\varepsilon\to 0}\left[\psi_{\mathrm{II}}(x=a-\varepsilon)=\psi_{\mathrm{III}}(x=a+\varepsilon)\right],\qquad \lim_{\varepsilon\to 0}\left[\left.\frac{\partial\psi_{\mathrm{II}}}{\partial x}\right|_{x=a-\varepsilon}=\left.\frac{\partial\psi_{\mathrm{III}}}{\partial x}\right|_{x=a+\varepsilon}\right] \tag{5.17}$$

同様に $x=0$ 点でも，接続条件として

$$\psi_{\mathrm{I}}(x=0)=0=\lim_{\varepsilon\to 0}\psi_{\mathrm{II}}(x=0+\varepsilon) \tag{5.18}$$

このように $V(x)$ が存在する領域の境界では必ずシュレディンガー方程式を解くときに，その領域でのきちんとした特性をもった解を与えるために，境

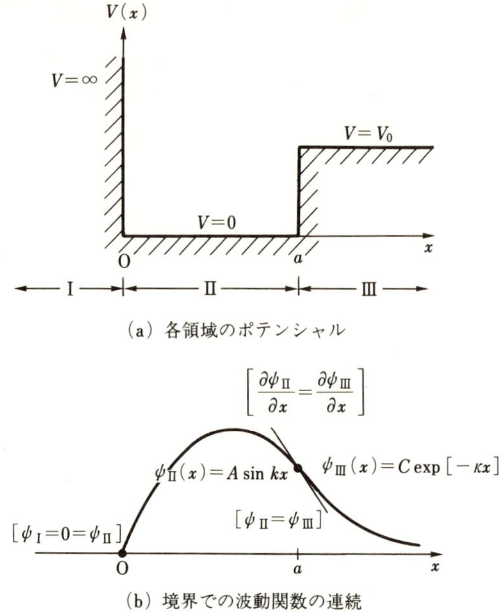

図 5.8　境界条件

界での連続接続条件である式（5.17）が必要である．

これを**境界条件**という．式（5.17）および（5.18）の接続条件を図示すると図5.8(b) のようになる．

ふつうは次のように $\psi(x)$ と $\partial\psi/\partial x$ についての2つの連続条件であるが，特別に $V\to\infty$ との境界（$x=0$）では，式（5.18）のように，$\psi(x)$ のみしか連続となり得なくて，$\partial\psi/\partial x$ は不連続となる．

式（5.17）を要約して

$$\left.\frac{1}{\psi_{\mathrm{II}}}\frac{\partial\psi_{\mathrm{II}}}{\partial x}\right|_a=\left.\frac{1}{\psi_{\mathrm{III}}}\frac{\partial\psi_{\mathrm{III}}}{\partial x}\right|_a \quad \text{あるいは} \quad \left.\frac{\partial\ln\psi_{\mathrm{II}}}{\partial x}\right|_a=\left.\frac{\partial\ln\psi_{\mathrm{III}}}{\partial x}\right|_a \tag{5.19}$$

のように表現することもできる．

［**例**］　図5.9のように，ポテンシャル $V(x)$ が空間に区分されて不連続に存在する場合の全体の波動関数を考えよう．

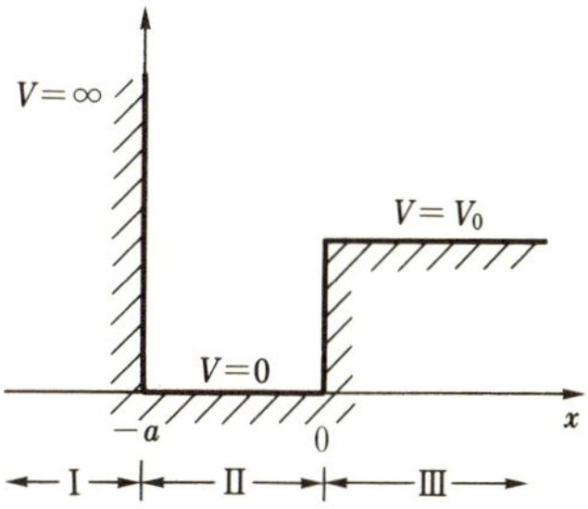

図 5.9 ポテンシャル空間

（Iの領域） $V\to+\infty$ ∴ $\psi_{\mathrm{I}}(x<-a)=0$

（IIの領域） $V=0$ ∴ $$-\frac{\hbar^2}{2m}\frac{\partial^2\psi_{\mathrm{II}}}{\partial x^2}=E_{\mathrm{II}}\psi_{\mathrm{II}} \tag{1}$$

$x=-a$ での境界条件 $$\psi_{\mathrm{II}}(x=-a)=0 \tag{2}$$

式 (2) を考えて，式 (1) の解の形は

$$\psi_{\mathrm{II}}(x)=A\cos kx+B\sin kx, \qquad E_{\mathrm{II}}=\frac{\hbar^2}{2m}k^2 \tag{3}$$

式 (3) を (2) に入れて

$$\psi_{\mathrm{II}}(-a)=0=A\cos ka-B\sin ka \quad \therefore \quad \tan ka=\frac{A}{B} \tag{4}$$

図 5.9 で全体のポテンシャルの形は空間対称性をもっていないので，式 (3) が $\psi_+(x)$ と $\psi_-(x)$ の 2 つの独立な解に分かれていなくて，それらの和で表されている.

（IIIの領域） $V=V_0$, $$-\frac{\hbar^2}{2m}\frac{\partial^2\psi_{\mathrm{III}}(x)}{\partial x^2}+V_0\psi_{\mathrm{III}}(x)=E_{\mathrm{III}}\psi_{\mathrm{III}}(x) \tag{5}$$

この E_{III} はエネルギー保存則から

$$E_{\mathrm{III}}=E_{\mathrm{II}}=\frac{\hbar^2}{2m}k^2 \tag{6}$$

であるが，いま $E_{\mathrm{III}}<V_0$ の場合を考える.（$V_0<E$ の場合は $x\to\infty$ から入射する粒子として 7 章での取り扱いが必要となる.）

そうすると，式 (5) は

$$\frac{\partial^2\psi_{\mathrm{III}}(x)}{\partial x^2}=\alpha^2\psi_{\mathrm{III}}(x), \qquad \alpha^2=\frac{2m}{\hbar^2}(V_0-E_{\mathrm{III}}) \tag{7}$$

これの解としては $\psi_{\mathrm{III}}(x)=Ce^{-\alpha x}+De^{\alpha x}$. ところが，粒子の存在確率 $\int_0^\infty|\psi_{\mathrm{III}}(x)|^2\cdot dx=1$ を考えると，$D^2\int_0^\infty e^{2\alpha x}dx\to\infty$ となるので，$D=0$ でなくてはならない. したがって

$$\psi_{\mathrm{III}}(x)=Ce^{-\alpha x} \tag{8}$$

IIとIIIの間の $x=0$ での接続条件は，式 (5.19) により

$$\frac{1}{\psi_{\mathrm{II}}(x)}\frac{\partial\psi_{\mathrm{II}}(x)}{\partial x}\bigg|_0=\frac{1}{\psi_{\mathrm{III}}(x)}\frac{\partial\psi_{\mathrm{III}}(x)}{\partial x}\bigg|_0$$

式 (3) と (8) を用いると，$k\dfrac{B}{A}=-\alpha$．これに式 (4) を用いると

$$\alpha=-k\cot ka \tag{9}$$

一方，式 (7) に (6) を用いると

$$k^2+\alpha^2=\frac{2m}{\hbar^2}V_0 \tag{10}$$

結局，式 (9) と (10) から未知数 k，α を求めれば，それから固有関数 $\psi_{\mathrm{II}}(kx)$，$\psi_{\mathrm{III}}(\alpha x)$ が得られ，エネルギー固有値 E も得られる．

式 (9) と (10) は連立方程式であるが，非線形であるので，次のように形を整えてグラフ解法で求める．すなわち，式 (9) で $\cot ka$ とあるので $ka=\xi$．同様に，$\alpha a=\eta$ とおくと

$$\eta=-\xi\cot\xi \tag{9'}$$

$$\xi^2+\eta^2=\frac{2m}{\hbar^2}V_0a^2=R^2 \tag{10'}$$

図 5.10 の 2 つのグラフの交点 (ξ_i, η_i) が解である．ここで $\eta_i>0$ なので

もし $R=\sqrt{\dfrac{2mV_0}{\hbar^2}}a<\dfrac{\pi}{2}$ ならば解が存在しない．(ポテンシャルの高さ V_0 と幅 a がある値以上でないと，束縛された固有状態とはならない．)

また $\pi/2<R<3\pi/2$, $3\pi/2<R<5\pi/2$ によって，固有状態が 1 個，2 個と増大する．

$\xi_i=k_ia$，$\eta_i=\alpha_ia$ から固有関数は

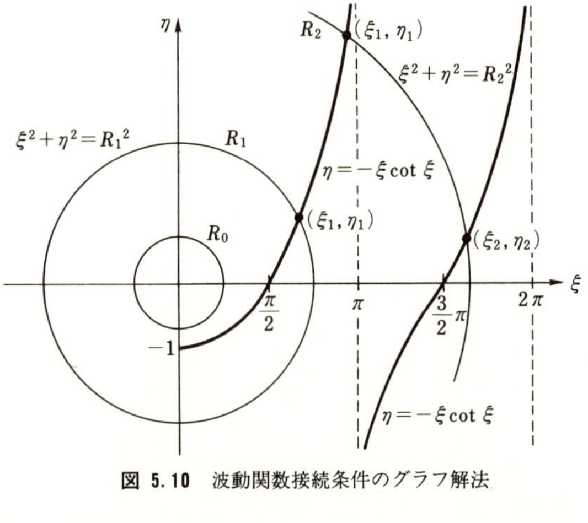

図 5.10　波動関数接続条件のグラフ解法

$$\psi_{\mathrm{II}}(x)=A\cos k_i x+B\sin k_i x, \qquad \psi_{\mathrm{III}}(x)=Ce^{-\alpha_i x}$$

エネルギー固有値は $E_{\mathrm{II}}=\dfrac{\hbar^2}{2m}k_i^2$.

また A, B, C の間には，接続条件から次の関係

$$\tan ka=\frac{A}{B}, \qquad A=C, \qquad Bk=-\alpha C$$

があり，これから A/C, B/C が求められる．さらに規格化条件 $\int_{-\infty}^{+\infty}|\psi(x)|^2dx=1$ からすべての定数が定められる．

演習問題

5.1 波動関数 $\psi(x)=Ae^{ikx}$ を全空間 $[-\infty, +\infty]$ で規格化するとどうなるか，代りに周期的空間枠 $[x, x+a]$ で規格化せよ．またそこでの基底状態と第1励起状態を求め，確率密度分布 $|\psi(x)|^2$, 平均値 $\langle x\rangle$, $\langle p_x\rangle$ を計算せよ．

5.2 1次元井戸型ポテンシャル空間 $[0, L]$ 内の基底状態と第1励起状態について確率密度分布 $P(x)$ を求めグラフに描け．また運動量分布の平均値 $\left\langle -i\hbar\dfrac{\partial}{\partial x}\right\rangle$ を計算せよ．

5.3 $\delta(\theta-\theta')=\dfrac{1}{2\pi}\displaystyle\int_{-\infty}^{+\infty}\exp[i\alpha(\theta-\theta')]d\alpha$ のデルタ関数表示を用いて $\exp[i\boldsymbol{k}\cdot\boldsymbol{r}]$ と $\exp[i\boldsymbol{k}'\cdot\boldsymbol{r}]$ の直交性を確かめよ．また $\sin kx$ と $\cos kx'$ の直交性はどうか．

5.4 $A\cos(n\pi x/L)$, $B\sin(m\pi x/L)$ を $-L\leq x\leq L$ で規格化して，直交性を確かめよ．

5.5 エルミート関数 $H_n(\xi)$ の規格直交性を式 (4.27) の $H_2(\xi)$, $H_3(\xi)$ の表式を用いて確かめよ．

5.6

$$\begin{aligned} f(x)&=\exp[ik_0x] \quad (|x|<a),\\ &=0 \quad (a\leq|x|) \end{aligned}$$

の関数を次のようにフーリエ変換して

$$g(k)=\int_{-\infty}^{+\infty}f(x)e^{-ikx}dx$$

$g(k)$ スペクトルを求め，k による変化のグラフを描け．

5.7 階段関数

$$\begin{aligned} f(x)&=0 \quad (-L\leq x\leq 0),\\ &=1 \quad (0<x\leq L) \end{aligned}$$

を

$$f(x)=a_0+\sum_{n=1}^{\infty}\left(a_n\cos\frac{n\pi}{L}x+b_n\sin\frac{n\pi}{L}x\right)$$

のようにフーリエ展開表示するとき，定数 a_0, a_n, b_n を求めよ．

6 粒子の運動

シュレディンガー方程式は物質波を取り扱うが，その固有関数を用いて物質の別の側面である粒子の運動との対応関係を調べる．その結果，波束の中心が運動する粒子の位置に対応するという統一的な理解に達する．

6.1 波束の運動方程式

古典力学との対応で量子力学における粒子の観測の問題を 5.1 節で取り上げたが，ニュートンの運動方程式はもともと時間を含む微分方程式で，その解として粒子の軌跡 $\boldsymbol{r}(t)$ が求められるのに対し，いままでの議論は一定のエネルギー E のもとでの粒子の存在確率分布 $|\psi(\boldsymbol{r})|^2$ などに止まっていた．ここでは，時間 t を含む一般的なシュレディンガー方程式

$$i\hbar\frac{\partial}{\partial t}\psi(\boldsymbol{r}, t)=\mathcal{H}\psi(\boldsymbol{r}, t) \tag{6.1}$$

を用いて，量子力学における粒子の運動を考えよう．

粒子の位置ベクトル $\boldsymbol{r}$ の観測期待値は式 (5.7) によると，次の表現で与えられる．

$$\langle\boldsymbol{r}\rangle=\int\psi^*\hat{\boldsymbol{r}}\psi d\boldsymbol{r} \tag{6.2}$$

式 (6.1) から求められる $\psi(\boldsymbol{r}, t)$ をこの式 (6.2) に用いると，粒子の軌跡 $\langle\boldsymbol{r}(t)\rangle=\bar{r}(t)$ が求まるはずである．エーレンフェスト (Ehrenfest) に従って，それを試みてみよう．

まず簡単のために，1 次元方向 x にだけ運動する粒子と空間を考える．そのた

め式(6.1)を次のように表す．

$$i\hbar\frac{\partial}{\partial t}\psi(x,t)=-\frac{\hbar^2}{2m}\frac{\partial^2}{\partial x^2}\psi(x,t)+V(x)\psi(x,t) \tag{6.3}$$

粒子の運動を問題にするのであるが，式(6.3)は波動方程式であるので，5.3節で述べたように，いろいろな波数 k をもつ波動関数 $\varphi(k,x,t)$ の重ね合わせで，局限された空間 δx にのみ大きな振幅をもつ図5.5(a) のような波束

$$\psi(x,t)=\int_{-\infty}^{+\infty}a(k)\varphi(k,x,t)\,dk \tag{6.4}$$

によって粒子は表されるものとする．個々の $\varphi(k,x,t)$ が式 (6.3) を満足すれば，5.3.5項の説明で，その線形和である式(6.4)の $\psi(x,t)$ も当然，式(6.3)を満足する．

さて，式 (6.2) の1次元表示

$$\langle x(t)\rangle=\int_{-\infty}^{+\infty}\psi^*(x,t)\,\hat{x}\psi(x,t)\,dx \tag{6.5}$$

から，ニュートンの運動方程式が得られる．

$$p_x=\frac{mdx}{dt},\qquad \frac{dp_x}{dt}=F=-\frac{\partial V}{\partial x}$$

ここで1つ問題になるのは，このような波束の瞬間的経過 $|\psi(x,t)|^2$ を扱う場合に個々の成分波 $\varphi(k,x,t)$ の位相速度 $v_{ph}=\omega/k$ が異るために，$\varphi(k,x,0)$ の重ね合わせで合成されたピークは，時間 t とともに図3.2のように崩れてゆき，中心の粒子位置がボヤケルことである．そのため，$\delta\boldsymbol{r}$ は $t=0$ での $(\delta\boldsymbol{p})^{-1}$ よりさらに大きくなる．

このような波束の中心の移動速度は $v_g=\partial\omega/\partial k$ で与えられ，**群速度**と呼ばれている．

物質波では，$\omega=(\hbar/2m)\cdot k^2+V(x)/\hbar$ のため

$$v_g=\frac{\hbar}{m}|\bar{k}|\sim v\ \text{（粒子）}$$

となる．

実際にいろいろな成分波 $\varphi(k,x,t)$ を合成して波束の時間的変化を調べてみると，ある条件のもとでは図6.1のように比較的波束の形は保たれながら移動することがわかる．それは $v_g>v_{ph}$ の場合である．すなわち比較的 $|\bar{k}|$ の大

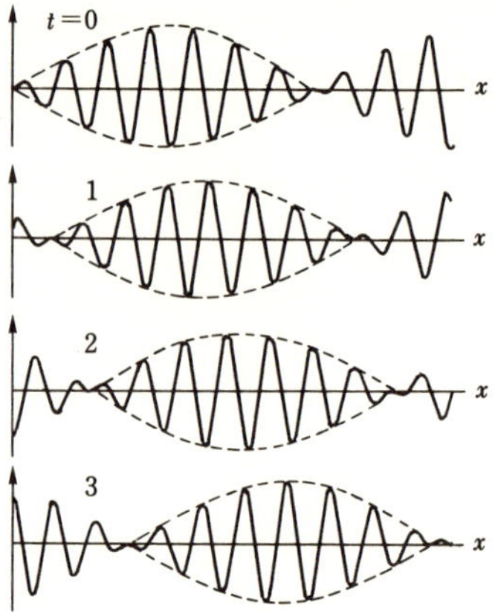

図 6.1　波束の進行
$v_g=6.7$，$v_{ph}(1)=2.6$，$v_{ph}(2)=3.1$ の場合*)

きい領域の $\varphi(k, x, t)$ で合成された波束（粒子速度が大きい）場合には，波束の崩れの影響を無視できるとみて，以下の議論を進めてゆく．

粒子の位置平均の時間変化に対応する $d\langle x\rangle/dt=d\bar{x}/dt$ を求めてみよう．これからは簡単のために一般に $\langle Q\rangle$ を $\overline{Q}$ と表現する．ここで式 (6.5) の右辺の位置ベクトル演算子は $\hat{x}=x$ でよい．そのために，式 (6.5) の両辺を時間微分すると

$$\frac{d\bar{x}}{dt}=\int_{-\infty}^{+\infty}\left(\frac{\partial\psi^*(x, t)}{\partial t}\right)\cdot x\psi dx+\int\psi^* x\frac{\partial\psi(x, t)}{\partial t}dx \tag{6.6}$$

ここで，式 (6.3) およびその複素共役式

$$-i\hbar\frac{\partial\psi^*}{\partial t}=-\left(\frac{\hbar^2}{2m}\right)\cdot\frac{\partial^2\psi^*}{\partial x^2}+V(x)\psi^*(x) \tag{6.3$'$}$$

を式 (6.6) に用いると，次のようになる．

$$\frac{d\bar{x}}{dt}=-\left(\frac{i\hbar}{2m}\right)\int_{-\infty}^{+\infty}\left[\left(\frac{\partial^2\psi^*}{\partial x^2}\right)x\psi-\psi^* x\frac{\partial^2\psi}{\partial x^2}\right]dx \tag{6.7}$$

ポテンシャル V を含む項は，V が x の実関数であり $\partial/\partial x$ のような演算子を含んでいないので，ψ とは順序を交換しても差し支えないため，右辺の 2 つの項の間で打ち消されている．

式 (6.7) の右辺第 1 項に部分積分法を用いて変形する．そのときに式 (6.4)

*）　原島　鮮：初等量子力学（改訂版），p 52，裳華房，1986

の波束 $\psi(x,t)$ は x の十分短い領域 δx に局限されているので，積分の上下限 $x=\pm\infty$ では，$\psi(x)$ も $\partial\psi/\partial x$ も→0 と考えられることを利用する*)．そうすると，式 (6.7) は

$$\frac{d\bar{x}}{dt}=\frac{i\hbar}{2m}\int_{-\infty}^{+\infty}\left[\left(\frac{\partial\psi^*}{\partial x}\right)\cdot\left(\frac{\partial(x\psi)}{\partial x}\right)-\psi^* x\frac{\partial^2\psi}{\partial x^2}\right]dx$$

さらにもう一度部分積分を行うと，次のようになる．

$$\frac{d\bar{x}}{dt}=-\frac{i\hbar}{2m}\int_{-\infty}^{+\infty}\left[\psi^*\frac{\partial^2(x\psi)}{\partial x^2}-\psi^* x\frac{\partial^2\psi}{\partial x^2}\right]dx$$

$\partial^2(x\psi)/\partial x^2=x\partial^2\psi/\partial x^2+2\partial\psi/\partial x$ を代入すると，結局

$$\frac{d\bar{x}}{dt}=-\left(\frac{i\hbar}{m}\right)\int\psi^*\frac{\partial}{\partial x}\psi dx$$

となる．これは

$$\frac{d\langle x\rangle}{dt}=\frac{1}{m}\int\psi^*(x,t)\left(-i\hbar\frac{\partial}{\partial x}\right)\psi(x,t)\,dx=\frac{\langle p_x\rangle}{m} \tag{6.8}$$

を意味する．すなわち波束の位置ベクトルと運動量ベクトルの期待値の間には古典力学と同じ，$md\mathbf{r}/dt=\boldsymbol{p}$ の関係が見出されることになる．

さらにニュートンの運動方程式 $d\boldsymbol{p}/dt=\boldsymbol{f}=-\nabla V$ に相当する関係を求めるために，次に $d\langle p_x\rangle/dt$ を同じようにして求めてみよう．

$$\langle p_x\rangle=-i\hbar\left\langle\frac{\partial}{\partial x}\right\rangle=-i\hbar\int_{-\infty}^{+\infty}\psi^*(x,t)\frac{\partial}{\partial x}\psi(x,t)\,dx \tag{6.9}$$

両辺を時間微分して，式(6.3)と(6.3)′を用いると

$$\begin{aligned}d\frac{\langle p_x\rangle}{dt}&=-i\hbar\int_{-\infty}^{+\infty}\left(\frac{\partial\psi^*}{\partial t}\frac{\partial\psi}{\partial x}+\psi^*\frac{\partial^2}{\partial x\partial t}\psi\right)dx\\&=\int_{-\infty}^{+\infty}\left[\left(-\frac{\hbar^2}{2m}\frac{\partial^2\psi^*}{\partial x^2}+V\psi^*\right)\frac{\partial\psi}{\partial x}-\psi^*\frac{\partial}{\partial x}\left(-\frac{\hbar^2}{2m}\frac{\partial^2\psi}{\partial x^2}+V\psi\right)\right]dx\end{aligned}$$

右辺各項に部分積分を用いると

$$\begin{aligned}\frac{d\bar{p}_x}{dt}=-\int_{-\infty}^{+\infty}\Bigg[&\left(\frac{\partial\psi^*}{\partial x}\right)\left(-\frac{\hbar^2}{2m}\frac{\partial^2\psi}{\partial x^2}\right)+\frac{\partial}{\partial x}(V\psi^*)\psi\\&-\left(\frac{\partial\psi^*}{\partial x}\right)\left(-\frac{\hbar^2}{2m}\frac{\partial^2\psi}{\partial x^2}+V\psi\right)\Bigg]dx\end{aligned}$$

ここでポテンシャル V について

*) このように量子力学では，境界条件から積分領域の両端（±∞）で $\psi(x)$ や $\partial\psi/\partial x$ が→0 になることを利用すると，部分積分法の結果は単に符号が変わるだけで，関数変換の容易な手段としてよく利用される．

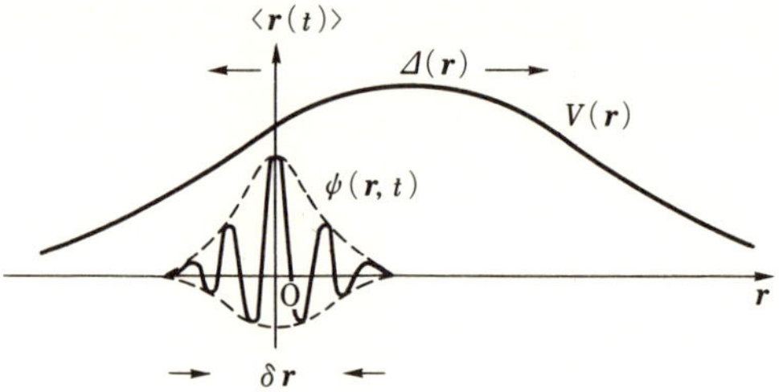

(a) 波束とポテンシャル

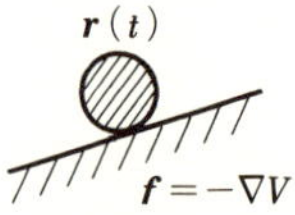

(b) 対応粒子像

図 6.2　波束の運動

$$\frac{\partial}{\partial x}(V\psi^*) = \frac{\partial V}{\partial x}\psi^* + V\frac{\partial \psi^*}{\partial x}$$

を用いると，結局

$$\frac{d\bar{p}_x}{dt} = -\int_{-\infty}^{+\infty}\psi^*(x,t)\left(\frac{\partial V}{\partial x}\right)\psi(x,t)\,dx = -\frac{\partial\langle V(x)\rangle}{\partial x} \qquad (6.10)$$

したがって，式 (6.8) と (6.10) をまとめてみると

$$\frac{d\langle \boldsymbol{p}\rangle}{dt} = -\nabla\langle V\rangle, \qquad \langle \boldsymbol{p}\rangle = m\frac{d\langle \boldsymbol{r}\rangle}{dt}$$

これは $md^2\boldsymbol{r}/dt^2 = \boldsymbol{f}$ のニュートンの運動方程式と同じ形である．すなわち，ポテンシャル $V(\boldsymbol{r},\ t)$ が存在する時空間内の (固有) 波動関数で組み立てられる波束 $\psi(\boldsymbol{r},\ t)$ の中心を粒子位置と考えると，波束の運動は古典的な粒子の運動と同じようなふるまいをして，$d\langle \boldsymbol{p}\rangle/dt = -\nabla V$ で決められる．

これが**エーレンフェスト** (Ehrenfest) **の定理**である．

ただしこの定理が成立するためには，図 6.2 のように波束の広がり $\delta\boldsymbol{r}$ に比べてポテンシャル $V(\boldsymbol{r})$ の空間的広がり $\Delta(\boldsymbol{r})$ がきわめて広くてゆるやかな変化であることが必要である．すなわち波束の内部では，$-\nabla V = \boldsymbol{f}$ がほぼ一定であるという場合にこの古典近似が成立する．

このように量子力学は古典力学の結果も含み込んだ，より一般的な体系であることがわかった．

6.2 確率の流れの密度

波束の中心を粒子の位置とみて，6.1 節ではその軌跡 $\boldsymbol{r}(t)$ を追ったが，ここではたとえば境界面を通って流れる粒子密度などを考える．そのためには，空間の一点 $\boldsymbol{r}$ における粒子の存在確率密度 $|\psi(\boldsymbol{r}, t)|^2$ の時間変化を求める必要がある．

いま図 6.3 のように，空間に体積 V，表面 S の領域を考え，この内部の粒子の存在確率 P の時間変化を考える．

$$\frac{dP}{dt}=\frac{\partial}{\partial t}\int_V \psi^*(\boldsymbol{r}, t)\psi(\boldsymbol{r}, t)\,d\boldsymbol{r}=\int_V\left(\frac{\partial\psi^*}{\partial t}\psi+\psi^*\frac{\partial\psi}{\partial t}\right)d\boldsymbol{r} \tag{6.11}$$

これに式 (6.3)，(6.3)′ の時間変化を含むシュレディンガー方程式を用いると

$$=\frac{-i\hbar}{2m}\int_V(\psi^*\nabla^2\psi-(\nabla^2\psi^*)\psi)\,d\boldsymbol{r} \tag{6.12}$$

$\nabla\cdot(\psi^*\nabla\psi)=\nabla\psi^*\cdot\nabla\psi+\psi^*\nabla^2\psi$ などのベクトル演算式を用いると，式(6.12)は

$$\frac{dP}{dt}=\frac{i\hbar}{2m}\int_V\nabla\cdot[\psi^*\nabla\psi-\psi\nabla\psi^*]\,d\boldsymbol{r} \tag{6.13}$$

さらに

$$\int_V\nabla\cdot\boldsymbol{S}d\boldsymbol{r}=\int_V\mathrm{div}\,\boldsymbol{S}d\boldsymbol{r}=\int_S S_n dA$$

のガウス (Gauss) の定理を用いると，結局，式 (6.11) は

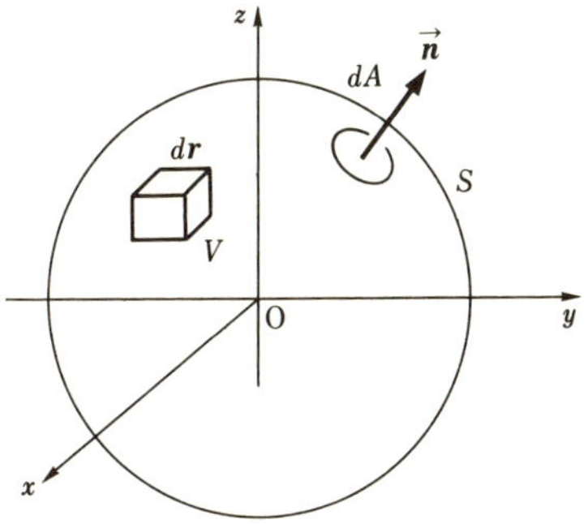

図 6.3 空間領域の表示

$$\frac{dP}{dt}=\frac{i\hbar}{2m}\int_S[\psi^*\nabla\psi-\psi\nabla\psi^*]_n dA=\frac{i\hbar}{2m}\int_S\left(\psi^*\frac{\partial\psi}{\partial n}-\psi\frac{\partial\psi^*}{\partial n}\right)dA$$

のように表される．ここで $\rho(\boldsymbol{r},t)=|\psi(\boldsymbol{r},t)|^2$ の確率密度以外に

$$\boldsymbol{S}=\frac{-i\hbar}{2m}[\psi^*\nabla\psi-\psi\nabla\psi^*] \tag{6.14}$$

という量を定義すれば

$$\frac{\partial}{\partial t}\int_V\rho(\boldsymbol{r},t)\,dV+\int_S \boldsymbol{S}_n dA=0 \tag{6.15}$$

という関係が得られる．これは古典力学における領域 V 内の粒子数保存の式に相当するもので，体積 V の中の粒子密度の総和 $\int\rho(\boldsymbol{r},t)\,dV$ の時間的変化は，その領域の表面 S を通って流出する粒子の流れの密度 $\boldsymbol{S}$ の面積和 $\int_S S_n dA$ に等しいことを意味する．その観点から式 (6.14) の $\boldsymbol{S}$ を**確率の流れの密度**と定義する．

式 (6.14) は次のようにも変形される．

$$\boldsymbol{S}=\frac{1}{2m}[\psi^*(-i\hbar\nabla\psi)+\psi(-i\hbar\nabla\psi)^*]$$

$$=\frac{\left[\psi^*\left(\frac{-i\hbar}{m}\nabla\right)\psi\right]+\left[\psi^*\left(-\frac{i\hbar}{m}\nabla\right)\psi\right]^*}{2}$$

$$=\mathrm{Re}\left[\psi^*\left|\frac{\hat{\boldsymbol{p}}}{m}\right|\psi\right]=\mathrm{Re}[\rho\boldsymbol{v}]$$

このように，古典力学における粒子密度の流れ $\rho\boldsymbol{v}$ の観測量（Re は実数部分）の意味を $\boldsymbol{S}$ がもっている．

演習問題

6.1　電荷 q，質量 m の粒子が単位体積当り n 個の密度で存在して運動するとき，電流密度 $\boldsymbol{j}$ は確率の流れの密度 $\boldsymbol{S}$ とどのような関係にあるか．

7 ポテンシャルによる散乱と原子内電子状態

物質は原子からなっているが，それはまたイオンと電子で構成されている．そのような系でのクーロンポテンシャルは個々の粒子による中心力ポテンシャル $V(r)$ か，多数イオンの周期配列による格子ポテンシャル $V(x, y, z)$ で表される．この章では，$V(x, y, z)$ による散乱透過の問題としてのトンネル現象と $V(r)$ による水素原子内軌道状態を学ぶ．

7.1 散乱と透過

前章で学んだ波束の運動方程式や確率の流れの密度の考えは，束縛ポテンシャル内に閉じ込められたいろいろな固有状態（4.2 節）に対してではなく，空間の彼方から入射して来た波が途中のポテンシャルで散乱されたり反射して，また別の彼方へ進んでゆくような開かれた系に対応するものである．ここではそのような問題を扱ってみよう．

7.1.1 階段ポテンシャル

図 7.1 のように 1 次元 x 空間で，$x=0$ にポテンシャル段差があり，空間領域を I と II に分けて考える．

領域 I のシュレディンガー方程式

$$-\frac{\hbar^2}{2m}\frac{\partial^2\psi}{\partial x^2}=E\psi$$

波動は $x=-\infty$ から入射して，散乱反射後は再び $x=\pm\infty$ に進行してゆくので $E>0$ の平面波を考える．したがって

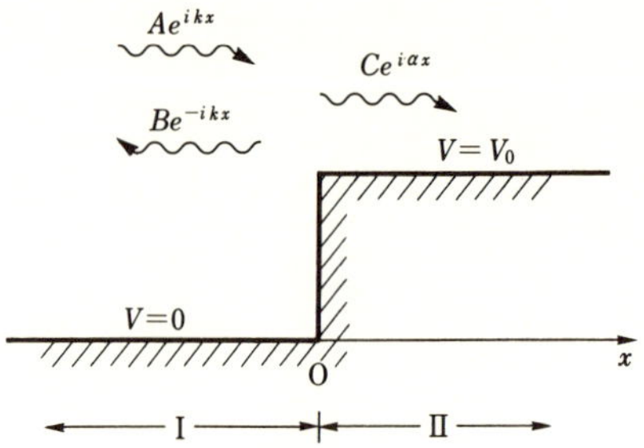

図 7.1　ポテンシャル段差による波動の散乱反射

$$\psi_{\mathrm{I}}(x)=Ae^{ikx}+Be^{-ikx},\qquad k=\frac{\sqrt{2mE}}{\hbar} \tag{7.1}$$

A は入射波の振幅を，B は反射波の振幅を表す．

次にIIの領域では

$$-\frac{\hbar^2}{2m}\frac{\partial^2\psi}{\partial x^2}+V_0\psi=E\psi$$

①　$V_0<E$ の場合

$$\psi_{\mathrm{II}}(x)=Ce^{i\alpha x},\qquad \alpha=\frac{\sqrt{2m(E-V_0)}}{\hbar} \tag{7.2}$$

C はIIの領域への透過波の振幅を表す．この場合 $x\to+\infty$ からの反射波は考えられないので，$e^{-i\alpha x}$ の項は存在しない．

さて，$x=0$ の境界において ψ_{I} と ψ_{II} の間には次の接続条件が要求される．

$$\left.\begin{aligned}&\psi_{\mathrm{I}}(0)=\psi_{\mathrm{II}}(0) && \therefore\ A+B=C\\ &\left.\frac{\partial\psi_{\mathrm{I}}}{\partial x}\right|_0=\left.\frac{\partial\psi_{\mathrm{II}}}{\partial x}\right|_0 && \therefore\ k(A-B)=\alpha C\end{aligned}\right\} \tag{7.3}$$

これを満足するように各波動成分の振幅比が次のように決定される．

$$\frac{B}{A}=\frac{k-\alpha}{k+\alpha},\qquad \frac{C}{A}=\frac{2k}{k+\alpha} \tag{7.4}$$

ここで確率密度の流れ S について考えよう．

式 (6.14) の定義式に式 (7.1) および (7.2) の $\psi_{\mathrm{I}}(x)$，$\psi_{\mathrm{II}}(x)$ の表現式を用いて，領域 I およびIIでの単位面積当りの確率密度の流れ，S_{I}，S_{II} を計算

すると*)

$$S_{\mathrm{I}}=-\frac{i\hbar}{2m}\left[(A^*e^{-ikx}+B^*e^{ikx})\frac{\partial}{\partial x}(Ae^{ikx}+Be^{-ikx})\right.$$
$$\left.-(Ae^{ikx}+Be^{-kx})\frac{\partial}{\partial x}(A^*e^{-ikx}+B^*e^{ikx})\right]$$
$$=\frac{\hbar k}{m}(|A|^2-|B|^2)=v_k|A|^2-v_k|B|^2=S_A-S_B \tag{7.5}$$

$$S_{\mathrm{II}}=-\frac{i\hbar}{2m}\left[C^*e^{-i\alpha x}\frac{\partial}{\partial x}Ce^{i\alpha x}-Ce^{i\alpha x}\frac{\partial}{\partial x}C^*e^{-i\alpha x}\right]=\frac{\hbar\alpha}{m}|C|^2=v_\alpha|C|^2=S_C \tag{7.6}$$

式(7.5)の第1項は入射波の流れ密度 S_A, 第2項は反射波の S_B, また式(7.6)は透過波の S_C を表す．いずれも粒子の確率密度 $\rho=|\psi|^2$ に速度 v を乗じたものである．

粒子数保存を表す式 (6.15) に戻ってこの系について考えると，全領域で粒子の生成消滅はないので $\partial\rho/\partial t=0$. ゆえに，$\boldsymbol{S}_{\mathrm{I}}+\boldsymbol{S}_{\mathrm{II}}=0$ となる．x の正方向で表現すれば

$$S_{\mathrm{I}}=S_{\mathrm{II}} \tag{7.7}$$

となる．これに式 (7.5) と (7.6) を用いると

$$S_A-S_B=S_C \qquad \therefore\quad k|A|^2=k|B|^2+\alpha|C|^2$$

すなわち入射粒子の流れは反射流と透過流に分かれることを意味する．

ポテンシャル変化部による粒子の散乱反射，透過を表すものとして次の量を定義する．

$$\textbf{反射率}\quad R=\frac{S_B}{S_A}=\frac{k|B|^2}{k|A|^2}=\left|\frac{B}{A}\right|^2,\qquad \textbf{透過率}\quad T=\frac{\alpha|C|^2}{k|A|^2}=\frac{\alpha}{k}\cdot\left|\frac{C}{A}\right|^2 \tag{7.8}$$

これに式 (7.4) の結果を用いると，図7.1の場合の R と T は次のように表される．

$$R=\left(\frac{k-\alpha}{k+\alpha}\right)^2,\qquad T=\frac{\alpha}{k}\cdot\left(\frac{2k}{k+\alpha}\right)^2=\frac{4\alpha k}{(k+\alpha)^2}$$

確率の問題としてつねに $R+T=1$ である．

---

*) 式(7.4)では B/A, C/A は定数であるが，後述のように振幅 A, B, C は複素数になることもあるので一般的に取り扱う．

② $E<V_0$ の場合

シュレディンガー方程式は

$$\frac{\partial^2\psi}{\partial x^2}=\beta^2\psi,\quad \beta=\frac{\sqrt{2m(V_0-E)}}{\hbar}$$

となり，$\varphi_{\mathrm{II}}(x)=Ce^{-\beta x}$ が解となる．ここで $e^{\beta x}$ の項は $x\to+\infty$ で $|\psi_{\mathrm{II}}(x)|^2\to\infty$ となるので考えられない．この場合の $\varphi_{\mathrm{II}}(x)$ は $e^{i\alpha x}$ のような波動の性質をもたずに，x とともに指数的に減衰する実関数である．

$x=0$ における境界接続条件は式(7.3)と同様に要求されるが，次のようになる．

$$A+B=C,\quad ik(A-B)=-\beta C$$

これから

$$\frac{B}{A}=\frac{k-i\beta}{k+i\beta},\quad \frac{C}{A}=\frac{2k}{k+i\beta} \tag{7.9}$$

次に確率の流れの密度 S を計算すると，領域 I では式（7.5）と同様に

$$S_{\mathrm{I}}=\frac{\hbar k}{m}(|A|^2-|B|^2)$$

となるが，興味あることは

$$S_{\mathrm{II}}=-\frac{i\hbar}{2m}\left[C^*e^{-\beta x}\frac{\partial}{\partial x}Ce^{-\beta x}-Ce^{-\beta x}\frac{\partial}{\partial x}C^*e^{-\beta x}\right]=0$$

となる．そのため $S_{\mathrm{I}}=S_A-S_B=S_{\mathrm{II}}=S_C=0$ から

$$S_A=S_B,\quad S_C=0$$

の結果が得られる．

$$\therefore\quad R=1,\quad T=0$$

すなわち，領域IIのポテンシャル内では粒子の流れは存在せず，入射粒子流 S_A はすべて反射流となる．しかしIIの領域に粒子は存在しないかといえば，式(7.9) から確率密度比として

$$\left|\frac{C}{A}\right|^2=\frac{4k^2}{k^2+\beta^2}\neq 0$$

であり，IIの領域での粒子の確率密度は零ではない．つまり $E<V_0$ の物質波はIIのポテンシャル V_0 領域にも界面から距離 β^{-1} 程度まで波及しているが，つまっている感じで定常的に流れ込み続けるわけではない．

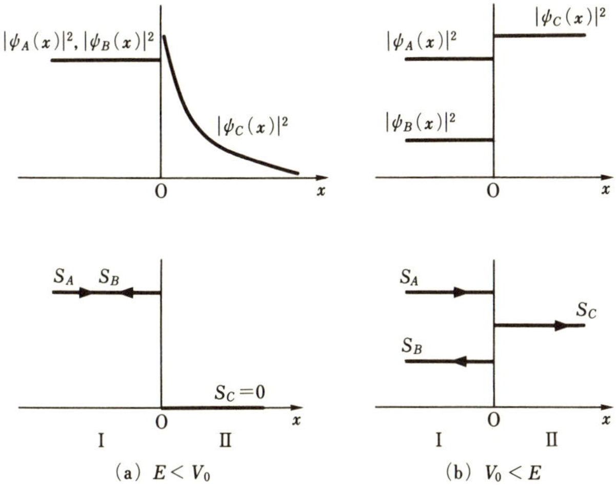

図 7.2　ポテンシャル各領域での確率密度 $|\psi|^2$ と確率の流れの密度 S

これらの様子を図7.2に表している．

7.1.2　トンネル透過現象

7.1.1項のポテンシャル段差を $x=0$ と $x=a$ で，逆に組み合わせた図7.3(a)のような薄い障壁を考えよう．この場合はⅠ，Ⅱ，Ⅲの領域に分けられる．前項と同様な扱いでこの場合の粒子波の状態を調べよう．

領域Ⅰ，Ⅲ（$V=0$）のシュレディンガー方程式

$$-\frac{\hbar^2}{2m}\frac{\partial^2\psi}{\partial x^2}=E\psi \quad (E>0)$$

$$\left.\begin{aligned}\therefore\quad &\psi_{\mathrm{I}}(x)=Ae^{ikx}+Be^{-ikx}, \qquad k=\frac{\sqrt{2mE}}{\hbar}\\ &\psi_{\mathrm{III}}(x)=Ce^{ik(x-a)}\end{aligned}\right\} \tag{7.10}$$

次に領域Ⅱ（$V=V_0$）では

$$-\frac{\hbar^2}{2m}\frac{\partial^2\psi}{\partial x^2}+V_0\psi=E\psi$$

①　$V_0<E$ の場合

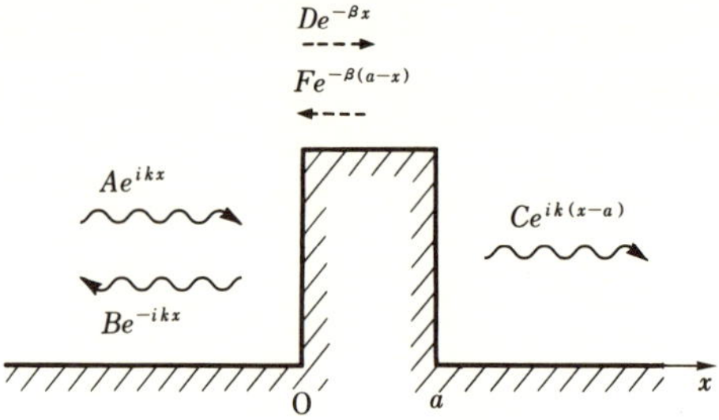

(a) ポテンシャル障壁

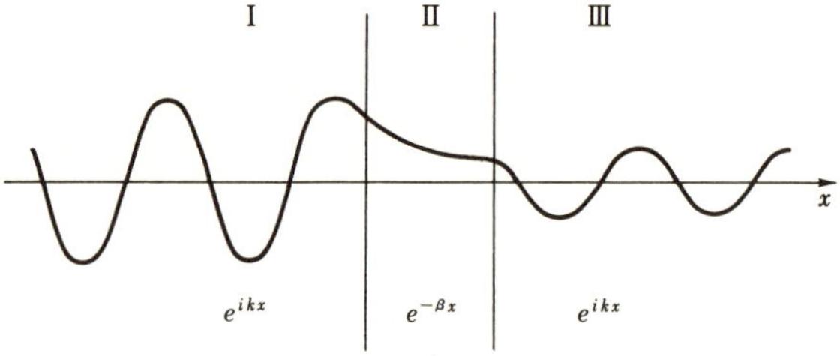

(b) 波動関数の接続

図 7.3　障壁による波動の散乱透過

$$\psi_{\text{II}}(x)=De^{i\alpha x}+Fe^{-i\alpha(x-a)},\qquad \alpha=\frac{\sqrt{2m(E-V_0)}}{\hbar} \tag{7.11}$$

これらの $\varphi(x)$ の間には；$x=0$，$x=a$ における境界接続条件が要求される．

$$\left.\begin{aligned}
&\psi_{\text{I}}(0)=\psi_{\text{II}}(0), && A+B=D+Fe^{i\alpha a}\\
&\left.\frac{\partial\psi_{\text{I}}}{\partial x}\right|_0=\left.\frac{\partial\psi_{\text{II}}}{\partial x}\right|_0, && ik(A-B)=i\alpha(D-Fe^{i\alpha a})\\
&\psi_{\text{II}}(a)=\psi_{\text{III}}(a), && De^{i\alpha a}+F=C\\
&\left.\frac{\partial\psi_{\text{II}}}{\partial x}\right|_a=\left.\frac{\partial\psi_{\text{III}}}{\partial x}\right|_a, && i\alpha(De^{i\alpha a}-F)=ikC
\end{aligned}\right\} \tag{7.12}$$

これらの4つの式を連立させて解くと

$$\left.\begin{aligned}
&\frac{B}{A}=\frac{(k^2-\alpha^2)(1-e^{2i\alpha a})}{M},\qquad \frac{C}{A}=\frac{4k\alpha e^{i\alpha a}}{M}\\
&\frac{D}{A}=\frac{2k(k+\alpha)}{M},\qquad \frac{F}{A}=\frac{-2k(k-\alpha)}{M}e^{i\alpha a}\\
&M=(k+\alpha)^2-(k-\alpha)^2e^{2i\alpha a},\qquad k^2=\frac{2mE}{\hbar},\qquad \alpha^2=\frac{2m(E-V_0)}{\hbar}
\end{aligned}\right\} \tag{7.13}$$

次にこの場合の確率の流れの密度 S は，7.1.1 項と同様に

$$S_{\mathrm{I}}=\frac{\hbar k}{m}[|A|^2-|B|^2]=S_A-S_B, \qquad S_{\mathrm{II}}=\frac{\hbar \alpha}{m}[|D|^2-|F|^2]=S_D-S_F$$

$$S_{\mathrm{III}}=\frac{\hbar k}{m}|C|^2=S_C$$

のように表される．これを用いて障壁全体の透過率 T，反射率 R を求めると

$$R=\frac{S_B}{S_A}=\frac{k|B|^2}{k|A|^2}=\left|\frac{B}{A}\right|^2, \qquad T=\frac{S_C}{S_A}=\frac{k|C|^2}{k|A|^2}=\left|\frac{C}{A}\right|^2 \tag{7.14}$$

式 (7.13) を用いて，これを計算すると

$$\left.\begin{aligned} R&=\left|\frac{B}{A}\right|^2=\frac{(k^2-\alpha^2)^2}{(k^2+\alpha^2)^2+4k^2\alpha^2\cot^2\alpha a}=\left[1+\frac{4E(E-V_0)}{V_0^2\sin^2\alpha a}\right]^{-1} \\ T&=\left|\frac{C}{A}\right|^2=\frac{4k^2\alpha^2(1+\cot^2\alpha a)}{(k^2+\alpha^2)^2+4k^2\alpha^2\cot^2\alpha a}=\left[1+\frac{V_0^2\sin^2\alpha a}{4E(E-V_0)}\right]^{-1} \end{aligned}\right\} \tag{7.15}$$

この透過率 T の様子が図 7.4 の $E/V_0>1$ の領域に $\Gamma=(m/\hbar^2)V_0a^2$ をパラメータとして示されている．

② $E<V_0$ の場合

$\psi_{\mathrm{II}}(x)$ が式 (7.2) とは異って，$\dfrac{\hbar^2}{2m}\dfrac{\partial^2\psi}{\partial x^2}=(V_0-E)\psi$ から

$$\psi_{\mathrm{II}}(x)=De^{-\beta x}+Fe^{\beta(x-a)}, \qquad \beta=\frac{\sqrt{2m(V_0-E)}}{\hbar} \tag{7.16}$$

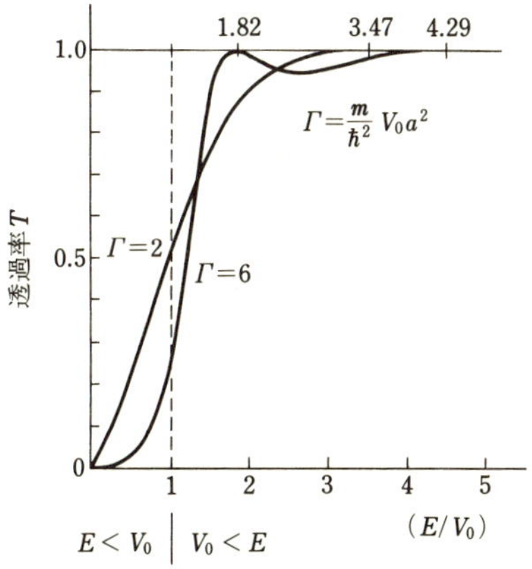

図 7.4 入射粒子 (E) のポテンシャル障壁 (V_0a^2) 透過率 (T)

と表される．$\psi_{\rm I}(x)$，$\psi_{\rm III}(x)$ は式（7.10）と同じでよい．

式（7.11）と（7.16）の比較から，結局①で得られた諸量で $\alpha \to i\beta$ と変換すればよいことがわかる．すなわち

$$\frac{B}{A}=\frac{(k^2+\beta^2)(1-e^{-2\beta a})}{M}, \qquad \frac{C}{A}=\frac{4ik\beta e^{-\beta a}}{M} \tag{7.17}$$

$$M=(k+i\beta)^2-(k-i\beta)^2e^{-2\beta a}$$

しかし確率の流れの密度 S においては，$\psi_{\rm II}(x)$ が式 (7.16) のような実関数であるために大きな違いが生ずる．すなわち次式となる．

$$S_{\rm I}=\left(\frac{\hbar k}{m}\right)[|A|^2-|B|^2], \qquad S_{\rm II}=0, \qquad S_{\rm III}=\left(\frac{\hbar k}{m}\right)|C|^2 \tag{7.18}$$

興味のあることは，Ⅰの領域から入射した粒子の流れ S はポテンシャル V_0 $(>E)$ の領域では $S_{\rm II}=0$ となって，流れは存在しない．ところがⅢの領域では再び $S_{\rm III}\neq 0$ となって現れる．古典力学では障壁よりも低く（$E<V_0$）飛来した粒子は絶対にⅡの障壁を越えずに，その背後のⅢにも達しない．その代りに $V_0<E$ であれば，粒子のその後の運動に障壁は何の影響をも及ぼさない．

ところが量子力学では，$E<V_0$ であっても障壁の透過率 $T=S_{\rm III}/S_A$ は零ではなく，Ⅲの領域を再び $v=\hbar k/m$ で進行してゆく．

しかしながらその間のポテンシャルの山 V_0 の領域では $S_{\rm II}=0$ のために，けっしてその山を実際に越えるのではなくて，いつの間にか，まるで山の中腹に孔を開けたようにポテンシャル V_0 をすり抜けてⅢの領域に現れるのである．そのために（障壁の両側で同じ $V=0$ であれば）透過粒子は元の入射エネルギーと運動量をそのまま保存している．これを**トンネル効果**という．

その場合の透過率 T，反射率 R を式 (7.17) によって計算すると，それは式（7.15）で

$$\sin^2 \alpha a \to \sin^2 i\beta a=-\sinh^2 \beta a$$

を用いて

$$R=\left[1+\frac{4E(V_0-E)}{V_0^2\sinh^2\beta a}\right]^{-1}, \qquad T=\left[1+\frac{V_0^2\sinh^2\beta a}{4E(V_0-E)}\right]^{-1} \tag{7.19}$$

のように表される．この透過率も合わせて図 7.4 の領域（$E<V_0$）に示されている．

グラフを見ると，障壁の透過率 T は入射波（粒子）のエネルギー E が低いと

きはやはり小さいが，それでも零ではない．そして E が V_0 に近づくと急激に大きくなるが，しかし $E=V_0$ の点でも古典力学の場合のように $T=1$ ではない．しかも $V_0<E$ となっても障壁による反射があって，共鳴振動の形をとりながら増大してゆくのがわかる．

透過率は図 7.4 で $\Gamma=6$ の場合，$E/V_0=1.82$，4.29 で極大の $T=1$ となる．このような T の振動はどのようにして生ずるのであろうか．それは式 (7.15) で，$\sin \alpha a=0$ の最小に相当している．

すなわち $\alpha a=n\pi$，$\alpha=2\pi/\lambda$ から $n(\lambda/2)=a$ の条件である．

これは幅 a の障壁内で，図 7.5 のように，入射波と反射波の成分が打ち消し合って，I の領域への反射逆行波成分の B を消失させている．これは，光の場合のレンズ表面の反射防止膜と同じ効果である．

このように波動の性質が現れて，粒子は障壁（ポテンシャルバリアー）を通過してゆく．ことに $E<V_0$ から，すでにトンネル効果によって透過が生ずることは古典力学では理解できない顕著な量子力学的特性である．

しかしこの場合にも，ただのトンネル孔の通過と違って，粒子の透過率 T はバリアーの高さ V_0 と，幅 a で表される $\Gamma=mV_0a^2/\hbar^2$ という山の大きさを表す量に著しく影響される．たとえば図 7. 5 での $E<V_0$ の領域では透過率が，$\Gamma=6$ では $\Gamma=2$ に比べて大きく低下している．実際に $V_0=10\,\mathrm{eV}$ 程度の絶縁体のバリアーで，このような電子のトンネル透過現象が観測されるのは a がせいぜい 10 nm 以下の極薄膜に限られる．

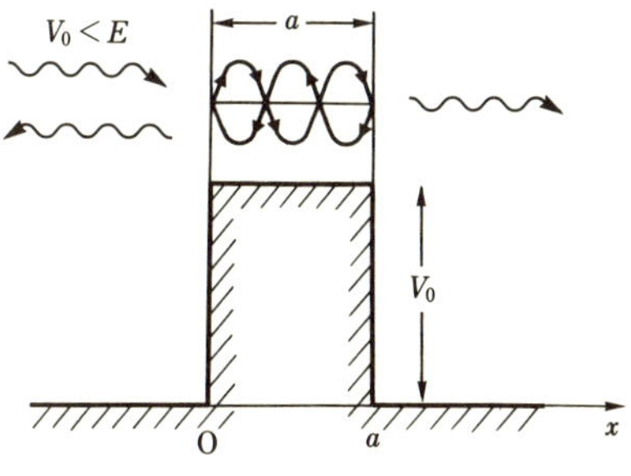

図 7. 5 ポテンシャル障壁内での波動

7.1.3 エレクトロニクスへの応用（トンネルダイオード）

江崎玲於奈氏は高濃度ドープの半導体 PN 接合素子をつくって，それに加える電圧 V と流れる電流 I の間に，図 7.6(c)のような新しい I-V 特性を発見した．それがトンネル効果によるものであることを明らかにして，トンネルダイオードの原理を発明したことでノーベル物理学賞を与えられた．

ここでごく簡単に説明すると，高濃度キャリアの P，N 型半導体では図 7.6(a) のようなエネルギーレベル構造になっている (13.1 節参照)．すなわちトビトビのエネルギー固有値に対応するように，半導体では固有状態のない，あるエネルギー幅 ΔE (これをエネルギーギャップという) があって，P 型ではその下端部 E_h に大部分の荷電粒子 (ホール) 状態が存在しており，N 型では上端部 E_e に粒子（電子）が存在している．これを不純物（キャリア）帯という．

両者が接近すると粒子のわずかな飛び移りが生じて，初めの P と N の不純物帯の上下端のレベル E_h と E_e が等しくなって，(b) 図のようになる．このとき両者の間にはせまい幅 δ で三角形ではあるが，図 7.3 の領域IIに相当するトンネル障壁が生成しており，N 型の電子が透過して P 型のホールと結合して電流が流れる可能性がある．

PN 間に加える電圧 V が (b) 図のように順方向であれば，N 側のエネルギ

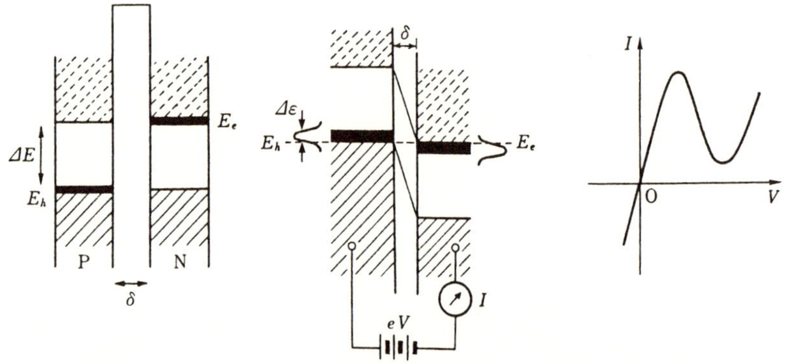

(a)　(b)　(c)

図 7.6　トンネルダイオードの動作原理と特性

一が上昇するので両者の不純物帯の重なりが大きくなり電流 I が増大して，(c) 図の I-V 特性のピークに達する．さらに V が増大すると，せまい不純物帯の幅 $\Delta\varepsilon$ を過ぎて重なりが小さくなるためトンネル確率が減少して，電流 I が (c) 図のように低下する結果，エサキダイオード特有の負性抵抗領域 ($(dI/dV)<0$) が生じて，マイクロ波発振などに利用される．また逆方向電圧を加えてある負電圧限界を超えると左側のギャップ以下の価電子帯と右側のギャップ以上の伝導体が同じエネルギーレベルになるとともに，(b) 図のトンネル障壁の三角形がより強く歪んで実効幅 δ が薄くなりトンネル電流が激増する（**ゼーナー効果**）．この特性がたとえば定電圧ダイオードとして利用されている．このような新しいエレクトロニクス分野の理解に量子力学は欠かせない．

7.1.4 WKB (Wentzel-Kramers-Brillouin) 法

実際のエレクトロニクス素子などにトンネル効果が現れるときには，エサキダイオードの例 (図 7.6(b)) のように，ポテンシャルの形は必ずしも 7.1.2 項で解いた四角の単純な形ではなく，一般に高さ V が図 7.7 の $V(x)$ のように連続的に変化している．このような場合にトンネル確率を計算する有効な方法がある．

すなわち式 (7.17) などで計算の基になっている，バリアー内透過係数が

$$\exp[-\beta a], \qquad \beta a=\left[\frac{\sqrt{2m(V_0-E)}}{\hbar}\right]a$$

の形に表せるのは，$0\leq x\leq a$ で V_0＝一定のためである．

しかし一般に図 7.7 の $V(x)$ のように変化するのであれば，βa の代りに

$$I\equiv\overline{\beta}\underline{a}=\mathrm{Re}\left[\int_0^a\frac{\sqrt{2m\{V(x)-E\}}}{\hbar}\right]dx=\int_{a_1}^{a_2}\sqrt{\left(\frac{2m}{\hbar^2}\right)\{V(x)-E\}}\,dx \tag{7.20}$$

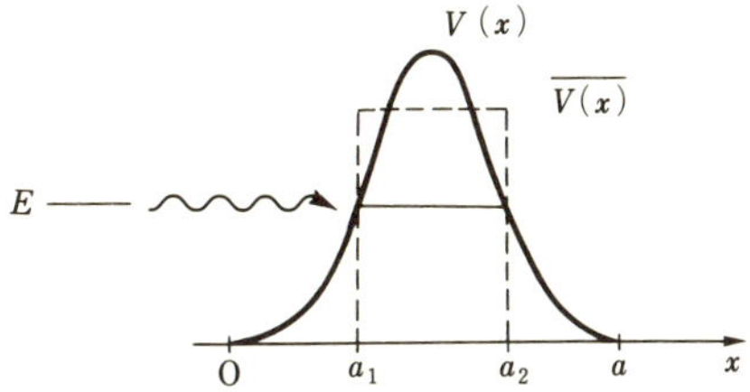

図 7.7 連続的に変化するポテンシャル $V(x)$ の場合

で置き換えればよい．これから $V(x)$ の平均値として，$\overline{V(x)}$ を次のように表現する．

$$I^2=\frac{2m}{\hbar^2}(\overline{V}-E)\underline{a}^2, \qquad \underline{a}\equiv a_2-a_1 \tag{7.21}$$

式(7.19)の表現の中の βa と V_0 を，平均値の $\overline{\beta}\underline{a}=I$ と，$\overline{V(x)}=(\hbar^2I^2/2m\underline{a}^2)+E$ に置き換えることにより，図 7.7 のような場合のトンネル透過率 T は

$$T=\left[1+\frac{(k^2+\overline{\beta}^2)^2\sinh^2 I}{4k^2\overline{\beta}^2}\right]^{-1}\simeq 16\left(\frac{k}{\overline{\beta}}+\frac{\overline{\beta}}{k}\right)^{-2}\cdot\exp[-2\overline{\beta}\underline{a}] \tag{7.22}$$

で計算することができる．ただし $k=\sqrt{2mE}/\hbar$，$\overline{\beta}=\sqrt{2m(\overline{V}-E)}/\hbar$．

WKB 法は有効な近似計算法であるが，適用が可能なのはポテンシャル $V(x)$ が入射物質波の波長 $\lambda=(2\pi/k)$ の範囲でゆるやかに変化している場合である．ガモフ (Gamov) は WKB 法によって，原子核から α 粒子が核力ポテンシャルの障壁を抜けて放出される確率を計算して，α 放射能の半減期を見事に説明した．

7.1.5　多数の障壁の規則配列（結晶格子による波の反射）

原理的には 7.1.2 項の計算を各障壁ごとに繰り返して解くことが考えられるが，ここでは全体の様子をみてみよう．

図 7.8(a) で一見すると，入射波は各ポテンシャル障壁で散乱反射されて，透過波はどんどん減少してゆくようであるが，実は反射波 B_2, B_3, …が手前のポテンシャル (1)，(2), …で再び散乱反射されて，もとの透過波に重ね合わされて再び C_1，C_2，…となってゆくので，透過波はそんなに減衰しない．

その場合に大事なことは，ポテンシャルが一定周期で繰り返されていると，波のエネルギー $E=(\hbar^2/2m)\cdot k^2=(h^2/2m)\cdot 1/\lambda^2$ によっては，進行波と反射波の位相が合致して強め合ったり，弱め合ったりする．

最も極端な場合は，ちょうど図 7.9 のブラッグ (Bragg) 反射の条件が満足されるときで，この場合には $|C/A|^2=0$，$|B/A|^2=1$ となる．

一般に X 線（電磁波）などが結晶格子に入射するときは，結晶面に θ 方向で入射した波が各格子点での原子ポテンシャルで散乱されて反射波を出すのであ

るが，ちょうど

$$2d\sin\theta = n\lambda \tag{7.23}$$

のブラッグ条件が満足されるとき，各結晶格子点からの散乱波の位相が合致して，強い反射波が観測されることはよく知られている．

これを説明する図7.9で，入射角 θ を $\pi/2$ すなわち格子間距離 d の結晶面

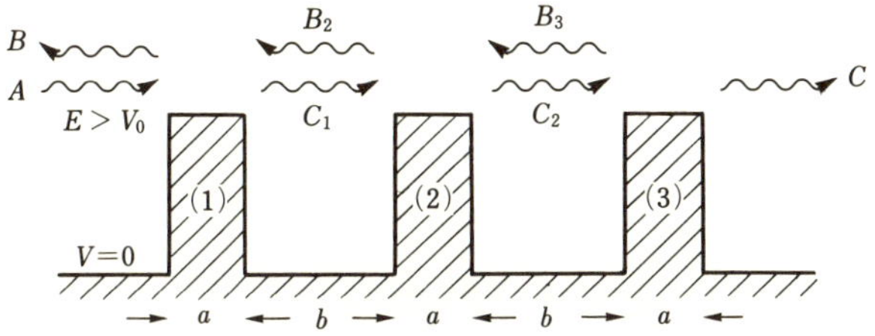

(a) 規則的ポテンシャル配列による反射波 (B) と透過波 (C)

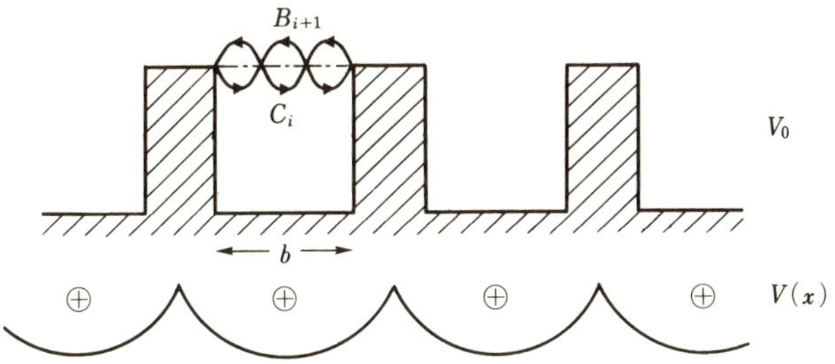

(b) ポテンシャル内の定在波

図 7.8 結晶内のポテンシャルと電子波

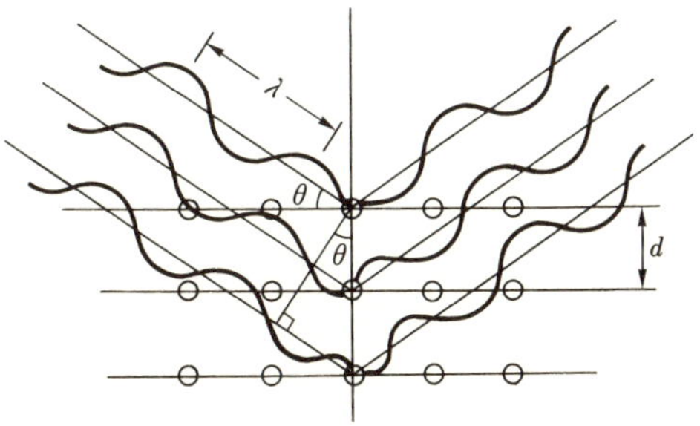

図 7.9 結晶格子による波の反射

○印は2次元周期配列のイオン格子点

に垂直に入射波が進入するときがちょうど図7.8に対応している．式 (7.23) はその場合 $2b = n\lambda = 2\pi n/k$ となり，エネルギーに換算すると

$$E = \left(\frac{\hbar^2}{2m}\right) \cdot \left(\frac{\pi}{b}\right)^2 \cdot n^2 \tag{7.24}$$

の場合である．このときには (b) 図のように，各ポテンシャル障壁間の空間で進行波の振幅 C_i と反射波の振幅 B_{i+1} が等しくなり，結局 $\psi = C(e^{ikx} + e^{-ikx}) = 2C\cos kx$ のようになる．

これはよく知られた定在波で，この実数表示の $\psi(x)$ では，確率の流れの密度を計算しても $S = \mathrm{Re}\left\langle -\dfrac{i\hbar}{m}\dfrac{\partial}{\partial x}\right\rangle = 0$ となり，電子の波は結晶内を進行しない．絶縁体内の電子状態では，この式 (7.24) の条件が生じている．

このブラッグ条件に合っていない，一般の波数 k の場合には，図7.9の各格子点からの反射波は重ね合わすとお互いに打ち消し合って，結局全体の反射波の振幅 B は $=0$ となり，すべての入射波はたとえ多数のイオンポテンシャルが存在する結晶内でも散乱を受けずに透過することになる．これが純粋な金属内の電子による高い導電性を表している．

7.2　水素原子内の電子分布

7.1節では斥力を表すポテンシャル障壁による入射粒子の散乱を学んだが，引力ポテンシャルがある場合はどうであろうか，入射粒子の運動量やエネルギーが小さいときはポテンシャル内に捕捉される．

7.2.1　動径波動関数

ここでは最も簡単な水素原子内の核のまわりの1個の電子の状態について考える．この問題は一般的な，中心力ポテンシャル $V(r, \theta, \varphi)$ の場合の問題として4.3節で扱って，具体的なシュレディンガー方程式の形が与えられている．その固有解

$$\phi(r, \theta, \varphi) = R(r) \cdot Y(\theta, \varphi)$$

のうち，統一的な $Y(\theta, \varphi)$ については式 (4.41) で解かれているが，$R(r)$ は個々の問題のポテンシャル $V(r)$ の形に依存するのでそのままにしておかれ

ていた.

ここでは，具体的に水素原子内のポテンシャル

$$V(r) = -\frac{1}{4\pi\varepsilon_0}\cdot\frac{e}{r}$$

を式 (4.40) に代入して，$R(r)$ の軌道関数を求めてゆこう.

$$-\frac{\hbar^2}{2m}\frac{1}{r^2}\frac{\partial}{\partial r}\left(r^2\frac{\partial R}{\partial r}\right)+\left\{-\frac{e}{4\pi\varepsilon_0}\frac{1}{r}+\frac{l(l+1)}{r^2}\right\}R=ER \qquad (7.25)$$

この軌道角運動量子数 l を含む左辺第3項は，$\phi(r,\theta,\varphi)=R(r)\cdot Y(\theta,\varphi)$ の変数分離の際に生じたものであるが，$R(r)$ についての式(7.25)では正であり一種の斥力ポテンシャル (>0) として働いている．これは古典的に角運動量の大きさ $\hbar\sqrt{l(l+1)}$ で質量 m を回転させたときの動径 r 方向に働く遠心力に対応するものなので，遠心力ポテンシャルとも呼ばれる．回転運動 $\phi(r,\theta,\varphi)$ を見かけ上，r 方向だけの $R(r)$ へ座標変換することによって生じたポテンシャル項である.

さて式 (7.25) は非線形方程式なのでその解を見出すことは単純ではない．まず境界条件

① $r\to\infty$ で $|\phi(r)|^2 \propto R^2(r)\to 0$

② $r\to 0$ では式 (7.25) の左辺 $\to\infty$ となるので，右辺の $R(r\to 0)\to\infty$

この2つの条件を満足するために

$$R(r)=\frac{1}{r}\cdot F(r) \qquad (7.26)$$

と表現する．これを式 (7.25) に入れると

$$-\frac{\hbar^2}{2m}\frac{d^2F(r)}{dr^2}+\left[-\frac{1}{4\pi\varepsilon_0}\frac{e^2}{r}+\frac{\hbar^2}{2m}\frac{l(l+1)}{r^2}\right]F(r)=E\cdot F(r) \qquad (7.27)$$

少し簡単になったが，ここで係数を整理するために次のように規格化する.

$$\left.\begin{aligned}&\rho\equiv\frac{r}{a}, \qquad a=\frac{4\pi\varepsilon_0\hbar^2}{me^2}\\ &\eta\equiv\frac{E}{\omega}, \qquad \omega=\frac{\hbar^2}{2m}a^{-2}=\frac{m}{2\hbar^2}\cdot\left(\frac{e^2}{4\pi\varepsilon_0}\right)^2\end{aligned}\right\} \qquad (7.28)$$

束縛ポテンシャルの場合 $V(r)<0$，$V(r\to\infty)\to 0$ なので，その内部に束縛されるエネルギー固有値も $E<0$ となり，η は負の値である.

このパラメータ置換によって，式（7.27）は次のようにすっきりと表現される．

$$\frac{d^2F(\rho)}{d\rho^2}+\left[\eta+\frac{2}{\rho}-\frac{l(l+1)}{\rho^2}\right]F(\rho)=0 \tag{7.29}$$

しかしまだ左辺に ρ^{-1}，ρ^{-2} の項があって，$\rho\to 0$ で解析的には解けない．

それでまず $\rho\to\infty$ での漸近解を求める．すなわち $r\to\infty$ で式（7.29）は次のように近似される．

$$\frac{d^2F(\rho)}{d\rho^2}+\eta F(\rho)=0 \quad (\eta<0)$$

この方程式の解は $\rho\to\infty$ で $F(\rho)\to 0$ を考えて，$F(\rho)\sim\exp[-\sqrt{-\eta}\,\rho]$ となる．さらに $\rho\to 0$ を含む任意の領域での $F(\rho)$ の解を求めるために，次のような試行関数 $L(\rho)$

$$F(\rho)=\rho^{l+1}\cdot L(\rho)\cdot\exp[-\sqrt{-\eta}\,\rho] \tag{7.30}$$

を用いて，これを式（7.29）に代入すると

$$\rho\cdot\frac{d^2L(\rho)}{d\rho^2}+2[(l+1)-\rho\sqrt{-\eta}\,]\frac{dL(\rho)}{d\rho}$$
$$+2[1-(l+1)\sqrt{-\eta}\,]L(\rho)=0 \tag{7.31}$$

これでやっと ρ^{-1}，ρ^{-2} の特異項が除かれた．この方程式は複雑なようにみえるが，実は次のよく知られた微分方程式と同様な形をしている．

$$q\frac{d^2}{dq^2}L_k{}^S(q)+(S+1-q)\frac{d}{dq}L_k{}^S(q)+(k-S)L_k{}^S(q)=0 \tag{7.32}$$

この式の解は次のような形で与えられている．

$$\left.\begin{aligned}&L_k{}^S(q)=\frac{d}{dq^S}L_k(q) \quad (k=0,1,2,\cdots)\\&L_k(q)=e^q\frac{d^k}{dq^k}(q^ke^{-q})=1+k\,!\sum_{m=1}^{k}(-1)^m\frac{k\cdot(k-1)\cdots(k-m+1)}{(m\,!)^2}q^m\end{aligned}\right\} \tag{7.33}$$

この関数表現 $L_k(q)$ を**ラゲール**（Laguerre）**の多項式**，$L_k{}^S(q)$ を**ラゲールの陪**(バイ)**多項式**という．

式（7.31）と（7.32）の比較をする．まず式（7.31）で，$2\rho\sqrt{-\eta}\equiv 2\rho/n\equiv q$ とおけば

$$q\frac{d^2L}{dq^2}+[2(l+1)-q]\frac{dL}{dq}+[n-(l+1)]L=0 \qquad (7.34)$$

式 (7.32) と (7.34) の比較から $S=(2l+1)$，$k=n+l$ と対応させれば両者は一致する．したがって，求める式(7.31)の $L(\rho)$ は $L_{n+l}^{2l+1}(2\rho/n)$ のラゲール陪関数であることがわかる．

さらに式 (7.26) を考慮して，結局，動径関数 $R(r)$ は

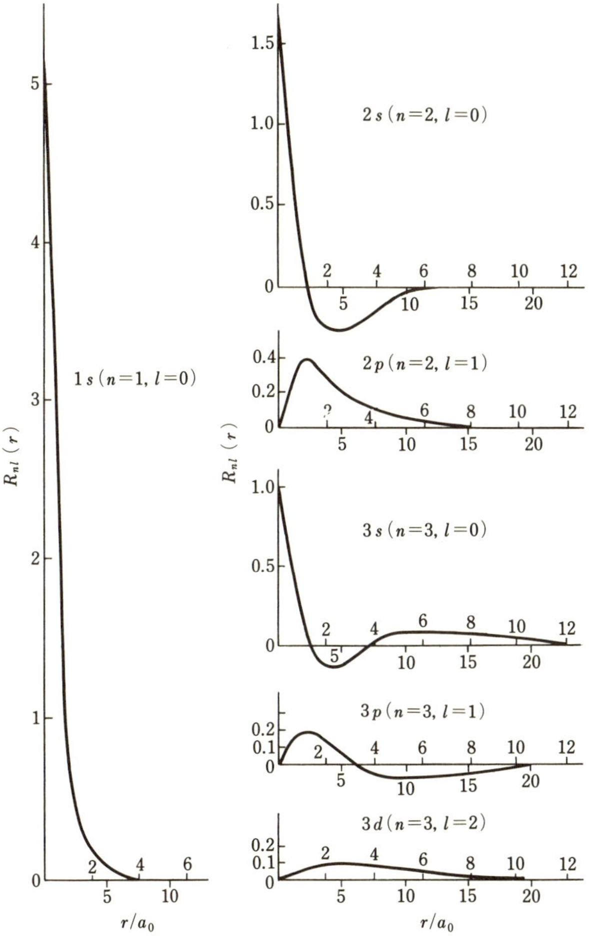

図 7.10 水素原子内電子の動径波動関数 $R(r)$
（飯田修一他編：物理定数表，p 200，朝倉書店，1984）

$$R_{nl}(r)=A\cdot\left(\frac{1}{r}\right)\cdot\left(\frac{r}{a}\right)^{l+1}\cdot\exp\left[\frac{-r}{na}\right]\cdot L_{n+l}^{2l+1}\left(\frac{2r}{na}\right) \qquad (7.35)$$

のように表現される．この $R_{nl}(r)$ 関数の r 方向の変化は，$r\to 0$ で $R\to\infty$，$r\to\infty$ で $R\to 0$ の特性であり，さらに n によって図 7.10 のように変化する．

7.2.2　電子密度分布

実際の物理的意味は水素電子内の原子の存在確率密度と関係づけられるので

$$\rho(\boldsymbol{r})=\int_{\delta V}|\psi(\boldsymbol{r})|^2 d\boldsymbol{r}=R^2(r)\,r^2 dr\int_{-\pi}^{\pi}\int_0^{2\pi}|Y_{lm}(\theta,\varphi)|^2\sin\theta d\theta d\varphi$$

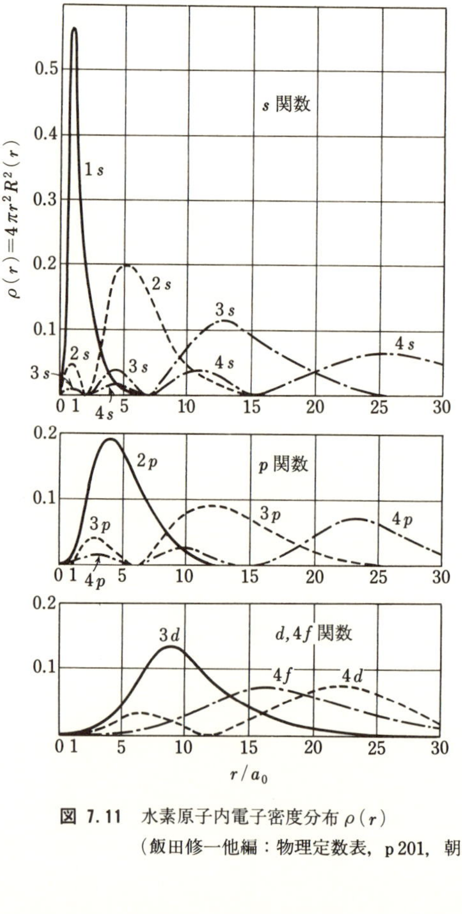

図 7.11　水素原子内電子密度分布 $\rho(r)$
（飯田修一他編：物理定数表，p 201，朝倉書店，1984）

とする．θ, φ についての積分を行うと結局，動径 r 方向に r と $r+dr$ の間にある球殻部分の電子の角度平均密度 $\rho(r)$ は

$$\rho(r)=4\pi r^2R^2(r)$$

で表される．これをグラフにすると図 7.11 のようになる．すなわち，電子密度は球の中心から半径方向に振動する多殻状の分布をする．その殻の数は n の数だけある．最外殻の $\rho(r)$ が最も大きいので平均して n とともに中心から外部に電子が存在する確率が大きい．

7.2.3 原子内電子状態のまとめ

最後に，原子内の電子状態の固有関数を全体として記述すると

$$\left.\begin{aligned}\phi_{n,l,m}(r,\theta,\varphi)&=A_{nlm}r^l\exp\left[\frac{-r}{na}\right]L_{n+l}^{2l+1}\left(\frac{2r}{na}\right)P_l^{|m|}(\cos\theta)\exp(im\varphi)\\ A_{n,l,m}&=\left[\left(\frac{2}{na}\right)^{2l+3}\cdot\left(\frac{2l+1}{4\pi}\right)\cdot\frac{(l-|m|)\,!}{(l+|m|)\,!}\cdot\frac{(n-l-1)\,!}{2n[(n+l)\,!]^3}\right]^{\frac{1}{2}}\end{aligned}\right\} \tag{7.36}$$

$$a=\frac{4\pi\varepsilon_0\hbar^2}{\mu Ze^2}$$

換算質量　$\mu=\left(\dfrac{1}{m}+\dfrac{1}{M}\right)^{-1}$　(m：原子の質量，M：イオンの質量)

核の電荷 Z が 1 の水素原子の場合の $a_0=5.29\times10^{-11}$ m はとくに**ボーア (Bohr) 半径**と呼ばれて，原子半径の目安として量子論の初めに導出されたものであるが，実際の電子の雲は図 7.12 のようにいろいろな角度分布をして r 方向にも広がっている．

$\phi_{n,l,m}(r,\theta,\varphi)$ の各量子数 n, l, m は次のように呼ばれている．

主量子数 (principal quantum number) $n=1, 2, 3, \cdots$

方位量子数 (azimurthal q. n.) $l=0, 1, 2, n-1$　$(0\leq l\leq n-1)$

磁気量子数 (magnetic q. n.) $m=-l, -l+1, \cdots, 0, \cdots, l-1, l$　$(-l\leq m\leq l)$

全体の関係　$\displaystyle\sum_{l=0}^{n-1}(2l+1)=n^2$

固有状態の名前 $l=0$ (s-軌道)

$l=1$ (p-軌道)

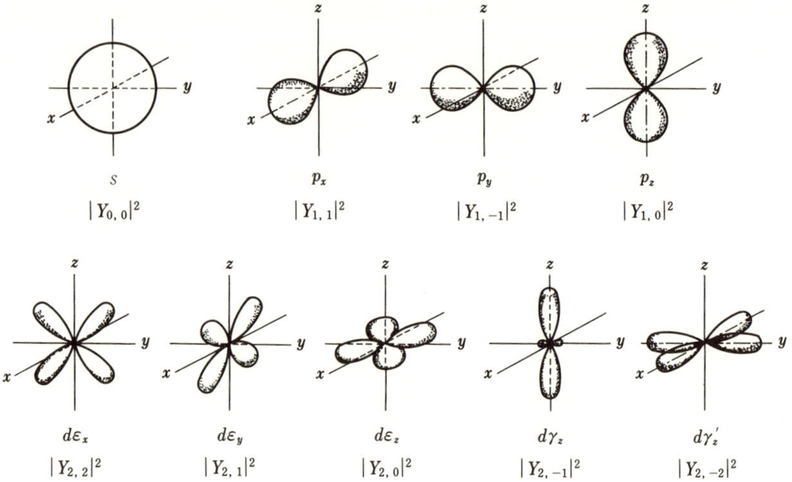

図 7.12　水素原子内電子密度 $\rho(\theta, \varphi)$ の角度分布
（飯田修一他編：物理定数表，p 206，朝倉書店，1984）

$l=2$（d-軌道）

$l=3$（f-軌道）

$\phi_{n,l,m}(r, \theta, \varphi)$ のうちの $R_{nl}(r)$ の部分の実際の関数形

$n=1,\quad l=0,\qquad (1s)$

$$R_{10}(r)=\left(\frac{1}{\sqrt{\pi}}\right)\cdot\left(\frac{1}{a}\right)^{\frac{3}{2}}\cdot\exp\left[-\frac{r}{a}\right]$$

$n=2,\quad l=0,\qquad (2s)$

$$R_{20}(r)=\left(\frac{1}{4\sqrt{2\pi}}\right)\left(\frac{1}{a}\right)^{\frac{3}{2}}\left(2-\frac{r}{a}\right)\exp\left[-\frac{r}{2a}\right]$$

$l=1,\qquad (2p)$

$$R_{21}(r)=\left(\frac{1}{4\sqrt{6\pi}}\right)\left(\frac{1}{a}\right)^{\frac{3}{2}}\left(\frac{r}{a}\right)\cdot\exp\left[\frac{-r}{2a}\right]$$

$n=3,\quad l=0\qquad (3s)$

$$R_{30}(r)=\left(\frac{1}{6\sqrt{3\pi}}\right)\cdot\left(\frac{1}{a}\right)^{\frac{3}{2}}\cdot\left[1-\left(\frac{2r}{3a}\right)+\left(\frac{2}{27}\right)\left(\frac{r}{a}\right)^2\right]\exp\left[\frac{-r}{3a}\right]$$

$l=1,\qquad (3p)$

$$R_{31}(r)=\left(\frac{4}{27\sqrt{6\pi}}\right)\left(\frac{1}{a}\right)^{\frac{3}{2}}\cdot\left[\left(\frac{r}{a}\right)\cdot\left(1-\frac{r}{6a}\right)\right]\exp\left[\frac{-r}{3a}\right]$$

$l=2$,　　　　　$(3d)$

$$R_{32}(r)=\left(\frac{2}{81\sqrt{30\pi}}\right)\left(\frac{1}{a}\right)^{\frac{3}{2}}\cdot\left(\frac{r}{a}\right)^{2}\cdot\exp\left[\frac{-r}{3a}\right]$$

エネルギー固有値 E は式 (7.28) と (7.34) での $\eta=-1/n^2$ から，一般の原子（原子番号 Z）の場合には

$$E_{n,l}=-\frac{\mu}{2\hbar^2}\cdot\left(\frac{Ze^2}{4\pi\varepsilon_0}\right)^2\cdot\frac{1}{n^2}$$

となり，図 2.13 の観測から得られた式 (2.11) の性質が説明された．*)

水素原子の基底状態では，$n=1$，$l=0$，$Z=1$ を代入して

$$E_{H1}=-2.17\times10^{-18}\text{J}=-13.61\,\text{eV}$$

$\phi_{n,l,m}(r,\theta,\varphi)$ のうちの $Y_l^{|m|}(\theta,\varphi)$ についてはすでに 4.3.3 項で求められ，表 4.1 に表現されているが，図 7.12 に $\rho(r=1,\theta,\varphi)=|Y_l^{|m|}(\theta,\varphi)|^2$（電子密度の角度分布）の描像を示してある．これらの軌道電子状態分布の知識は，半導体，磁性体，超伝導体などの電子材料の研究において必要である．

演習問題

7.1　$V=0$ $(a<|x|)$，$V=-V_0<0$ $(|x|<a)$ で表される，有限高井戸型ポテンシャルが存在する 1 次元空間にエネルギー $E>0$ の粒子が入射するときの各領域の固有関数を求めて，反射率 R，透過率 T を計算せよ．

7.2　式 (7.15) を (7.13) から導く計算を実際に行って，こうなることを確かめよ．

7.3　式 (7.15) から $R+T$ を計算せよ．$Q=4E(E-V_0)/V_0^2\sin^2\alpha a$ とおき，Qの値によらずに式 (7.15) の形式からはつねに $R+T=1$ となることを証明せよ．

7.4　連続的に変化する 1 次元ポテンシャル障壁 $V(x)=0$ ($x<0$ and $a<x$)，$V(x)=Cx^2$ $(0\leq x\leq a)$ and $V(a)=V_0=4\,\text{eV}$，に対して入射する粒子 ($E=2$ eV) の透過率 T を WKB 近似による式 (7.22) を用いて計算せよ．ただし $a=1\,\text{nm}$ とする．(有効数字 1 桁)

*）ここで注目すべきことは，式 (7.25) には角運動量量子数 l に関係する，遠心力ポテンシャルが働いているのに，エネルギー固有値 $E_{n,l}$ には l は含まれず主量子数 n だけで実際に決められることになる．これは実はクーロンポテンシャル ar^{-1} の特別な形のために生じたことであり，多数の電子をもつ原子分子内では，中心核からのポテンシャルは遮蔽され $f(r)\cdot r^{-1}$ となるので，電子の軌道エネルギー $E_{n,l}$ は n だけでなく (n, l) で決められることになる．

8 物理量と演算子

再び量子力学の抽象的概念の理解を進めてゆく．角運動演算子をあげて，他の演算子との交換関係を用いて不確定性原理を導く．またいままで用いてきたシュレディンガー波動方程式とは，まったく別の表現によって粒子状態変化を考えるハイゼンベルグの行列力学と運動方程式についてその意味を学ぶ．

8.1 いろいろな物理量の演算子

量子力学では物理量は演算子で書き変えられる．そのうちでも波動関数 $\psi=C\exp[i(\boldsymbol{k}\cdot\boldsymbol{r}-\omega t)]$ に現れる運動量 $\boldsymbol{p}=\hbar\boldsymbol{k}$ と，エネルギー $E=\hbar\omega$ が基本である．

	運動量	エネルギー	位置ベクトル	時間
物理量	$\boldsymbol{p}$	$E(t)=\hbar\omega \quad E(\boldsymbol{r})=\dfrac{p^2}{2m}+V$	$\boldsymbol{r}$	t
演算子	$-i\hbar\nabla$	$\hat{\mathscr{H}}=i\hbar\dfrac{\partial}{\partial t} \quad \hat{\mathscr{H}}=-\dfrac{\hbar}{2m}\nabla^2+V(\boldsymbol{r})$	$\boldsymbol{r}$	t

その他の物理量はたいてい $\boldsymbol{p}$ や $\boldsymbol{r}$ の組合せで表される．

たとえば軌道角運動量は図 8.1 のように，次式となる．

$$\boldsymbol{L}=\boldsymbol{r}\times\boldsymbol{p}, \qquad \hat{\boldsymbol{L}}=-i\hbar(\boldsymbol{r}\times\nabla)$$

ただし，スピン角運動量 $\boldsymbol{S}$ は別にマトリックス演算子で表され，後の 10 章で説明する．

［例］ 位置ベクトル演算子 $\hat{\boldsymbol{r}}$ に対して，固有値ベクトル $\boldsymbol{r}_0$ を与える固有関数 $\phi(\boldsymbol{r})$

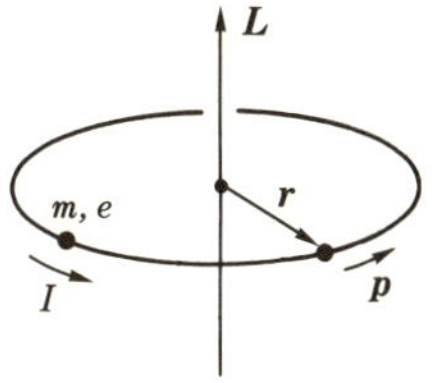

図 8.1 軌道角運量の表示

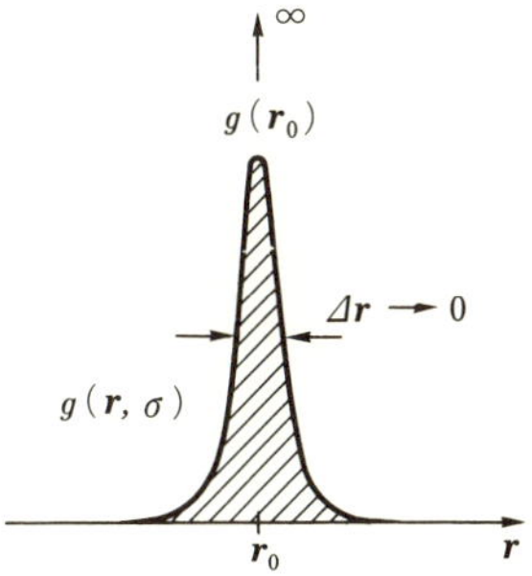

図 8.2 デルタ関数の表現

を考える．

固有値方程式は

$$\hat{\boldsymbol{r}}\phi(\boldsymbol{r})=\boldsymbol{r}_0\phi(\boldsymbol{r})$$

$\hat{\boldsymbol{r}}=\boldsymbol{r}$ を用いると

$$\boldsymbol{r}\phi_0(\boldsymbol{r})=\boldsymbol{r}_0\phi_0(\boldsymbol{r}) \tag{1}$$

このような性質をもつ $\phi(\boldsymbol{r})$ を求めるのであるが，同時に固有関数としては

$$\int\phi^*(\boldsymbol{r}')\phi(\boldsymbol{r})\,d\boldsymbol{r}=1 \quad (\boldsymbol{r}=\boldsymbol{r}'), \qquad =0 \quad (\boldsymbol{r}\neq\boldsymbol{r}') \tag{2}$$

の規格直交性も要求される．

このような点からデルタ関数 $\delta(\boldsymbol{r}-\boldsymbol{r}_0)$ について考えてみると，その性質として任意の関数 $f(\boldsymbol{r})$ に対して

$$\int f(\boldsymbol{r})\,\boldsymbol{r}\delta(\boldsymbol{r}-\boldsymbol{r}_0)\,d\boldsymbol{r}=f(\boldsymbol{r}_0)\,\boldsymbol{r}_0$$

$$\int f(\boldsymbol{r})\,\boldsymbol{r}_0\delta(\boldsymbol{r}-\boldsymbol{r}_0)\,d\boldsymbol{r}=f(\boldsymbol{r}_0)\,\boldsymbol{r}_0$$

これから

$$\boldsymbol{r}\delta(\boldsymbol{r}-\boldsymbol{r}_0)=\boldsymbol{r}_0\delta(\boldsymbol{r}-\boldsymbol{r}_0) \tag{3}$$

式 (3) と (1) を比較すると，固有値 $\boldsymbol{r}_0$ に対する固有関数としては，$\phi_0(\boldsymbol{r})=\delta(\boldsymbol{r}-\boldsymbol{r}_0)$ が対応する．

デルタ関数 $\delta(\boldsymbol{r}-\boldsymbol{r}_0)$ の具体的な形としては，図 8.2 に示されるような関数 $g(\boldsymbol{r})$ で，幅 $\Delta\boldsymbol{r}\to 0$ の極限である．すなわち

$$\delta(x)=\lim_{\alpha\to 0}\frac{1}{\pi}\frac{\alpha}{x^2+\alpha^2} \quad \text{あるいは} \quad \lim_{\sigma\to 0}\frac{1}{\sqrt{2\pi}}\frac{1}{\sigma}\exp\left[-\frac{x^2}{2\sigma^2}\right]$$

などが与えられている．$\int_0^\infty\delta(\boldsymbol{r}-\boldsymbol{r}_0)\,d\boldsymbol{r}=1$ のため，式 (2) の条件は，代りに

$$\int\delta(\boldsymbol{r}-\boldsymbol{r}')\,\delta(\boldsymbol{r}-\boldsymbol{r}'')\,d\boldsymbol{r}=\delta(\boldsymbol{r}'-\boldsymbol{r}'')$$

となる．

8.2　軌道角運動量と磁気能率

角運動量ベクトル $\boldsymbol{L}$ は古典的には図 8.1 のように回転軸方向のベクトルで表されるので，(x, y, z) 座標よりはむしろ次のように回転座標系 (θ, φ) で表される．

$$\hat{\boldsymbol{L}}=\begin{pmatrix}\hat{L}_x\\ \hat{L}_y\\ \hat{L}_z\end{pmatrix}=-i\hbar\begin{pmatrix}y\dfrac{\partial}{\partial z}-z\dfrac{\partial}{\partial y}\\ z\dfrac{\partial}{\partial x}-x\dfrac{\partial}{\partial z}\\ x\dfrac{\partial}{\partial y}-y\dfrac{\partial}{\partial x}\end{pmatrix} \tag{8.1}$$

これらの (x, y, z) 系での各演算子は次のように (r, θ, φ) 系で表現される．

$$\begin{pmatrix}x\\ y\\ z\end{pmatrix}=\begin{pmatrix}r\sin\theta\cos\varphi\\ r\sin\theta\sin\varphi\\ r\cos\theta\end{pmatrix},$$

$$\begin{pmatrix}\dfrac{\partial}{\partial x}\\ \dfrac{\partial}{\partial y}\\ \dfrac{\partial}{\partial z}\end{pmatrix}=\begin{pmatrix}\sin\theta\cos\varphi, & \dfrac{\cos\theta}{r}\cos\varphi, & -\dfrac{\sin\varphi}{r\sin\theta}\\ \sin\theta\sin\varphi, & \dfrac{\cos\theta}{r}\sin\varphi, & \dfrac{\cos\varphi}{r\sin\theta}\\ \cos\theta, & -\dfrac{\sin\theta}{r}, & 0\end{pmatrix}\begin{pmatrix}\dfrac{\partial}{\partial r}\\ \dfrac{\partial}{\partial\theta}\\ \dfrac{\partial}{\partial\varphi}\end{pmatrix}$$

これらを式 (8.1) に用いると

$$\begin{pmatrix}\hat{L}_x\\ \hat{L}_y\\ \hat{L}_z\end{pmatrix}=i\hbar\begin{pmatrix}\sin\varphi\dfrac{\partial}{\partial\theta}+\cot\theta\cos\varphi\dfrac{\partial}{\partial\varphi}\\ -\cos\varphi\dfrac{\partial}{\partial\theta}+\cot\theta\sin\varphi\dfrac{\partial}{\partial\varphi}\\ -\dfrac{\partial}{\partial\varphi}\end{pmatrix} \tag{8.2}$$

のように (θ, φ) で表される．さらに $\hat{L}^2=\hat{L}_x{}^2+\hat{L}_y{}^2+\hat{L}_z{}^2$ は次のようになる．

$$\hat{L}^2=-\hbar^2\left\{\frac{1}{\sin\theta}\frac{\partial}{\partial\theta}\left(\sin\theta\frac{\partial}{\partial\theta}\right)+\frac{1}{\sin^2\theta}\frac{\partial^2}{\partial\varphi^2}\right\} \tag{8.3}$$

これらの演算子の固有値方程式（エネルギー演算子 $\mathcal{H}$ についてのシュレディンガー方程式に対応するもの）を解いて，固有関数 $\psi_l(r, \theta, \varphi)$ を求めるので

あるが，式(8.2) の第 3 項からの

$$\hat{L}_z{}^2\psi_l(\varphi)=-\hbar^2\frac{\partial^2}{\partial\varphi^2}\psi_l(\varphi)=l_z{}^2\psi_l(\varphi)$$

および式(8.3)の

$$\hat{L}^2\psi_l(\theta,\varphi)=-\hbar^2\left\{\frac{1}{\sin\theta}\frac{\partial}{\partial\theta}\left(\sin\theta\frac{\partial}{\partial\theta}\right)+\frac{1}{\sin^2\theta}\frac{\partial^2}{\partial\varphi^2}\right\}\psi_l=\lambda\psi_l$$

をみると，これらは$\mathscr{H}$についてのシュレディンガー方程式の極座標表示である式（4.42）および（4.43）と同じ形である．すなわち，角運動量演算子のうちの $\hat{L}_z$ および $\hat{L}^2$ の固有関数は，エネルギー演算子である$\mathscr{H}$についてのシュレディンガー方程式の固有関数

$$Y_{lm}(\theta,\varphi)=CP_l^{|m|}(\cos\theta)\,e^{im\varphi}$$

と一致して与えられることがわかる．そして，固有値は次のようになる．

$$\left.\begin{aligned}&\hat{L}_zY_{lm}(\theta,\varphi)=\hbar m\cdot Y_{lm}(\theta,\varphi) && (m=0,\pm1,\ \cdots,\pm l)\\&\hat{L}^2Y_{lm}(\theta,\varphi)=\hbar^2l(l+1)\,Y_{lm}(\theta,\varphi) && (l=0,1,2,\cdots)\end{aligned}\right\}\qquad(8.4)$$

次に磁気能率 $\boldsymbol{\mu}$ について考える．電荷 e をもつ電子が軌道運動をしていて角運動量 $\boldsymbol{L}$, L_z で表されるときは，同時に図 8.1 のように環電流 I を生じることになる．それによって誘起される磁気能率 $\boldsymbol{\mu}$ は $\boldsymbol{L}$ に比例して，次のように表現される．

$$\boldsymbol{L}=\boldsymbol{r}\times\boldsymbol{p},\qquad L_z=rp\qquad(8.5)$$

一方，1 個の電子の運動による円形電流 I の大きさは

$$I=-\left(\frac{|e|}{2\pi r}\right)\cdot v=\frac{-1}{2\pi r}\frac{e}{m}p$$

誘起される磁気能率は

$$\mu_z=\pi r^2I=\frac{-e}{2m}rp\qquad(8.6)$$

式（8.5）と（8.6）から

$$\mu_z=-\frac{e}{2m}L_z\qquad(8.7)$$

いま，$\dfrac{e\hbar}{2m}\equiv\mu_B=9.27\times10^{-24}\mathrm{J\cdot t^{-1}}$ という磁気能率の単位を用いると

$$\mu_z=-\mu_B\cdot\left(\frac{L_z}{\hbar}\right)\qquad(8.8)$$

と表される．これに式 (8.4) における L_z の固有値 $L_z=m\hbar$ を用いると

$$\mu_z=-m\mu_B \tag{8.9}$$

となって，電子の軌道運動による磁気能率は μ_B を単位にして量子化されている．m を磁気量子数と呼ぶのはこのためである．μ_B を**ボーア磁子**という．

8.3　演算子の交換関係

演算子 $\hat{P}$ および $\hat{Q}$ がその固有関数にオペレート（operate）されるときは

$$\hat{P}\psi_p=p\psi_p, \qquad \hat{Q}\psi_q=q\psi_q$$

のように固有値（実数 p, q）で置き換えられるのでふつうの数計算のような演算が可能であるが，任意の関数 ψ の場合にはそんなに簡単ではない．それは一般には，$\hat{P}\psi=\varphi$ のように物理量 $\hat{P}$ を観測することにより，もとの状態 ψ が別の状態 φ に変化するからである．そのため次のような問題が生ずる．

①　演算子の積

$$\hat{P}\hat{Q}\psi=\hat{P}(\hat{Q}\psi)=\hat{P}\phi \quad \text{一方} \quad \hat{Q}\hat{P}\psi=\hat{Q}(\hat{P}\psi)=\hat{Q}\varphi$$

のようになり，必ずしも両者は一致しない．このとき 2 つの演算子は $\hat{P}\hat{Q}\neq\hat{Q}\hat{P}$ であり，**非可換**といわれる．

［**例**］　$\hat{P}=p_x=-i\hbar\dfrac{\partial}{\partial x}$，$\hat{Q}=\hat{x}$ のように運動量 p_x と位置 x の演算子の場合

$$\hat{P}\hat{Q}\psi(x)=-i\hbar\frac{\partial}{\partial x}(x\psi(x))=-i\hbar\psi(x)-i\hbar x\frac{\partial\psi}{\partial x}$$

$$\hat{Q}\hat{P}\psi(x)=x\left(-i\hbar\frac{\partial}{\partial x}\psi(x)\right)=-i\hbar x\frac{\partial\psi}{\partial x}$$

となり，両者は一致しない．

このような非可換性を表すのに，いま $\hat{P}\hat{Q}-\hat{Q}\hat{P}\equiv[\hat{P},\hat{Q}]$ という**交換子**を定義すると

$$[\hat{P},\hat{Q}]\psi=\left[-i\hbar\frac{\partial}{\partial x},x\right]\psi=-i\hbar\left\{\frac{\partial}{\partial x}x\psi(x)-x\frac{\partial}{\partial x}\psi(\psi)\right\}=-i\hbar\psi$$

となり，この場合

$$[p_x,x]=-i\hbar \tag{8.10}$$

の関係が得られる．ところが，演算子によっては任意の波動関数に対して

$\hat{P}\hat{Q}\psi=\hat{Q}\hat{P}\psi$ が成立する場合がある．

［**例**］ $\hat{P}=\hat{x}$，$\hat{Q}=\hat{y}$ のときには

$$\hat{P}\hat{Q}\psi(x,y)=\hat{x}\,\hat{y}\psi=\hat{x}y\psi=y\hat{x}\psi=yx\psi$$
$$\hat{Q}\hat{P}\psi(x,y)=\hat{y}\,\hat{x}\psi=\hat{y}x\psi=x\hat{y}\psi=xy\psi$$

この場合には

$$[\hat{P},\hat{Q}]=\psi(xy)=(\hat{x}\,\hat{y}-\hat{y}\,\hat{x})\psi=(xy-yx)\psi=0\psi \quad \therefore \quad [\hat{x},\hat{y}]=0$$

このように任意の波動関数に対して $[\hat{P},\hat{Q}]=0$ の場合，$\hat{P}$ と $\hat{Q}$ は**可換**であるという．そして2つの演算子が可換か非可換であるかは交換子が $=0$ か $\neq 0$ で表される．

② 演算子の和，差（線形性）

$$(\hat{P}\pm\hat{Q})\psi=\hat{P}\psi\pm\hat{Q}\psi=\pm\hat{Q}\psi+\hat{P}\psi=(\pm\hat{Q}+\hat{P})\psi \quad \text{(可換)}$$

これは物理量を表す，すべての演算子について成立する．

先に2つの物理量 P，Q が共通の固有関数 $\psi_{p,q}$ をもてば，それらの演算子 $\hat{P}$，$\hat{Q}$ は交換可能，すなわち $[\hat{P},\hat{Q}]=0$ であることを［例］で述べたが，逆に可換な2つの物理量（演算子）は共通の固有状態（関数）をもつといえる．

このことは次のようにも表現される．すなわち可換な2つの物理量演算子があれば，それらを同時に観測できる（オブザーバブルな）固有状態は存在する．しかし非可換な2つの物理量は同時に精度よく観測することはできない．

たとえば運動量 $\boldsymbol{p}=-i\hbar\nabla$ と，位置ベクトル $\boldsymbol{r}$ は同時に確定した固有値としては観測されず，$\Delta\boldsymbol{p}\cdot\Delta\boldsymbol{r}\gtrsim\hbar$ の**不確定性関係**にある*)．

これが不確定性原理のもう1つの説明である．

8.4 エルミート性

いろいろな数学的演算子のうちで，観測できる物理量を表す演算子については次のような性質が必要とされる．

① まず，そのような物理量 A が観測される状態 (i) を固有関数 φ_i で表すと，その観測期待値は式（5.5）により

$$\int\varphi_i{}^*\hat{A}\varphi_i d\boldsymbol{r}=\langle\varphi_i|A|\varphi_i\rangle=a_i \tag{8.11}$$

*) 阿部龍蔵：量子力学入門，p 126，岩波書店，1980

で表されるので，a_i は実数でなければならない．［観測量は実数値］

② それでは固有状態ではなく，一般の関数 ψ で表される状態で観測した場合にはどうであろうか．

$$\langle\psi|A|\psi\rangle=a \tag{8.12}$$

この a についても実数であることは，次の場合には保証される．すなわち固有関数系 $\{\varphi_i\}$ が完全直交系であって，どのような任意の ψ も，$\psi=\sum_i c_i\varphi_i$ のように展開表現できるならば

$$a=\langle\sum c_i\varphi_i|A|\sum c_j\varphi_j\rangle=\sum_i|c_i|^2a_i$$

となって，$|c_i|^2$，a_i が実数であるので，確かに観測可能な実数となる．この場合 A を任意の状態で観測できる量，**オブザーバブル**といい，その固有状態 $\{\varphi_i\}$ を**完備系**という．［オブザーバブルの条件］

③ さて ψ が任意の関数であれば，$\psi=\psi_1+\lambda\psi_2$ と2つに分けて考えられるので，さらに一般的な性質が得られる．

$$\begin{aligned}a&=\langle\psi|A|\psi\rangle=\langle\psi_1+\lambda\psi_2|A|\psi_1+\lambda\psi_2\rangle\\&=\langle\psi_1|A|\psi_1\rangle+\lambda[\langle\psi_1|A|\psi_2\rangle+\langle\psi_2|A|\psi_1\rangle]+\lambda^2\langle\psi_2|A|\psi_2\rangle\end{aligned}$$

となるので，一般に異った関数 ϕ，ψ による $\langle\phi|A|\psi\rangle$ についても実数であることが上式の右辺の検討からわかる．これは式 (5.7) によれば，ψ という状態で物理量 A を観測する操作により状態が変化して，ϕ という状態に見出される確率（A を通じての $\psi\to\phi$ への**状態遷移確率**）である．それが実数であれば，複素共軛操作の＊について不変である．

$$\langle\phi|A|\psi\rangle=\langle\phi|A|\psi\rangle^* \tag{8.13}$$

すなわち，虚数部の符号を反転する＊操作によっても，実数の場合は変化しない．［状態遷移の観測］

④ 任意の関数，ϕ，ψ が固有関数 $\{\varphi_i\}$ によってそれぞれ展開表示されるとすれば

$$\langle\phi|A|\psi\rangle=\sum_{ik}c_{ik}\int\varphi_i^*\hat{A}\varphi_k d\boldsymbol{r}=\sum_{ik}c_{ik}A_{ik} \tag{8.14}$$

と表現される．

ここで $A_{ik}\equiv\int\varphi_i^*\hat{A}\varphi_k d\boldsymbol{r}$ であり，演算子 $\hat{A}$ を完備系 $\{\varphi_i\}$ ではさんで積分した要素 A_{ik} で，次のようなマトリックスが形成される．

$$(A)=\begin{pmatrix} A_{11} & A_{12} & \cdots & A_{1n} \\ A_{21} & A_{22} & \cdots & A_{2n} \\ \vdots & \vdots & & \vdots \\ A_{n1} & A_{n2} & \cdots & A_{nn} \end{pmatrix} \tag{8.15}$$

これを演算子 $\hat{A}$ のマトリックス表示という．これの対角成分 A_{ii} は $\hat{A}$ の期待値を，また非対角成分 A_{ik} は $\hat{A}$ による状態遷移確率を表す*)．

⑤ 式（8.13）において

$$\left.\begin{aligned} &\text{左辺}：\langle\phi|A|\phi\rangle=\int\varphi_i{}^*\hat{A}\psi_k d\boldsymbol{r}=\sum_{ik}c_{ik}A_{ik} \\ &\text{右辺}：\langle\phi|A|\phi\rangle^*=\left[\int\varphi_i{}^*\hat{A}\varphi_k d\boldsymbol{r}\right]^*=\sum c_{ik}\int\varphi_i\hat{A}^*\varphi_k{}^*d\boldsymbol{r} \\ &\qquad=\sum_{ik}c_{ik}\int\varphi_k{}^*\hat{A}^*\varphi_i d\boldsymbol{r}=\sum c_{ik}A_{ki}{}^* \end{aligned}\right\} \tag{8.16}$$

ここで積分内の $\hat{A}^*$ と $\varphi_k{}^*$ の順序交換は固有関数だから許される．式（8.16）での比較から，結局

$$A_{ik}=A_{ki}{}^* \tag{8.17}$$

が成立していることになる．すなわち観測可能な物理量演算子 $\hat{A}$ においては，式（8.15）のマトリックス表示は

$$A=\begin{pmatrix} a_{11}, & a_{12}+ib_{12}, & a_{13}+ib_{13}, \cdots & \\ a_{12}-ib_{12}, & a_{22}, & a_{23}+ib_{23}, & \\ a_{13}-ib_{13}, & a_{23}-ib_{23}, & a_{33}, & \ddots \\ \vdots & & & a_{nn} \end{pmatrix}$$

のような対称性をもっている．ここで a_{ik}，b_{ik} はすべて実数である．この簡単な特性が物理量演算子のマトリックス（表現）の特徴である．

A_{ik} を $A_{ki}{}^*$ に変換する操作（転置複素共役化）を**エルミート共役**（化）と呼び

$$A_{ik}{}^\dagger=A_{ki}{}^*$$

で表す**)．式（8.17）の

---

*）たとえば光の吸収・放出による状態遷移を考える場合には，$\hat{A}$ には電磁波のポテンシャル演算子（eV，$\boldsymbol{A}$）を，φ_i, φ_k にはいろいろな双極子能率をもつ状態関数を考える．両者の結合組合せ条件によって A_{ik} が大きいときは許容転移，小さいときは禁止転移といわれる．

**）† 印は剣（dagger）を表し，ダガーと呼ぶ．

$$A_{ik}=A_{ki}{}^{*}=A_{ik}{}^{\dagger}$$

の関係はエルミート自己共役（性）といえる．すなわちオブザーバブルな演算子のマトリックス表示では転置複素共役をとっても元どおりである．

このような $\hat{A}$ を単に**エルミート演算子**と呼ぶ．

8.5　行列力学

これまで学んできた量子力学の問題を解く方法は，ド・ブロイの物質波論から始まったシュレディンガーの理論に従って，物質（粒子）状態を表す波動関数についての微分方程式

$$i\hbar\frac{\partial\psi(\boldsymbol{r},t)}{\partial t}=\mathcal{H}\psi(\boldsymbol{r},t),\qquad \psi(\boldsymbol{r},t)=\exp\left[-i\frac{E_n}{\hbar}t\right]\psi_n(\boldsymbol{r}),$$
$$\mathcal{H}\psi_n(\boldsymbol{r})\equiv\left(-\frac{\hbar^2}{2m}\nabla^2+V(\boldsymbol{r})\right)\psi_n(\boldsymbol{r})=E_n\psi_n(\boldsymbol{r}) \tag{8.18}$$

を解いて，物質状態を表す固有関数 $\psi(\boldsymbol{r},t)$ や固有値 E を求めてきた．しかし水素原子（7.2節）や調和振動子（4.3節）の例のように，一般に式（8.18）の非線形微分方程式の解を見出すことは容易なことではない．

ハイゼンベルグ（Heisenberg）はそれに代って，ハミルトニアン$\mathcal{H}$のような物理演算子 $\hat{A}$ の式(8.15)のような行列表現を用いた別の問題解決法を示した．

もともと彼は，原子内電子軌道（n, n'）間の遷移による光の吸収，放出のエネルギー（$h\nu$）や強度（遷移確率）のデータ $A_{nn'}$ を整理・記述していて，逆にこれらの成分から物理量 $\hat{A}$ の性質を解き明かし，さらにそれの定常値 A_{ii} を与える固有状態を求めることを考えた．それが**行列（マトリックス）力学**である．

これは，一見してド・ブロイの波動力学から出発したシュレディンガー方程式の手法とは異るようであるが，その後のシュレディンガーやパウリ(Pauli)らの理論的解析によって両者（行列力学と固有値方程式）は数学的にも同等のものであることがわかった．ここでは行列力学の意味を調べる．

一般に式（8.18）の固有値 E_n が簡単に求まらない場合にも，E_n の代りに$\mathcal{H}$をそのまま用いた次の表現を考える．

$$\psi_n(\boldsymbol{r}, t) = \exp\left[-i\frac{\hat{\mathcal{H}}}{\hbar}t\right]\psi_n(\boldsymbol{r}, 0) \tag{8.19}$$

この $\psi_n(\boldsymbol{r}, t)$ を用いて，オブザーバブルな物理量 $\hat{Q}$ の行列表現（Q_{mn}）を試みると

$$Q_{mn} = \int \psi_m{}^*(\boldsymbol{r}, 0)\, e^{i(\hat{\mathcal{H}}/\hbar)t}\hat{Q}e^{-i(\hat{\mathcal{H}}/\hbar)t}\psi_n(\boldsymbol{r}, 0)\, d\boldsymbol{r} \tag{8.20}$$

となる．ここで演算子 $\hat{\mathcal{H}}$ を含む関数 $\exp\left[i\frac{\hat{\mathcal{H}}}{\hbar}t\right]$ を代数的に式の中に用いることは大変形式的で，理解し難いかもしれないが，これは

$$\exp\left[i\frac{\hat{\mathcal{H}}}{\hbar}t\right] = \sum_{s=0}^{\infty}\frac{1}{s!}\left(i\frac{\hat{\mathcal{H}}}{\hbar}t\right)^s = 1 + i\frac{t}{\hbar}\hat{\mathcal{H}} - \frac{1}{2}\left(\frac{t}{\hbar}\right)^2\hat{\mathcal{H}}\hat{\mathcal{H}} + \cdots$$

と考えればよい．

式（8.20）でハイゼンベルグは新しい観点を示した．すなわち式（8.18）のシュレディンガー方程式では，エネルギー演算子 $\hat{\mathcal{H}} = -\frac{\hbar^2}{2m}\nabla^2 + V(\boldsymbol{r}, t)$ は表（あからさま）には時間を含まず，むしろ時間を含む微分方程式（8.18）によって決められる固有関数 $\psi(\boldsymbol{r}, t)$ が時間変化するとしていたのである（シュレディンガー表示）．しかしここに別の考え方がある．

それは式（8.20）で $(e^{i(\hat{\mathcal{H}}/\hbar)t}\hat{Q}e^{-i(\hat{\mathcal{H}}/\hbar)t}) \equiv \hat{Q}(\boldsymbol{r}, t)$ を 1 つの演算子とみるならば，演算子 $\hat{Q}(\boldsymbol{r}, t)$ が時間的に変化して，状態関数 $\psi_n(\boldsymbol{r}, 0)$ は定常的な固有関数でよいことになる．すなわち

$$\hat{Q}(\boldsymbol{r}, t) = \exp\left[i\frac{\hat{\mathcal{H}}}{\hbar}t\right]\hat{Q}(\boldsymbol{r}, \boldsymbol{p})\exp\left[-i\frac{\hat{\mathcal{H}}}{\hbar}t\right] \tag{8.21}$$

のように物理量演算子に時間変化を移す形式を**ハイゼンベルグ表示**という．

そして一般的な完備関数系 $\{\phi_i\}$ で，式（8.20）のようにマトリックス表現した $\hat{Q}(\boldsymbol{r}, t)$ を考える．

$$\hat{Q}(\boldsymbol{r}, t) = \begin{pmatrix} Q_{11} & Q_{12} & \cdots & Q_{1n} \\ Q_{21} & Q_{22} & \cdots & Q_{2n} \\ \vdots & \vdots & & \vdots \\ Q_{n1} & Q_{n2} & \cdots & Q_{nn} \end{pmatrix} \tag{8.22}$$

ここで Q_{ii} は状態 i における観測期待値，Q_{ik} は $(k \to i)$ の遷移確率を表すが，いまもし $\{\phi_i\}$ が $\hat{Q}$ の固有関数系 $\{\varphi_i\}$ であった場合には，固有状態は定常であるので，観測値の $Q_{ii} = \int \varphi_i{}^*\hat{Q}(\boldsymbol{r}, t)\,\varphi_i d\boldsymbol{r} = \langle Q(\boldsymbol{r})\rangle$ は時間的に一定であり，代

って遷移確率は

$$Q_{ik}=\int\varphi_k{}^*\hat{Q}(\boldsymbol{r},t)\,\varphi_i d\boldsymbol{r}=0\quad(i\neq k)$$

となる．そのため固有関数系 $\{\varphi_i\}$ で行列表示された場合には

$$(\hat{Q}(\boldsymbol{r}))=\begin{pmatrix} Q_{11} & & & 0 \\ & \ddots & & \\ & & Q_{22} & \\ & & & \ddots \\ 0 & & & Q_{nn} \end{pmatrix} \tag{8.23}$$

のように，固有値を主値とする対角行列となる．

逆に量子力学の問題を解くことは，その物理量 $\hat{Q}(\boldsymbol{r},t)$ の行列表示を対角化する固有関数系 $\{\varphi_i\}$ を求めることに帰着する．

これが**ハイゼンベルグの行列力学**と呼ばれるものである．

実際的方法は

$$\hat{Q}(\boldsymbol{r},t)=\exp\left[+i\frac{\hat{\mathcal{H}}}{\hbar}t\right]\hat{Q}(\boldsymbol{p},\boldsymbol{r})\exp\left[-i\frac{\hat{\mathcal{H}}}{\hbar}t\right]$$

をまず適当な完全直交関数系 $\{\phi_i\}$ で行列展開表示をする．

$$Q_{mn}=\int\phi_m{}^*\hat{Q}(\boldsymbol{r},t)\,\phi_n d\boldsymbol{r}$$

そしてこの $\phi_n(\boldsymbol{r})$ がいま求めるべき固有関数系 $\{\varphi_i\}$ で，次のように

$$\phi_n(\boldsymbol{r})=\sum_i C_{ni}\varphi_i \qquad \therefore\quad (\phi_n)=(C)\,(\varphi_i) \tag{8.24}$$

展開表現されたとして，これらの展開係数 C_{ni} からつくられるマトリックス (C) を未知数とする．

式 (8.24) を (8.22) に入れて

$$(Q(\boldsymbol{r},t))=(\phi_1{}^*\phi_2{}^*\cdots\phi_n{}^*)\,(\hat{Q})\begin{pmatrix}\phi_1\\ \phi_2\\ \vdots\\ \phi_n\end{pmatrix}$$

$$=(\varphi_1{}^*\varphi_2{}^*\cdots\varphi_n{}^*)\,(C)^\dagger(\hat{Q})\,(C)\begin{pmatrix}\varphi_1\\ \varphi_2\\ \vdots\\ \varphi_n\end{pmatrix}$$

$$=\begin{pmatrix} Q_1 & & 0 \\ & Q_2 & \\ 0 & & Q_n \end{pmatrix} \tag{8.25}$$

すなわち問題は $(\hat{Q})$ を対角行列に変換する係数マトリックス (C) を求めることに帰着される.

一般に $\{\phi_i\}$, $\{\varphi_k\}$ ともに完全規格直交系の場合には

$$\sum_i \phi_i^* \phi_i = (\phi_i)^\dagger (\phi_i) = 1 = (\varphi_k)^\dagger (\varphi_k) = \sum_k \varphi_k^* \varphi_k$$

の関係から次の性質が帰結される.

$$(C)^\dagger (C) = (\mathbf{1}) \equiv \begin{pmatrix} 1 & & 0 \\ & 1 & \\ 0 & & 1 \end{pmatrix}$$

これを

$$(C)^{-1}(C) = (\mathbf{1})$$

の**逆行列** $(C)^{-1}$ 表現と比較すると, 結局

$$(C)^\dagger \equiv (C_{ki}^*) = (C)^{-1}$$

すなわちエルミート共役(転置複素共役)行列 $(C)^\dagger$ は, もとの行列の逆行列となっている.

このような逆行列についての性質をもつマトリックスを**ユニタリー** (unitary) **行列**という. すなわち, 完備系の変換マトリックスはユニタリー性をもつ.

この性質を用いると, 式 (8.25) の (C) を求める式

$$(C)^\dagger (Q)(C) = \begin{pmatrix} Q_1 & & 0 \\ & Q_2 & \\ 0 & & Q_n \end{pmatrix}$$

の両辺に左側から, (C) を掛けると, 次のようなマトリックス方程式となる.

$$(Q)(C) = \begin{pmatrix} Q_1 & & 0 \\ & Q_2 & \\ 0 & & Q_n \end{pmatrix}(C) \tag{8.26}$$

式 (8.26) を (C) についてまとめると

$$(Q_{ij}-Q_i\delta_{ij})(C)=0$$

という形の同次方程式となる．具体的に各項についての表現をみるために(m, l)項を取り上げると

$$\sum_k (Q_{mk}-Q_m\delta_{mk})C_{kl}=0 \quad (m=1, 2, 3, \cdots, n\,;\, l=1, 2, 3, \cdots, n) \tag{8.27}$$

このようなC_{kl}についての線形同次方程式に解が存在するためには，それらの係数でつくられる行列式について次の関係が満足されなければならない．

$$|(Q_{mk}-Q_m\delta_{mk})|=\begin{vmatrix} Q_{11}-Q_1 & Q_{12} & \cdots & Q_{1n} \\ Q_{12}^* & Q_{22}-Q_2 & \cdots & Q_{2n} \\ \vdots & & & \\ Q_{1n}^* & \cdots\cdots & & Q_{nn}-Q_n \end{vmatrix}=0$$

これを**永年方程式**といい，これを解いて固有値 $Q_1, Q_2, \cdots, Q_n$ が求められる．それらの各場合について式 (8.27) を解いて，式 (8.25) の対角化マトリックスの成分(C_{ml})が得られることになる．それを式(8.24)に用いて，固有関数 $\phi_n(\boldsymbol{r})$ が結局求められる．これがハイゼンベルグ行列力学の解法である．

さてこの方法の１つの応用として，次の問題を取り上げよう．

8.6　ハイゼンベルグの運動方程式

前節の演算子 $\hat{Q}$ のハイゼンベルグ表示 (8.21) を時間微分すると

$$\frac{d\hat{Q}}{dt}=i\frac{\hat{\mathscr{H}}}{\hbar}e^{i(\hat{\mathscr{H}}/\hbar)t}Q(0)e^{-i(\hat{\mathscr{H}}/\hbar)t}-e^{i(\hat{\mathscr{H}}/\hbar)t}Q(0)e^{-i(\hat{\mathscr{H}}/\hbar)t}\left(i\frac{\hat{\mathscr{H}}}{\hbar}\right)$$

$$=\frac{i}{\hbar}(\mathscr{H}\hat{Q}(t)-\hat{Q}(t)\mathscr{H})$$

$$\therefore\quad \frac{d}{dt}\hat{Q}=\frac{i}{\hbar}[\mathscr{H}, \hat{Q}] \tag{8.28}$$

のように交換子を用いて表されることになる．これを**ハイゼンベルグの運動方程式**という．

これは古典解析力学において，物理量 $Q(\boldsymbol{p}, \boldsymbol{r})$ の同様な微分形式で

$$\frac{dQ}{dt}=\sum_i\left(\frac{\partial Q}{\partial r_i}\frac{dr_i}{dt}+\frac{\partial Q}{\partial p_i}\frac{dp_i}{dt}\right)$$

$$\frac{dr_i}{dt}=v_i=\frac{\partial H}{\partial p_i}, \qquad \frac{dp_i}{dt}=F_i=-\frac{\partial H}{\partial r_i}$$

を用いて表したポアッソンのカッコ式

$$\frac{dQ}{dt}=\sum_i\left(\frac{\partial Q}{\partial r_i}\frac{\partial H}{\partial p_i}-\frac{\partial Q}{\partial p_i}\frac{\partial H}{\partial r_i}\right)\equiv(QH) \tag{8.29}$$

と同じ形式になっている．

すなわち複雑な力学の問題についても，すでに種々の解法が得られている古典解析力学のポアッソンのカッコ式（8.29）を立てて，そのうちの

ハミルトン関数 H を → ハミルトニアン $\mathscr{H}$

運動量 $\boldsymbol{p}$ を → $-i\hbar\nabla$

位置ベクトル $\boldsymbol{r}$ → $\boldsymbol{r}$

と変換することにより，量子力学的な運動方程式（8.28）の解が得られることになる．

［例］ ハイゼンベルグの運動方程式（8.28）の Q が1次元位置ベクトル x の場合

$$\frac{d\hat{Q}}{dt}=\frac{d\hat{x}}{dt}=\frac{i}{\hbar}[\mathscr{H}, x] \tag{8.30}$$

となる．ここで

$$\mathscr{H}=-\frac{1}{2m}(p_x{}^2+p_y{}^2+p_z{}^2)+V(x, y, z)$$

$\hat{x}$ は p_y, p_z, x, y, z のすべてと可換なので

$$[p_y{}^2, x]=[p_z{}^2, x]=[V, x]=0$$

$$\begin{aligned}\therefore\quad [\mathscr{H}, x]&=\frac{1}{2m}[\hat{p}_x{}^2, x]=\frac{1}{2m}(\hat{p}_x{}^2x-x\hat{p}_x{}^2)\\&=\frac{1}{2m}\{\hat{p}_x(\hat{p}_xx-x\hat{p}_x)+(\hat{p}_xx-x\hat{p}_x)\hat{p}_x\}\\&=\frac{1}{2m}\{\hat{p}_x[\hat{p}_x, x]+[\hat{p}_x, x]\hat{p}_x\}\end{aligned}$$

ここで式（8.10）の $[\hat{p}_x, x]=-i\hbar$ を代入すると，結局

$$[\mathscr{H}, x]=-\frac{i\hbar}{m}\hat{p}_x$$

が得られる．これを式（8.30）に入れると

$$\frac{d\hat{x}}{dt}=\frac{\hat{p}_x}{m}=-\left(\frac{i\hbar}{m}\right)\frac{\partial}{\partial x}$$

が得られる．

この結果は古典解析力学の式（8.29）に $Q=x$ を入れた場合の

$$\frac{dx}{dt}=\left(\frac{\partial x}{\partial x}\cdot v_i+\frac{\partial x}{\partial p_i}\cdot F_i\right)=v_i$$

に対応していることがわかる．

演習問題

8.1 マトリックス演算子 A, B についてエルミート共役（†）をとるとき $(AB)^{\dagger}=B^{\dagger}A^{\dagger}$ であることを示せ．

8.2 演算子 A, B, C の交換関係については次の関係があることを示せ．

$$[A, B+C]=[A, B]+[A, C]$$
$$[A, BC]=[A, B]C+B[A, C]$$

8.3 1次元自由空間において，エネルギー演算子$\mathscr{H}$と運動量演算子 $\hat{p}_x$ は共通の固有関数をもって，可換であることを示せ．

8.4 $\mathscr{H}=i\hbar\dfrac{\partial}{\partial t}$ と可換な演算子 $\hat{A}$ は運動の恒量（$\langle d\hat{A}/dt\rangle=0$）であることを示せ．

8.5 角運動量演算子の交換関係 $[\hat{L}_x, \hat{L}_y]$ および $[\hat{L}^2, \hat{L}_x]$ を調べよ．

8.6 $\hat{L}^2$ についての極座標演算表示 (8.3) を用いて，$Y_{lm}(\theta, \varphi)$ についての式 (8.4) を導け．

8.7 $\hat{L}_+\equiv\hat{L}_x+i\hat{L}_y$ の昇降演算子を用いて

$$[\hat{L}_z, \hat{L}_+]=\hbar\hat{L}_+$$

であることを示せ．さらにこれから

$$\hat{L}_z\hat{L}_+Y_{lm}(\theta, \varphi)=(m+1)\hbar\hat{L}_+Y_{lm}(\theta, \varphi)$$

の関係を導け．結局これらのことから

$$\hat{L}_+Y_{lm}(\theta, \varphi)=cY_{lm+1}(\theta, \varphi)$$

のように $\hat{L}_+$ は固有関数 $Y_{lm}(\theta, \varphi)$ の次数 m を $(m+1)$ にする演算子であることが導かれることを説明せよ．

9 シュレディンガー方程式の近似解法

量子力学といっても，その方程式の固有解が厳密に得られるのは数少ないポテンシャル形式の場合に限られている．むしろ現実の問題を解くことは，それらの典型例を基にして，いかに実際に則した近似解を求めてゆくかにかかっている．そのような解法の代表的なものとして，摂動法と変分法について学ぶ．最も実用的な章である．

行列力学は整然とした形式で，固有値の縮退や状態遷移確率など量子力学の基本的性質を理解するのに有力であるが，固有値計算などには実際的でよく用いられるシュレディンガー方程式にもう一度戻って考えよう．

4章や7章でいくつかの典型的なポテンシャル場についてこの微分方程式を解いてきたが，厳密な解がきちんと得られるのは実はこれらの限られた例のみであって，自然界にみられるもっと一般的で複雑なポテンシャルや，あるいは多くの粒子間に相互作用がある場合にはほとんど完全には解けていなくて，量子力学といってもけっして完成されたものではないのである．古典力学の世界でもそれは同様で，たとえば3つ以上の天体が引き合う惑星運動などもニュートンの運動方程式では完全には解けない．

そのような複雑な問題にはどのように対応していけばよいのであろうか．

できるだけ実際に近いポテンシャル場などを準備して，その中で粒子の運動を実験によって何度も測定したり，あるいは計算機のプログラム上でたくさんの粒子を運動・散乱させたりして数値計算で調べる方法もあるが，ここではいままでの量子力学における固有解を求める方法をもう少し推し進めて，たとえ完全に厳密でなくても，本当の解にできるだけ近い近似的な固有解を求める方法を考えよう．

9.1　摂動法

これは古典力学でも用いられている方法で，たとえば地球は太陽，月，火星，…のように多くの天体からの力を受けて複雑な運動をしているが，3体以上の相互作用がある場合は厳密には解けない．しかし地球とこれらの天体との各相互作用の間には大小関係があって，まず太陽からの強い引力によって地球はそのまわりを軌道運動している．それが月との引力によって少し影響を受けて歪んでいる．これを**摂動**（せつどう）という．さらに詳しくみると，他の天体によってもわずかな影響を受ける．

このような場合には，まず強い相互作用ポテンシャルだけを考えて厳密的な解を求め，これを基本にして弱い相互作用の影響を段階的に取り入れていく．この方法を採ることによって，実際的に有用な解を必要に応じて詳しく求めていくことができる．

現在の量子力学の応用は大部分この近似解法によって広く行われている．たとえば，多数の電子がそれぞれの軌道運動をしている原子内電子の固有エネルギー値を求める問題は，まず1個の電子のみが核のまわりを運動している水素原子内電子の解（7.2節）を基にして近似を進めていくことができる．ただしこの方法は，金属内の電子状態のように多数の粒子が同等の強さで相互作用しているような多体系には段階的に用いることができない．

さて実際にシュレディンガー方程式を用いて，この方法を考えていこう．

いま，いろいろな相互作用によって複雑な状態にある粒子がある場合，それらの多数の相互作用が，たとえポテンシャル $V(\boldsymbol{r})$ で表せたとしても

$$\left(-\frac{\hbar^2}{2m}\nabla^2+V(\boldsymbol{r})\right)\psi=E\psi \tag{9.1}$$

の方程式は一般には解けない．ところがいまそれらの相互作用に強弱があって，その結果

$$V(\boldsymbol{r})=V_0(\boldsymbol{r})+V_1(\boldsymbol{r})+V_2(\boldsymbol{r})+\cdots,\qquad V_0\gg V_1\gg V_2\gg\cdots \tag{9.2}$$

のように1つの強いポテンシャルと，それに付加する他のポテンシャルのよう

に分けて考えられるとする．

そして V_0 だけが働く場合には

$$\mathcal{H}_0\psi_{0n}(\boldsymbol{r})=\left(-\frac{\hbar^2}{2m}\nabla^2+V_0(\boldsymbol{r})\right)\psi_{0n}(\boldsymbol{r})=E_{0n}\psi_{0n}(\boldsymbol{r}) \tag{9.3}$$

で表されるシュレディンガー方程式が解けて，その厳密解 ψ_{0n} が存在しているとする．というよりむしろ，そのような V_0 を第1に採用する．

この基本的な系に新たに $V_1(\boldsymbol{r})=\delta V(\boldsymbol{r})$ が加わった場合，系の状態はどのように変化するか，それを

$$\mathcal{H}=-\frac{\hbar^2}{2m}\nabla^2+V_0(\boldsymbol{r})+\delta V(\boldsymbol{r})=\mathcal{H}_0(\boldsymbol{r})+\lambda\mathcal{H}' \tag{9.4}$$

に対応するシュレディンガー方程式

$$\mathcal{H}\psi_n(\boldsymbol{r})=E_n\psi_n(\boldsymbol{r}) \tag{9.5}$$

によって考えていく．式(9.4)で導入した摂動パラメータ λ は $\lambda\sim\delta V/V_0\ll 1$ の程度に小さいものである．

さて ψ_n, E_n は未知であるが，それらはもとの ψ_{0n}, E_{0n} から摂動 $\delta V\sim\lambda V_0$ によって変化したものであるから，次のように λ を用いた展開形式で表そう．

$$\left.\begin{aligned}\psi_n&=\psi_{0n}+\lambda\psi_{1n}+\lambda^2\psi_{2n}+\cdots\\ E_n&=E_{0n}+\lambda E_{1n}+\lambda^2E_{2n}+\cdots\end{aligned}\right\} \tag{9.6}$$

ここで第2項，第3項，…は第1近似，第2近似と段階近似精度を上げることによって生ずる付加項で，λ の次数とともに小さくなる．

式(9.4)，(9.6) の λ を含む展開表現を式 (9.5) のシュレディンガー方程式に代入すると

$$\begin{aligned}&(\mathcal{H}_0+\lambda\mathcal{H}')(\psi_{0n}+\lambda\psi_{1n}+\lambda^2\psi_{2n}+\cdots)\\&\quad=(E_{0n}+\lambda E_{1n}+\lambda^2E_{2n}+\cdots)(\psi_{0n}+\lambda\psi_{1n}+\lambda^2\psi_{2n}+\cdots)\end{aligned}$$

これをさらに展開して，λ について整理すると

$$\lambda^0 \text{ の項}\quad \mathcal{H}_0\psi_{0n}=E_{0n}\psi_{0n} \tag{9.7}$$

$$\lambda^1 \text{ の項}\quad \mathcal{H}'\psi_{0n}+\mathcal{H}_0\psi_{1n}=E_{1n}\psi_{0n}+E_{0n}\psi_{1n} \tag{9.8}$$

$$\lambda^2 \text{ の項}\quad \mathcal{H}'\psi_{1n}+\mathcal{H}_0\psi_{2n}=E_{2n}\psi_{0n}+E_{1n}\psi_{1n}+E_{0n}\psi_{2n} \tag{9.9}$$

このうち式 (9.7) はもとの式 (9.3) と同じだから当然成立している．

9.1.1　1次摂動（λの1次の項）

式 (9.8) で未知のものは ψ_{1n} と E_{1n} であるが，これを求めるために ψ_{1n} をさらにもとの $\{\psi_{0n}\}$ 関数系で展開して表そう．

$$\psi_{1n}(\boldsymbol{r}) = C_{11}\psi_{01}(\boldsymbol{r}) + C_{12}\psi_{02}(\boldsymbol{r}) + C_{13}\psi_{03}(\boldsymbol{r}) + \cdots = \sum_{i=1}^{\infty} C_{1i}\psi_{0i}(\boldsymbol{r}) \tag{9.10}$$

式 (9.8) に代入すると

$$\mathcal{H}'\psi_{0n} + \mathcal{H}_0\sum_{i=1}^{\infty} C_{1i}\psi_{0i} = E_{1n}\psi_{0n} + E_{0n}\sum_{i=1}^{\infty} C_{1i}\psi_{0i} \tag{9.11}$$

のようになり，関数はすべて既知の $\{\psi_{0i}\}$ となって，未知量は $\{C_{1i}\}$ の展開係数系に移り，それと新しい固有値 E_{1n} が求めるものとなる．式 (9.11) のうちで第2項では，$\mathcal{H}_0\psi_{0i} = E_{0i}\psi_{0i}$ であるから，結局次のようにまとめられる．

$$(\mathcal{H}' - E_{1n})\,\psi_{0n}(\boldsymbol{r}) = \sum_{i=1}^{\infty} (E_{0n} - E_{0i})\,C_{1i}\psi_{0i}(\boldsymbol{r}) \tag{9.12}$$

E_{1n} を求めるには $\{\psi_{0i}\}$ の規格直交性を利用する．すなわち両辺に ψ_{0n}^* を乗じて，$\boldsymbol{r}$ 積分を行うと

$$\int \psi_{0n}^*(\boldsymbol{r})\,\psi_{0i}(\boldsymbol{r})\,d\boldsymbol{r} = \delta_{ni} \quad (=1 \text{ for } n=i, \quad =0 \text{ for } n\neq i)$$

から右辺は結局，零となり

$$\int \psi_{0n}^*(\boldsymbol{r})\,\mathcal{H}'\psi_{0n}(\boldsymbol{r})\,d\boldsymbol{r} - E_{1n} = 0$$

すなわち

$$E_{1n} = \int \psi_{0n}^*(\boldsymbol{r})\,\mathcal{H}'(\boldsymbol{r})\,\psi_{0n}(\boldsymbol{r})\,d\boldsymbol{r} = \langle n|\mathcal{H}'|n\rangle \tag{9.13}$$

が得られる．

次に同様な計算で新しい固有関数を得るための未知係数 $\{C_{1i}\}$ を求めてみよう．式 (9.12) でこんどは ψ_{0j}^*，$(j\neq n)$ を乗じて，$\boldsymbol{r}$ 積分を行うと

$$\int \psi_{0j}^*(\boldsymbol{r})\,(\mathcal{H}' - E_{1n})\,\psi_{0n}(\boldsymbol{r})\,d\boldsymbol{r} = \sum_{i=1}^{\infty}\int C_{1i}(E_{0n} - E_{0i})\,\psi_{0j}^*(\boldsymbol{r})\,\psi_{0i}(\boldsymbol{r})\,d\boldsymbol{r} \tag{9.14}$$

規格直交性から，残るのは次の項だけである．

$$\int \psi_{0j}{}^* \mathcal{H}' \psi_{0n} d\boldsymbol{r} = C_{1j}(E_{0n} - E_{0j})$$

すなわち

$$C_{1j} = \frac{\langle j | \mathcal{H}' | n \rangle}{E_{0n} - E_{0j}} \quad (j \neq n) \tag{9.15}$$

が得られる．C_{1n}については $j=n$ の場合，式(9.14)の右辺が$=0$ となって求められないが，もともと式（9.6）に戻って考えると

$$\psi_n(\boldsymbol{r}) = \psi_{0n}(\boldsymbol{r}) + \lambda\psi_{1n}(\boldsymbol{r}) + \cdots$$

と表現して，さらに式（9.10）で

$$\psi_{1n}(\boldsymbol{r}) = \sum C_{1i}\psi_{0i}(\boldsymbol{r})$$

と展開したのであるが，ψ_{1n} の中の ψ_{0n} はすでに式(9.6)の第１項に入っているので $C_{1n}=0$ としてよい．

以上の結果をまとめると，第１次近似の範囲で摂動(付加的な影響)$\lambda\mathcal{H}' = \delta V$ によって変化した固有値および固有関数は次のように表される．

$$E_n{}^{(1)} = E_{0n} + \lambda\langle n | \mathcal{H}' | n \rangle \tag{9.16}$$

$$\psi_n{}^{(1)}(\boldsymbol{r}) = \psi_{0n}(\boldsymbol{r}) + \lambda \sum_{i \neq n} \frac{\langle i | \mathcal{H}' | n \rangle}{E_{0n} - E_{0i}} \psi_{0i}(\boldsymbol{r}) \tag{9.17}$$

これらの表現の意味について考えてみよう．まず式（9.16）については摂動としてのポテンシャル変化 $\delta V(\boldsymbol{r}) = \lambda\mathcal{H}'$ による粒子のエネルギー変化は

$$\Delta E_n{}^{(1)} = \langle n | \lambda\mathcal{H}' | n \rangle = \int \psi_{0n}{}^*(\boldsymbol{r})\, \delta V(\boldsymbol{r})\, \psi_{0n}(\boldsymbol{r})\, d\boldsymbol{r} \tag{9.18}$$

すなわち δV の，もとの状態 $\psi_{0n}(\boldsymbol{r})$ での期待値として表されることを意味している．たとえば $\psi_{0n}(\boldsymbol{r})$ が存在している $\boldsymbol{r}_0$ 点のまわりの空間領域 $\delta\boldsymbol{r}$ で，はじめのポテンシャル $V_0(\boldsymbol{r})$ が簡単に，一様にある値 δV だけずれたとしよう．それによる粒子のエネルギー変化は，式（9.18）によって次のように表される．

$$\Delta E_n{}^{(1)} = \delta V \int_{\delta r} \psi_{0n}{}^*(\boldsymbol{r})\, \psi_{0n}(\boldsymbol{r})\, d\boldsymbol{r} = \delta V \cdot \rho_{0n}(\boldsymbol{r}_0)\, \delta\boldsymbol{r}$$

すなわちエネルギー変化は第１近似としては，その領域でのもとの粒子数 $\rho_{0n}\delta\boldsymbol{r}$ にポテンシャル変化 δV を乗じたものとして理解され，容易に計算できる．

［**例**］ $-L \leq x \leq L$ において，$V=0$ の１次元井戸型ポテンシャル内の領域に図 9.1

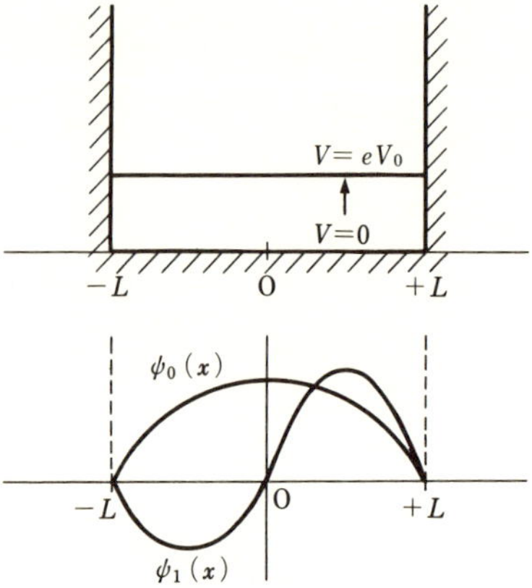

図 9.1

のように，$V=eV_0$ のポテンシャルが一様に加わった場合のエネルギー変化を考える．

この領域における $V=0$ での 2 つの基底状態は，式 (4.13) から

$$\psi_0(x)=\frac{1}{\sqrt{L}}\cos\frac{\pi}{2L}x, \qquad \psi_1(x)=\frac{1}{\sqrt{L}}\sin\frac{\pi}{L}x$$

$\lambda\mathcal{H}'=eV_0$ によるエネルギー固有値変化は，1 次摂動近似で，式 (9.6) から

$$E_0^{(1)}=E_0^{(0)}+\int_{-L}^{L}\psi_0^*(x)(eV_0)\psi_0(x)\,dx$$

$$E_1^{(1)}=E_1^{(0)}+\int_{-L}^{L}\psi_1^*(x)(eV_0)\psi_1(x)\,dx$$

これらから $\Delta E_0^{(1)}=\Delta E_1^{(1)}=eV_0$ と計算される．

次に粒子状態を表す固有関数 $\psi_n^{(1)}(\boldsymbol{r})$ は式 (9.17) で次のように理解される．すなわち，摂動によってもとの状態 ψ_{0n} に他の状態 ψ_{0i} が混じり込んでくる（量子状態の混合）．その割合は，$\delta V(\boldsymbol{r})=\lambda\mathcal{H}'$ による状態遷移確率

$$\langle i|\lambda\mathcal{H}'|n\rangle=\int\psi_{0i}^*(\boldsymbol{r})\,\delta V(\boldsymbol{r})\,\psi_{0n}(\boldsymbol{r})\,d\boldsymbol{r}$$

を両状態のエネルギー差 $(E_{0n}-E_{0i})$ で除したものである．

この分母のために，もとの固有値 E_{0n} に近いエネルギーの状態 $(E_{0i}\sim E_{0n})$ があれば，その ψ_{0i} が共鳴的に強く混じり込むことになってもとの状態は大きく変化する．

9.1.2 高次摂動

1次摂動の結果である $E_n^{(1)}$，$\psi_n^{(1)}$ を基にして，さらに式 (9.8)，(9.9) に従って同じような計算を進めていくと順に高次の近似結果が得られていく．

摂動近似法が有効な場合には λ の1次項に比べて2次項，3次項が急激に小さくなり，$\lambda \sim \delta V/V$ が微小の場合はたいてい2次 (λ^2) までの摂動計算でよい近似が得られる．逆に高次の摂動付加項が小さくならない場合は，この近似法は使えない．そのため，ここでは2次の摂動項のみを記しておく．

$$\left.\begin{aligned} E_{2n} &= \sum_{i\neq n} C_{1i}\cdot\langle n|\mathcal{H}'|i\rangle = \sum_{i\neq n}\frac{\langle n|\mathcal{H}'|i\rangle\langle i|\mathcal{H}'|n\rangle}{(E_{0n}-E_{0i})} \\ C_{2i} &= \sum_{j\neq n}\frac{\langle i|\mathcal{H}'|j\rangle\langle j|\mathcal{H}'|n\rangle}{(E_{0i}-E_{0n})(E_{0j}-E_{0n})} - \frac{\langle i|\mathcal{H}'|n\rangle\langle n|\mathcal{H}'|n\rangle}{(E_{0i}-E_{0n})^2} \quad (j\neq n) \\ C_{2n} &= -\frac{1}{2}\sum_{j\neq n}\frac{\langle n|\mathcal{H}'|j\rangle\langle j|\mathcal{H}'|n\rangle}{(E_{0j}-E_{0n})^2} \end{aligned}\right\} \tag{9.19}$$

その結果，第2次近似でのエネルギー固有値，固有関数は次のようになる．

$$E_n^{(2)} = E_{0n} + \langle n|\delta V|n\rangle + \sum_{i\neq n}\frac{\langle n|\delta V|i\rangle\langle i|\delta V|n\rangle}{(E_{0n}-E_{0i})} \tag{9.20}$$

$$\psi_n^{(1)} = \psi_{0n}(\boldsymbol{r}) + \sum_{i\neq n}\frac{\langle i|\delta V|n\rangle}{E_{0n}-E_{0i}}\psi_{0i}(\boldsymbol{r}) + \lambda^2\Big[C_{2n}\psi_{0n}(\boldsymbol{r}) + \sum_{i\neq n} C_{2i}\psi_{0i}(\boldsymbol{r})\Big] \tag{9.21}$$

第2次摂動の結果の特徴として，たとえば C_{2n} にみられるように n 状態から中間状態 i に遷移して再び終状態が n に戻るような，見かけ上はもとの状態のままであっても，中間状態 i を通じて固有値変化 $\Delta E_n^{(2)}$ が生ずることは興味深い．2次摂動は C_{2i}, $(i\neq n)$ をみても，すべて中間状態が関与している高次過程である．そのため状態遷移確率の自乗に比例してその効果は小さくなっている．しかし第1次摂動項が都合によって消失しているときは，この2次項が現象に直接影響する場合がある．その際には摂動パラメータ，$\lambda \sim \delta V/V$ の大きさに1次比例でなく自乗に比例して効果が現れる．

9.2　変分近似法

$$\mathcal{H}_0\psi_{0n}(\boldsymbol{r})=E_{0n}\psi_{0n}(\boldsymbol{r})$$

で表される基本的な状態の固有関数系 $\{\psi_{0n}\}$ が厳密に $n=1, 2, 3, \cdots$ にわたって完全系として解けていない場合，あるいは E_{01}, E_{02}, …の固有値が離れていて，通常の状況（温度）では最低エネルギー状態（基底状態）の E_{01}, ψ_{01} のみに粒子が主として存在するようなときには，摂動法における式 (9.10) のような $\{\psi_{0n}\}$ 固有関数系展開操作は有効でなく，むしろ以下の変分法が有用である．

自然界の基本則の1つに「エネルギー最小の原理」がある．たとえば相互作用している粒子集団があっていろんな状態をとるが，しばらく経過すると結局，全体のエネルギーが最低の基底状態に落ち着いて，その後は定常状態となる．

そのような系の定常固有状態は，図9.2のように，エネルギー最小点 $E_{\min}$ に対応する Ψ_m として与えられると考える．

系のエネルギー E を求めるには

$$E=\langle\Psi|\mathcal{H}|\Psi\rangle=\int\Psi(\boldsymbol{r})^*\hat{\mathcal{H}}\Psi(\boldsymbol{r})\,d\boldsymbol{r} \tag{9.22}$$

のように，全体のハミルトニアン $\mathcal{H}$ の状態関数 Ψ についての期待値を計算するわけであるが，その $\Psi(\boldsymbol{r})$ が未知である．それでいろいろな波動関数を用いて式(9.22)を計算して，E が最小になるように Ψ の形を選ぶことが考えられる．しかし実際には，図9.2のように E がどのように Ψ によって連続的に変化し

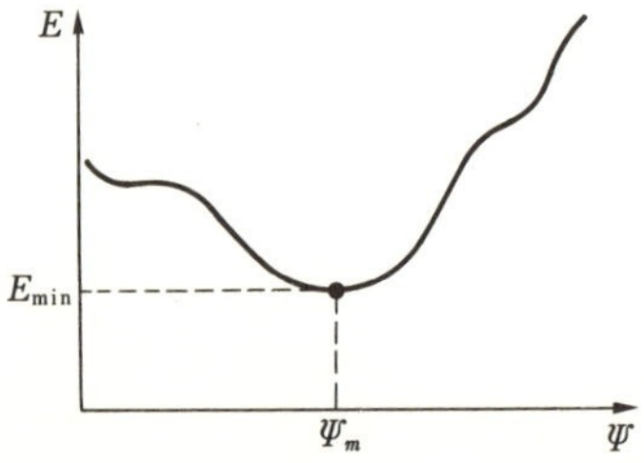

図 9.2　固有状態とエネルギー最小原理

て極小点を1つだけもつか，などわかっているものではない．ただ少なくとも自然界の法則からいえることは，求める固有関数 Ψ_m 以外のどの関数であっても $\langle\Psi|\mathcal{H}|\Psi\rangle=E$ の値は，$E_{\min}$ よりも大きくなることである．

期待値 $\langle\mathcal{H}\rangle$ の計算をあらゆる任意関数について試みてもよいが，最も簡便な方法は，問題とする系のハミルトニアン $\mathcal{H}=\mathcal{H}_0+\mathcal{H}'$ よりも簡単な系 $\mathcal{H}_0$ では

$$\mathcal{H}_0\phi_0(\boldsymbol{r})=E_0\phi_0(\boldsymbol{r})$$

の方程式が解けて，固有関数 $\phi_0(\boldsymbol{r})$ が得られている場合には，図9.3のように $\mathcal{H}'$ によって系の特性はそれほど著しくは異っていないとして，それを利用する．

すなわち新しい系についての試行関数を，この $\phi_0(\boldsymbol{r})=f(\boldsymbol{r})$ に似た関数として

$$\Psi(\boldsymbol{r})=Cf(\alpha,\boldsymbol{r})$$

とおいてみる．そして，いろいろな関数について $E=\langle\mathcal{H}\rangle$ を計算する試みを行う代りに，1つの試行関数 $f(\alpha,\boldsymbol{r})$ に含まれるパラメータ α を連続的に変化させて，図9.3のように極小点 (α_m, E_m) を求める操作を行う．このような連続的変化に対しては，次の**変分原理**が用いられる．

$$\frac{\partial E}{\partial\alpha}=0=\left[\frac{\partial}{\partial\alpha}\langle\Psi(\alpha,\boldsymbol{r})|\mathcal{H}|\Psi(\alpha,\boldsymbol{r})\rangle\right]_{\alpha_m} \tag{9.23}$$

ここで，状態波動関数 $\Psi(\alpha,\boldsymbol{r})=Cf(\alpha,\boldsymbol{r})$ には，次の規格化条件が必要である．

$$\int_V\Psi^*(\alpha,\boldsymbol{r})\,\Psi(\alpha,\boldsymbol{r})\,d\boldsymbol{r}=1=C^2\int_V|f(\alpha,\boldsymbol{r})|^2d\boldsymbol{r}$$

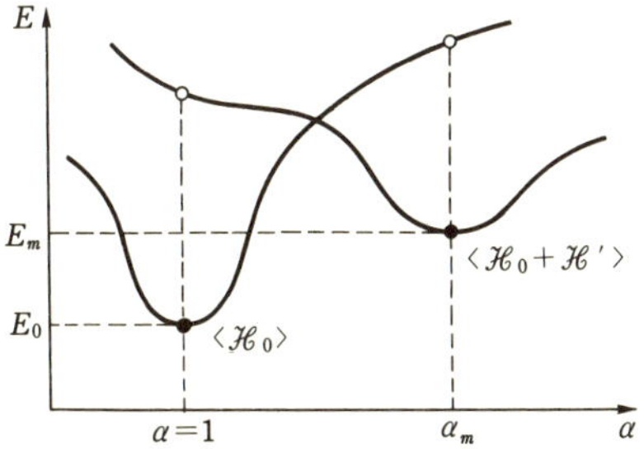

図 9.3 変分パラメータ α によるエネルギー変化

これから $C(\alpha)=\left[\int|f(\alpha,\boldsymbol{r})|^2 d\boldsymbol{r}\right]^{-1/2}$ として係数 C が α を含んで与えられる．これらの計算により，新しい系 $\mathcal{H}=\mathcal{H}_0+\mathcal{H}'$ に対する

固有値　$$E_m=\frac{\langle f(\alpha_m,\boldsymbol{r})|\mathcal{H}|f(\alpha_m,\boldsymbol{r})\rangle}{\langle f(\alpha_m,\boldsymbol{r})|f(\alpha_m,\boldsymbol{r})\rangle}$$

固有関数　$$\Psi(\boldsymbol{r})=C(\alpha_m)f(\alpha_m,\boldsymbol{r})$$

が求められる．

［**例**］　1次元調和振動子の基底（最低）エネルギー状態の波動関数 $\phi_0(\boldsymbol{r})$ およびその固有値 E_0 を求める．

調和振動ポテンシャル $\kappa x^2/2$ を含むシュレディンガー方程式（4.19）は簡単には解けなくて，4.3節では微分方程式をいろいろ変形した末にやっと固有関数を級数の形で求めることができた．その基底状態は

$$\phi_0(x)=C\exp\left[-\frac{m\omega x^2}{2\hbar}\right],\qquad E_0=\frac{\hbar\omega}{2}$$

であったが，この結果を変分法を用いて，もっと簡単に求めてみよう．

試行関数としては式（4.22）の $\phi(x)$ を参考にして，変分パラメータ α を用いた

$$\psi(x)=C\exp[-\alpha x^2] \tag{9.24}$$

を採用すると

$$E=\langle\mathcal{H}\rangle=C^2\int_{-\infty}^{+\infty}e^{-\alpha x^2}\left[-\frac{\hbar^2}{2m}\frac{\partial^2}{\partial x^2}+\frac{\kappa}{2}x^2\right]e^{-\alpha x^2}dx$$

ただし

$$\langle\psi|\psi\rangle=C^2\int_{-\infty}^{+\infty}e^{-2\alpha x^2}dx=1\qquad\therefore\quad C=\left(\frac{2\alpha}{\pi}\right)^{\frac{1}{4}} \tag{9.25}$$

である．これらを式（9.23）に用いて，変分を行うと

$$\frac{\partial\langle\mathcal{H}\rangle}{\partial\alpha}=\frac{\partial}{\partial\alpha}\left[\sqrt{\frac{2\alpha}{\pi}}\int_{-\infty}^{+\infty}e^{-2\alpha x^2}\left[-\frac{\hbar^2}{2m}\{-2\alpha+4\alpha^2x^2\}+\frac{\kappa}{2}x^2\right]dx\right]$$

$$\therefore\quad\frac{\partial\langle\mathcal{H}\rangle}{\partial\alpha}=\frac{\partial}{\partial\alpha}\left[\frac{\hbar^2\alpha}{2m}+\frac{\kappa}{8\alpha}\right]=\frac{\hbar^2}{2m}-\frac{\kappa}{8\alpha^2}=0 \tag{9.26}$$

これから $\alpha_m=\sqrt{m\kappa}/2\hbar=m\omega_0/2\hbar$，（$\omega_0\equiv\sqrt{\kappa/m}$）が得られた．

α_m を式（9.26）の $\langle\mathcal{H}\rangle$ 表式に代入すると

$$E_m=\frac{\hbar\omega_0}{2}$$

また，式（9.24）に代入して

$$\Psi_m(x)=\left[\frac{2\alpha_m}{\pi}\right]^{\frac{1}{4}}e^{-\alpha_m x^2}=\left[\frac{m\omega_0}{\pi\hbar}\right]^{\frac{1}{4}}\exp\left[-\frac{m\omega_0}{2\hbar}x^2\right]$$

が得られた．この基底状態についての E_m，$\Psi_m(x)$ の結果は，以前の複雑な計算結果の式（4.30）の E_0，$\phi_0(x)$ と合致している．

変分法は，たとえもとの固有関数系 $\{\phi_{0n}(\boldsymbol{r})\}$ が厳密に判明していなくとも，パラメータ α を含む適当な関数 $\phi(x)=f(\alpha, \boldsymbol{r})$ をはじめに選べば，巧妙に問題を解くことができる．うまく解けるかどうかは，どのように**変分パラメータ** α を入れた**変分試行関数** $f(\alpha, \boldsymbol{r})$ の形を合理的に選ぶかによっている．粒子のポテンシャル場 $V(\boldsymbol{r})$ から問題の物理的状況をうまく採り入れて，いろいろな関数形 $f(\alpha, \boldsymbol{r})$ を試用して，それを決める．

演習問題

9.1 1次元井戸型ポテンシャル場 $V=0\ (|x|<L),\ =\infty\ (L\leq|x|)$ 内の基底状態 $\phi_0^{(0)}(x)$ と第1励起状態 $\phi_1^{(0)}(x)$ のみについて考える（他の固有状態は省略）．

この状態に摂動として，いま $x=0$ に $\delta V=\lambda\delta(x)$ の新しいポテンシャルが加わったとする．これによる固有値の変化 ΔE_0, ΔE_1，さらに新しい波動関数 $\phi_0^{(1)}(x)$，$\phi_1^{(1)}(x)$ をいずれも第1近似の範囲で求めよ．

9.2 上記の井戸型ポテンシャル内に今度は一様電界が加わって，ポテンシャル変化 $\delta V=\lambda eE_0x$ が生じたときの，もとの基底状態のエネルギー変化 ΔE_0 を第2次摂動近似で求めよ．

9.3 1次元連続ポテンシャル $V(x)=cx^4$ の中で運動する粒子の基底状態固有関数 $\phi_0(x)$ を，変分原理で試行関数 $\phi(x)=A\exp[-\alpha x^2]$ から求めていく．

i）規格化条件から定数 A を計算せよ．

ii）変分原理の $\partial\langle\mathcal{H}\rangle/\partial\alpha=0$ から変分パラメータ α を決定せよ．

iii）決められた α_0 を用いて，固有関数と基底状態エネルギーを示せ．

10 スピン

古典力学にはなかった粒子の基本的特性として，スピンが量子力学では浮かび上がってくる．直感的なモデルから出発して，それが古典的な角運動量とは異なる本質をスピン行列演算子で表現する．スピンの体得なくして量子力学の完全な理解は得られない．

10.1 電子のもう1つの自由度

原子内電子軌道のエネルギーレベルについては7章で調べられ，図10.1のように示されている．たとえばNaやAg原子のように閉殻軌道の外に1個だけ電子が存在する場合には，n軌道の最低エネルギーを与える$l=0$, $m=0$状態をとるので，磁場の有無にかかわらずエネルギーレベルは単一のはずである．Naが放電などによって励起され，光を吸放出するときにも$l=1$と$l=0$の単一エネルギーレベル間の遷移によるため1本の線スペクトル（D）と考えられていた．

ところが有名なNaの発光D線スペクトルを詳しく分光してみると，図10.1で示すように，$\lambda_1=5896\,\text{Å}$と$\lambda_2=5890\,\text{Å}$の2本(D_1, D_2)にはっきりと分かれて

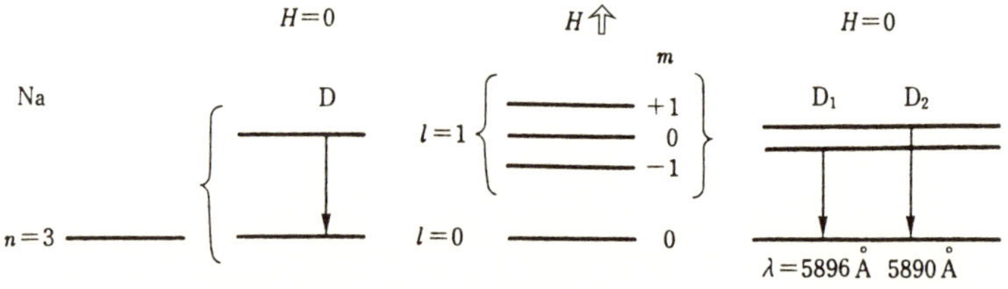

図 10.1 Na原子内最外殻電子のエネルギーレベル

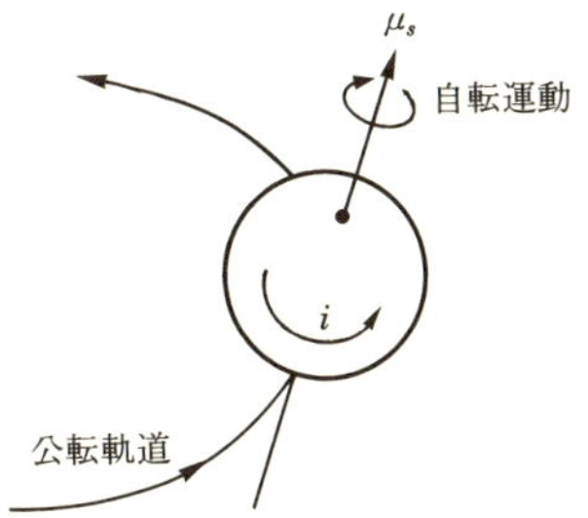

図 10.2 電子の自転による磁気能率 μ_s

観測された．このことは電子のエネルギー固有値 E を決める量子数が n，l，m 以外に，さらに別の自由度による量子数が存在することを意味する．

これを説明するためにウーレンベック（Uhlenbeck）とハウトシュミット(Goudsmit)は，電子の**スピン**という考えを提唱した．すなわち，電子の軌道運動（公転）以外にもう1つの自由度としては，天体の自転に相当するものしか考えられない．電子は電荷をもった粒子なので有限の径サイズを考えれば，図10.2のように，それ自身の回転によって軸のまわりに円電流が生じ，その結果軸方向にのびる小磁石のような磁気能率 $\boldsymbol{\mu}_S$ が存在することになる．これに磁界 H が加わると

$$E_S = -\boldsymbol{\mu}_S \cdot \boldsymbol{H} \tag{10.1}$$

という磁気エネルギー（Zeeman energy）によって，もとの軌道運動によるエネルギー固有値 E_{nlm} に，さらに付加項が生じることになる．その場合に電子の自転の正逆方向によって，$E_{nlm} \pm \mu_{Sz} Hz$ のように2つのエネルギーレベルに分裂することが説明される．この H には外部からの印加磁界 H_e 以外に，それがなくても電子の軌道運動が誘起する内部磁界（H_i）などが考えられる．

この電子の回転自由度を彼らはスピン(spin)と名づけた．その意味は，回転する糸紡ぎ棒やスケーターの爪先き上での回転運動と同じである．

10.2 スピン磁気能率の観測

この回転による磁気能率の大きさを実際に測定するために，シュテルン(Stern）とゲルラッハ（Gerlach）は図10.3に示すような実験を行った．すな

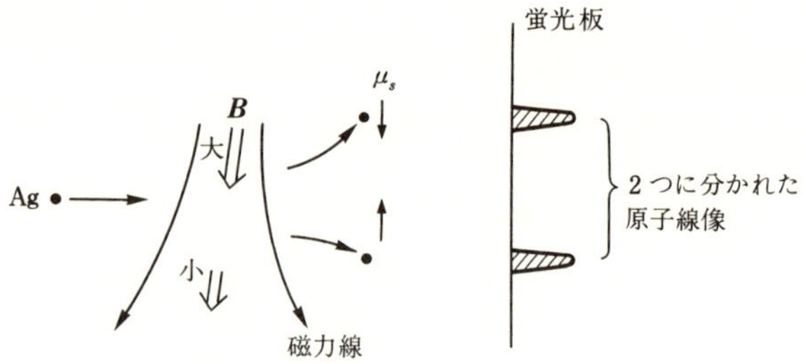

図 10.3　原子線の不均一磁場（Bの強弱）による分裂実験

わち Na の代りに，同様な Ag の原子の流れを磁界の不均一部に導いた*)．もしこの原子が磁界方向に磁気能率 $\vec{\mu}_S$ をもっていれば，式 (10.1) の磁気的相互作用エネルギー $E_S=-\mu_S H$ によってさらに大きい H の領域へ引き寄せられ，進路は偏る．ところが逆方向の $\vec{\mu}_S$ をもつ粒子があれば，$E_S=+\mu_S H$ によって弱い H の領域へ進路は反対に偏る．その結果，$\vec{\mu}_S$ の大きさと方向によって粒子検出器の信号分布が生ずる．

実験結果は図 10.3 のように 2 つの分布に分かれ，その偏りから μ_S の大きさが次のように測定された．ここでは磁界の方向を z 軸とする．

$$\mu_{Sz}=\pm\mu_B \tag{10.2}$$

この μ_B は，8.2 節の軌道角運動量による磁気能率 μ_L の表現でも同様に用いられている磁気能率の単位のボーア磁子である．式 (8.8) と同様に，スピンの場合も表すと

$$\boldsymbol{\mu}_S=\frac{-g\mu_B\boldsymbol{S}}{\hbar}=\frac{-2\mu_B\boldsymbol{S}}{\hbar} \tag{10.3}$$

10.3　スピン演算子と固有関数

自転によるスピン角運動量 $\boldsymbol{S}$ は，量子力学では演算子 $\hat{\boldsymbol{S}}$ として考えられる．その z 軸成分 $\hat{S}_z$ の観測値は式 (10.2) と式 (10.3) から，次のように決定された．

---

*）電子の自転磁気能率の検出実験には直接電子ビームを用いることが考えられるが，その場合には荷電粒子のためローレンツ力による偏向運動が同じ磁界によって強く現れて，スピンによる効果の観測が困難となる．

$$\langle S_z \rangle = \pm \frac{1}{2}\hbar \qquad (10.4)$$

このように $\langle S_z \rangle$ の大きさが $\hbar$ の半整数であることは奇異に感じられ，実験上の問題ともみられたが，式 (8.9) は一般に $\Delta L_z=\hbar$ を要求している．その点で図 10.3 の測定結果は原子線の分裂が 3 本 ($S_z=1\hbar, 0\hbar, -1\hbar$) でなく，明確に 2 本 ($+\hbar/2, -\hbar/2$) であり，式 (10.4) の結果は妥当であることがわかる．

$\hat{S}_z$ の固有関数は，8.2 節での軌道角運動量 $\hat{L}_z$ と同じ形式の固有状態方程式

$$\hat{S}_z \varphi(\phi) = \langle S_z \rangle \varphi(\phi) \qquad (10.5)$$

を，回転角を ϕ として満足するものであり，式 (8.2) を参照して

$$-i\hbar \frac{\partial}{\partial \phi}\varphi(\phi) = \langle S_z \rangle \varphi(\phi) \quad から \quad \varphi(\phi) = A\exp\left[\frac{i\langle S_z \rangle \phi}{\hbar}\right] \qquad (10.6)$$

の形に簡単に表されると予想された．ところが式 (10.2) のシュテルン・ゲルラッハの実験結果は，この形式に本質的な問題を提起する*)．

それは式 (10.4) の $\langle S_z \rangle = \pm\hbar/2$ をこの $\varphi(\phi)$ 表現に用いると

$$\varphi(\phi) = A\exp\left[\pm\frac{i\phi}{2}\right]$$

となるが，これでは回転角 ϕ の 1 周期 2π に対して次のように等価とならない．

$$\varphi(\phi+2\pi) = A\exp\left[\pm\frac{i\phi}{2}\right]\cdot\exp[\pm i\pi] = -\varphi(\phi)$$

そのため

$$\varphi(\phi+2n\pi) = (-1)^n \varphi(\phi)$$

すなわち，その状態は ϕ を何度回ったものであるかによって正負となり，固有関数は一義的には決められない．結局，スピン状態関数はこの形式では表せないことがわかった**)．

いままで物理量を表す演算子としては式 (10.6) のような微分形式のもの，あるいは単に実係数のものなどがあったが，要は固有関数に演算した場合に，

---

*)　朝永振一郎：スピンはめぐる，p 75，中央公論社，1974

**)　このことはスピンを電子がコマのように回転して生ずるもの，という初めの描像が通用しないことを意味している．ディラック (Dirac) はその後，シュレディンガー方程式に代って，より一般的な相対論的エネルギーを量子化した方程式から電子の基本的性質としてスピンを導き出しているが，ここでは簡単のために電子に本来的に備わった角運動量 $\underset{\sim}{\hat{S}}$ として，取り扱いを進めていく．

式 (10.5) のように，もとの関数に実数 (固有値) を乗じた形になればよい．また固有関数も単純な実関数に限らず，いろいろな関数を成分にもつ状態ベクトル表示でもよい．

たとえば，いま $\langle S_z\rangle=+\hbar/2$ の固有値を与える固有関数を $\varphi(+1/2)$，$\langle S_z\rangle=-\hbar/2$ を与えるものを $\varphi(-1/2)$ とするとき

$$\left.\begin{aligned}\hat{S}_z\varphi\left(+\frac{1}{2}\right)&=\frac{\hbar}{2}\varphi\left(+\frac{1}{2}\right)\\ \hat{S}_z\varphi\left(-\frac{1}{2}\right)&=\frac{-\hbar}{2}\varphi\left(-\frac{1}{2}\right)\end{aligned}\right\}\tag{10.7}$$

をまとめて表現するのに，次のような状態ベクトルを考える．

$$\boldsymbol{v}=\begin{pmatrix}\varphi\left(+\frac{1}{2}\right)\\ \varphi\left(-\frac{1}{2}\right)\end{pmatrix}$$

そうすると

$$\hat{S}_z\begin{pmatrix}\varphi\left(+\frac{1}{2}\right)\\ \varphi\left(-\frac{1}{2}\right)\end{pmatrix}=\frac{\hbar}{2}\begin{pmatrix}1 & 0\\ 0 & -1\end{pmatrix}\begin{pmatrix}\varphi\left(+\frac{1}{2}\right)\\ \varphi\left(-\frac{1}{2}\right)\end{pmatrix}$$

のようにまとめて表現することが考えられる．

これをみると，逆に $\hat{S}_z$ を次のようにみることもできる．すなわち，$\hat{S}_z$ 演算子として

$$\hat{S}_z=\frac{\hbar}{2}\begin{pmatrix}1 & 0\\ 0 & -1\end{pmatrix}$$

という変換行列の形のものとおけば

$$\hat{S}_z\begin{pmatrix}\varphi\left(+\frac{1}{2}\right)\\ \varphi\left(-\frac{1}{2}\right)\end{pmatrix}=\begin{pmatrix}\frac{\hbar}{2}\cdot\varphi\left(+\frac{1}{2}\right)\\ \frac{-\hbar}{2}\cdot\varphi\left(-\frac{1}{2}\right)\end{pmatrix}=\begin{pmatrix}\langle S_z\rangle_+\varphi\left(+\frac{1}{2}\right)\\ \langle S_z\rangle_-\varphi\left(-\frac{1}{2}\right)\end{pmatrix}$$

となって，これは広い意味での固有値方程式とみられる．しかし右辺では，$\boldsymbol{v}$ が未だ固有値 $\langle S_z\rangle$ と完全には分離されていないので，さらに次のように $\boldsymbol{v}_+$ と $\boldsymbol{v}_-$ に分けて表す．

$$\boldsymbol{v}=\begin{pmatrix}\varphi\left(+\frac{1}{2}\right)\\ \varphi\left(-\frac{1}{2}\right)\end{pmatrix}=\varphi\left(+\frac{1}{2}\right)\begin{pmatrix}1\\0\end{pmatrix}+\varphi\left(-\frac{1}{2}\right)\begin{pmatrix}0\\1\end{pmatrix}\equiv\boldsymbol{v}_{+}+\boldsymbol{v}_{-} \quad (10.8)$$

そうすれば

$$\left.\begin{aligned}\hat{S}_z\boldsymbol{v}_{+}&=\frac{\hbar}{2}\begin{pmatrix}1&0\\0&-1\end{pmatrix}\varphi\left(+\frac{1}{2}\right)\begin{pmatrix}1\\0\end{pmatrix}=\frac{\hbar}{2}\varphi\left(+\frac{1}{2}\right)\begin{pmatrix}1\\0\end{pmatrix}=\langle S_z\rangle_{+}\boldsymbol{v}_{+}\\ \hat{S}_z\boldsymbol{v}_{-}&=\frac{\hbar}{2}\begin{pmatrix}1&0\\0&-1\end{pmatrix}\varphi\left(-\frac{1}{2}\right)\begin{pmatrix}0\\1\end{pmatrix}=-\frac{\hbar}{2}\varphi\left(-\frac{1}{2}\right)\begin{pmatrix}0\\1\end{pmatrix}=\langle S_z\rangle_{-}\boldsymbol{v}_{-}\end{aligned}\right\} \quad (10.9)$$

となって，それぞれ $\boldsymbol{v}_{+}$, $\boldsymbol{v}_{-}$ が固有関数で，$\langle S_z\rangle_{+}=\hbar/2$ と $\langle S_z\rangle_{-}=-\hbar/2$ が固有値の形にまとめられる．パウリ (Pauli) はこのような行列とベクトルの形式で統一的にスピンを表現するためにさらに次のように整理した．すなわちスピン(角運動量)演算子 $\hat{\boldsymbol{S}}\,(\hat{S}_x, \hat{S}_y, \hat{S}_z)$ を $\hat{\boldsymbol{S}}=(\hbar/2)\,\hat{\boldsymbol{\sigma}}$ とおいて，$\hat{\boldsymbol{\sigma}}$ を**パウリの行列**と呼び

$$\hat{\sigma}_x=\begin{pmatrix}0&1\\1&0\end{pmatrix},\qquad \hat{\sigma}_y=\begin{pmatrix}0&-i\\i&0\end{pmatrix},\qquad \hat{\sigma}_z=\begin{pmatrix}1&0\\0&-1\end{pmatrix}$$

のように表現する．そうすると軌道角運動量演算子と同様に，次の交換関係が満足される．

$$[\hat{\sigma}_x, \hat{\sigma}_y]=2i\hat{\sigma}_z,\qquad [\hat{\sigma}_y, \hat{\sigma}_z]=2i\hat{\sigma}_x,\qquad [\hat{\sigma}_z, \hat{\sigma}_x]=2i\hat{\sigma}_y \quad (10.10)$$

［**例**］ 実際に，この交換関係を確かめるために行列の積を計算してみよう．

$$\begin{aligned}[\hat{\sigma}_x, \hat{\sigma}_y]&=\hat{\sigma}_x\hat{\sigma}_y-\hat{\sigma}_y\hat{\sigma}_x=\begin{pmatrix}0&1\\1&0\end{pmatrix}\begin{pmatrix}0&-i\\i&0\end{pmatrix}-\begin{pmatrix}0&-i\\i&0\end{pmatrix}\begin{pmatrix}0&1\\1&0\end{pmatrix}\\ &=\begin{pmatrix}i&0\\0&-i\end{pmatrix}-\begin{pmatrix}-i&0\\0&i\end{pmatrix}\\ &=\begin{pmatrix}2i&0\\0&-2i\end{pmatrix}=2i\begin{pmatrix}1&0\\0&-1\end{pmatrix}\\ &=2i\hat{\sigma}_z\end{aligned}$$

この演算子 $\hat{\sigma}_z$ に対する固有関数としては，式(10.8)の $\boldsymbol{v}_{+}$, $\boldsymbol{v}_{-}$ の表現に含まれる $\boldsymbol{\alpha}\equiv\begin{pmatrix}1\\0\end{pmatrix}$, $\boldsymbol{\beta}=\begin{pmatrix}0\\1\end{pmatrix}$ のベクトルが対応して，次のように表される．

$$\hat{\sigma}_z\boldsymbol{\alpha}=\langle\sigma_z\rangle_{+}\boldsymbol{\alpha},\qquad \hat{\sigma}_z\boldsymbol{\beta}=\langle\sigma_z\rangle_{-}\boldsymbol{\beta} \quad (10.11)$$

固有値は $\langle\sigma_z\rangle_{+}=+1$, $\langle\sigma_z\rangle_{-}=-1$ である．このような固有状態の表現は次のように考えるとイメージが得られる．すなわち z(磁界)方向のスピン成分が $\langle\sigma_z\rangle=\pm1$ という

2つの状態は，スピン方向が↑と↓の2つの状態に対応し，ベクトル表現は$\begin{pmatrix}\uparrow\\ \downarrow\end{pmatrix}$の席を表す．だから $\boldsymbol{\alpha}=\begin{pmatrix}1\\0\end{pmatrix}$は↑状態が粒子によって占められ，↓状態が空いている固有状態を表し，$\boldsymbol{\beta}=\begin{pmatrix}0\\1\end{pmatrix}$は↑状態が空いていて，↓状態が占められている固有状態を表す関数ベクトルである．

［**例**］ 固有値方程式を $\boldsymbol{\beta}$ について確かめてみよう．

$$\hat{\sigma}_z\boldsymbol{\beta}=\begin{pmatrix}1 & 0\\0 & -1\end{pmatrix}\begin{pmatrix}0\\1\end{pmatrix}=\begin{pmatrix}0\\-1\end{pmatrix}=-1\cdot\begin{pmatrix}0\\1\end{pmatrix}=\langle\sigma_z\rangle_-\beta \quad \text{から} \quad \langle\sigma_z\rangle_-=-1$$

このパウリ行列 $\hat{\boldsymbol{\sigma}}$ を用いて，スピンの性質を調べることができる．

式（10.9）での $\hat{S}_z$ の固有関数 $\boldsymbol{v}_\pm$ は

$$\langle\boldsymbol{v}_\pm|\boldsymbol{v}_\pm\rangle=1 \quad \text{すなわち} \quad \left|\varphi\left(+\frac{1}{2}\right)\right|^2=\left|\varphi\left(-\frac{1}{2}\right)\right|^2=1$$

であれば，規格直交系（$\boldsymbol{\alpha}, \boldsymbol{\beta}$）と等しくなる．すなわち

$$\langle\boldsymbol{v}_+|\boldsymbol{v}_+\rangle=\boldsymbol{\alpha}^*\boldsymbol{\alpha}=1, \qquad \langle\boldsymbol{v}_+|\boldsymbol{v}_-\rangle=\boldsymbol{\alpha}^*\boldsymbol{\beta}=0$$

これを用いると

$$\langle S_z\rangle_+=\langle\boldsymbol{\alpha}|\hat{S}_z|\boldsymbol{\alpha}\rangle=\frac{\hbar}{2}(1\quad 0)\begin{pmatrix}1 & 0\\0 & -1\end{pmatrix}\begin{pmatrix}1\\0\end{pmatrix}=\frac{\hbar}{2}$$

$$\langle S_z\rangle_-=\langle\boldsymbol{\beta}|\hat{S}_z|\boldsymbol{\beta}\rangle=\frac{\hbar}{2}(0\quad 1)\begin{pmatrix}1 & 0\\0 & -1\end{pmatrix}\begin{pmatrix}0\\1\end{pmatrix}=-\frac{\hbar}{2}$$

これを軌道角運動量の場合と同様に，**スピン磁気量子数** m_s を用いて表すと

$$\langle S_z\rangle=m_s\hbar \quad \text{から} \quad m_s=+\frac{1}{2},\ -\frac{1}{2} \tag{10.12}$$

すなわち電子の場合，スピンは2つの量子状態のみが許される．式（10.11）を参照して，あらためてスピン演算子 $\hat{S}_z$ の固有関数を α, β とすると，その固有値は $\pm\hbar/2$ となる．

$$\hat{S}_z\boldsymbol{\alpha}=\frac{\hbar}{2}\boldsymbol{\alpha}, \qquad \hat{S}_z\boldsymbol{\beta}=-\frac{\hbar}{2}\boldsymbol{\beta} \tag{10.13}$$

同様にして，$\hat{S}_+\equiv\hat{S}_x+i\hat{S}_y$, $\hat{S}_-\equiv\hat{S}_x-i\hat{S}_y$ の**スピン昇降演算子** $S_\pm$ を定義すると

$$\hat{S}_+\boldsymbol{\beta}=\hbar\boldsymbol{\alpha}, \qquad \hat{S}_-\boldsymbol{\alpha}=\hbar\boldsymbol{\beta}, \qquad \hat{S}_+\boldsymbol{\alpha}=0, \qquad \hat{S}_-\boldsymbol{\beta}=0 \tag{10.14}$$

が得られる．これは $\boldsymbol{\beta}$(↓) または $\boldsymbol{\alpha}$(↑) のスピン状態に $\Delta m_s=\pm1$ のスピン（z 成分）昇降子 $S_\pm$ を演算（operate）すると，それぞれ $\boldsymbol{\alpha}$(↑)，または $\boldsymbol{\beta}$(↓)

状態になるということで理解される.

また

$$\hat{S}^2 = \hat{S}_x\hat{S}_x + \hat{S}_y\hat{S}_y + \hat{S}_z\hat{S}_z$$

という演算子によりスピンの大きさを求めると, $\langle \hat{S}^2 \rangle_+ = \langle \hat{S}^2 \rangle_- = \frac{3}{4}\hbar^2$ となる.

すなわち

$$\langle \hat{S}^2 \rangle = \frac{3}{4}\hbar^2$$

これは (10.12) のスピン量子数 m_s を用いると次のように表現される.

$$\langle \hat{S}^2 \rangle_\pm = |m_s|(|m_s|+1)\hbar^2 \tag{10.15}$$

これは式 (8.4) の軌道角運動量の場合と同じで, 一般に角運動量 (ベクトル) の大きさを表す演算子 $\hat{L}^2$, $\hat{S}^2$ の期待値をとれば, それは$(l\hbar)^2$や$(m_s\hbar)^2$にはならなくて, 量子力学ではその大きさが $l(l+1)\hbar^2$ や $m_s(m_s+1)\hbar^2$ のように観測されることが特徴である.

結局, スピン関数 α, β を用いて, 電子の波動関数は次のように表される.

$$\Psi(\mathbf{r}, \sigma) = \Phi(x, y, z)X(\sigma) = \sum_{nlmm_s} R_n(r)\,Y_{lm}(\theta\varphi)\,X_{m_s}(\nu) \tag{10.16}$$

$$X_{\frac{1}{2}}(\nu) = \boldsymbol{\alpha}(\nu), \qquad X_{-\frac{1}{2}}(\nu) = \boldsymbol{\beta}(\nu)$$

このスピン変数 ν は$\pm 1/2$ の 2 つの値しかとることができなくて, $\boldsymbol{\alpha}$, $\boldsymbol{\beta}$ は

$$\left.\begin{aligned} \boldsymbol{\alpha}\left(\frac{1}{2}\right) &= 1, \quad \boldsymbol{\alpha}\left(-\frac{1}{2}\right) = 0 \\ \boldsymbol{\beta}\left(\frac{1}{2}\right) &= 0, \quad \boldsymbol{\beta}\left(-\frac{1}{2}\right) = 1 \end{aligned}\right\}$$

の 2 値関数である.

演習問題

10.1 もしシュテルン・ゲルラッハの実験で, 不均一磁界を通過した Ag 原子線が 3 本に分裂していたら, どのようなスピン固有関数が考えられただろうか.

10.2 スピン固有ベクトル $\boldsymbol{\alpha}$, $\boldsymbol{\beta}$ が規格直交系をつくっていることを示せ.

10.3 $\hat{S}_+$, $\hat{S}_-$ のマトリックスを $\hat{S}_x$, $\hat{S}_y$ を用いて表して, 式 (10.14) の関係を確かめよ.

10.4 $\hat{S}^2 = \hat{S}_x{}^2 + \hat{S}_y{}^2 + \hat{S}_z{}^2$ の演算マトリックスを計算して, $\boldsymbol{\alpha} = \begin{pmatrix} 1 \\ 0 \end{pmatrix}$ によって $\hat{S}^2\boldsymbol{\alpha} = (3/4)\hbar^2\boldsymbol{\alpha}$ になることを示せ.

11 多粒子系の量子統計と交換相互作用

自然現象は，ただ1つの粒子の動きによることはまれで，多数の相互作用する粒子集団のふるまいによって実現されるが，その取り扱いは多体問題として現在なお未解決の分野である．ここでは粒子のスピンが関係してその集団性が大きく支配される，量子統計力学の特徴について学ぶ．とくに電子系で大きな役割をするパウリの排他原理を用いて，交換相互作用の表現などを求める．

11.1 多粒子系の問題

10章ではスピンのことを学んで，1つの電子の波動関数を完全な形で記述することができた．しかしわれわれが自然の物質を対象にして実験するとき，単独の粒子を相手にするよりはむしろ多数の粒子が相互作用している系，たとえば金属内の電子集団や，結晶のイオン格子が問題になる．そのような多粒子系の記述も，結局は個々の粒子の波動関数を基にして表現することになるが，そう簡単ではない．

まず多数の同一粒子集団のエネルギーを考えてみよう．

① 個々の粒子(i)の運動エルギーの和 $KE=\sum_i \boldsymbol{p}_i^2/2m$

② 個々の粒子(i)が外場によって与えられる，ポテンシャルの和

$V_1=\sum_i V_i(\boldsymbol{r}_i)$

③ 各粒子(i, j)間の相互作用ポテンシャルの和 $V_2=\sum_{ij} V_{ij}(\boldsymbol{r}_i-\boldsymbol{r}_j)$

これらを量子力学的にまとめた全体のハミルトニアンは

$$\mathcal{H}=\sum_i\left[\frac{-\hbar^2}{2m}\nabla_i{}^2+V_i(\boldsymbol{r}_i)\right]+\sum_{ij} V_{ij}(\boldsymbol{r}_i-\boldsymbol{r}_j)=\mathcal{H}_0+\mathcal{H}' \qquad (11.1)$$

として表される．たとえば電子集団のような場合，$V_i(\boldsymbol{r}_i)$ は外場 $\boldsymbol{E}$ や $\boldsymbol{H}$ による静電ポテンシャル eV やベクトルポテンシャル $\boldsymbol{A}$ によって，各粒子にわたって統一的に表現されるが，相互作用ポテンシャル $V_{ij}(\boldsymbol{r}_i-\boldsymbol{r}_j)$ は，対象とする電子（i）と同様に動き回る他の電子（j）の状態が未知のまま関係するので，とても直接的に表すことができなくて結局，このような多体（粒子）問題の厳密な解法は現在の量子力学でも得られていない．それで簡単な場合から近似的に問題を理解していく．

11.2　独立粒子系

式 (11.1) のハミルトニアンの中で，相互作用ポテンシャル V_2 が他の項に比べて比較的小さい ($\mathcal{H}_0 \gg \mathcal{H}_i$) ときには，第1近似としてこれを無視すると，系は相互作用がなく，各粒子が独立に V_1 の中を運動する粒子集団となる．これを**独立粒子系モデル**という．この場合は式 (11.1) をみれば，$\mathcal{H}_0=\sum_i \mathcal{H}_i$ となり，個々の粒子のハミルトニアンの和として表される．このような場合には，4.1.2 項で学んだ変数分離法がここでも適用される．すなわち

$$\sum_i \mathcal{H}_i(\boldsymbol{r}_i)\,\Phi(\boldsymbol{r}_1, \boldsymbol{r}_2, \cdots, \boldsymbol{r}_N)=E\Phi(\boldsymbol{r}_1, \boldsymbol{r}_2, \cdots, \boldsymbol{r}_N) \tag{11.2}$$

を満足する全体の波動関数 $\Phi(\boldsymbol{r}_1, \cdots, \boldsymbol{r}_N)$ は

$$\Phi(\boldsymbol{r}_1, \cdots, \boldsymbol{r}_N)=\prod_k \psi_k(\boldsymbol{r}_k)=\psi_1(\boldsymbol{r}_1)\cdot\psi_2(\boldsymbol{r}_2)\cdots\psi_N(\boldsymbol{r}_N) \tag{11.3}$$

のように個々の粒子の変数 $\boldsymbol{r}_k$ のみの関数 $\psi_k(\boldsymbol{r}_n)$ の積の形で表されるとして，式 (11.2) に用いると

$$\sum_i\{\prod_{k\neq i}\psi_k(\boldsymbol{r}_k)\}\ \mathcal{H}_i(\boldsymbol{r}_i)\,\psi_i(\boldsymbol{r}_i)=E\prod_k \psi_k(\boldsymbol{r}_k)$$

両辺を $\Phi=\prod_k \psi_k(\boldsymbol{r}_k)$ で割算すると

$$\sum_i \frac{1}{\psi_i}\mathcal{H}_i\psi_i=E \tag{11.4}$$

各粒子の運動は独立なので，全体のエネルギーも各粒子のエネルギー固有値の和で表されるとして，$E=\sum_i E_i$ を式 (11.4) に代入して，整理すると

$$\sum_i(\mathcal{H}_i\psi_i-E_i\psi_i)=0$$

結局，独立粒子系の場合には，個々の粒子のシュレディンガー方程式

$$\left(-\frac{\hbar^2}{2m_i}\nabla_i{}^2+V_i(\boldsymbol{r}_i)\right)=\psi_i(\boldsymbol{r}_i)=E_i\psi_i(\boldsymbol{r}_i) \tag{11.5}$$

を解いて，固有値 E_i，固有関数 $\psi_i(\boldsymbol{r})$ を求めると，全体の固有値 E と固有関数 Ψ は

$$E=\sum_i E_i, \qquad \Psi(\boldsymbol{r}_1, \boldsymbol{r}_2, \cdots, \boldsymbol{r}_N)=\prod_i \psi_i(\boldsymbol{r}_i) \tag{11.6}$$

のように，個々の粒子の E_i と ψ_i の和と積で表される．

11.3　ハートレー近似

この独立粒子系の E_i と ψ_i を基にして相互作用粒子系の式（11.1）の近似解を得るには，たとえば電子集団では，他の電子（j）からの電子（i）に対するクーロンポテンシャルは，その電子（j）の分布密度 $\rho_j(\boldsymbol{r}_j)=|\psi_j(\boldsymbol{r}_j)|^2$ に比例するので，相互作用ポテンシャルは次式のように表される．

$$V_{ij}(\boldsymbol{r}_i-\boldsymbol{r}_j)=\frac{e^2}{4\pi\varepsilon_0}\int\frac{1}{|\boldsymbol{r}_i-\boldsymbol{r}_j|}|\psi_j(\boldsymbol{r}_j)|^2 d\boldsymbol{r}_j \tag{11.7}$$

これに含まれる $\psi_j(\boldsymbol{r}_j)$ には第0近似として式（11.5）の独立粒子モデルの固有関数 $\psi_j{}^{(0)}(\boldsymbol{r})$ を用いて，電子（i）からみた平均的な相互作用ポテンシャル $\overline{V_2(\boldsymbol{r}_i)}$ を計算する．そして

$$V_i(\boldsymbol{r}_i)=V_1(\boldsymbol{r}_i)+\overline{V_2(\boldsymbol{r}_i)}$$

のように，平均場として独立粒子モデルの方程式（11.5）の中に組み入れて，これを解く．

得られた $\psi_j{}^{(1)}(\boldsymbol{r}_j)$ を再び式（11.7）にくり込んで，高次の平均場ポテンシャルを計算して，式（11.5）に適用する．このプロセスを逐次的に繰り返して，相互作用多粒子系におけるより精確な近似解を求めていく．

$\sum_{ij} V_{ij}(\boldsymbol{r}_i-\boldsymbol{r}_j)$ のように複雑な相互作用ポテンシャルを $\sum_i V_i(\boldsymbol{r}_i, \bar{\boldsymbol{r}}_j)$ のように平均的なもので置き換えることを**平均場近似**と呼び，また1つの粒子についての解 $\psi_i(\boldsymbol{r}_i)$ を相互作用ポテンシャル V_{ij} のなかに $\psi_j(\boldsymbol{r}_j)$ としてくり込んで，**自己合理的な**（self-consistent）形で逐次近似を進めていく方法を**ハートレー**（Hartree）**の近似**（**法**）という．

11.4　量子統計の問題

ここでは独立粒子モデルに戻って，多粒子系の量子力学に特有の問題を取り上げる．式（11.6）の固有状態関数をもう一度記すと

$$\Psi(\boldsymbol{r}_1, \boldsymbol{r}_2, \cdots, \boldsymbol{r}_N) = \phi_1(\boldsymbol{r}_1)\cdot\phi_2(\boldsymbol{r}_2)\cdot\cdots\cdot\phi_i(\boldsymbol{r}_i)\cdot\cdots\cdot\phi_j(\boldsymbol{r}_j)\cdot\cdots\cdot\phi_N(\boldsymbol{r}_N) \tag{11.8}$$

この表現は i 番目の粒子が $\boldsymbol{r}_i$ の位置に，j 番目の粒子が $\boldsymbol{r}_j$ の位置にあることを示している．古典力学では各粒子の運動軌跡が明確で，たとえば図 11.1 のように 2 つの粒子が衝突散乱するときも，その過程ならびに前後を通じて粒子 i と j は厳密に識別できる．ところが量子力学の世界では粒子像は波動で表され，粒子位置に対応する波束は広がり $\delta\boldsymbol{r}$ をもつので，衝突の過程で両方の波束が重なり合って，散乱後は i, j どちらの粒子か判別がつかない．もともと散乱前でも電子系のように同種粒子間は色分けもできず，i 番目の電子と j 番目の電子に区別があるわけではない．だから $\Psi(\boldsymbol{r}_1, \cdots, \boldsymbol{r}_N)$ の式(11.8)の表現には，この項以外に各粒子 ϕ の位置 $\boldsymbol{r}$ が入れ替わった多くの場合を含めて考えなくてはならない．すなわち

$$\Psi(\boldsymbol{r}_1, \boldsymbol{r}_2, \cdots, \boldsymbol{r}_N) = \sum_{ij}(P)\, C_{ij}\phi_1(\boldsymbol{r}_1)\cdot\cdots\cdot\phi_i(\boldsymbol{r}_j)\cdot\cdots\cdot\phi_j(\boldsymbol{r}_i)\cdot\cdots\cdot\phi_N(\boldsymbol{r}_N) \tag{11.9}$$

この $\sum_{ij}(P)$ の記号の意味は 1，…，N の粒子のうちの任意の(i, j)組について，

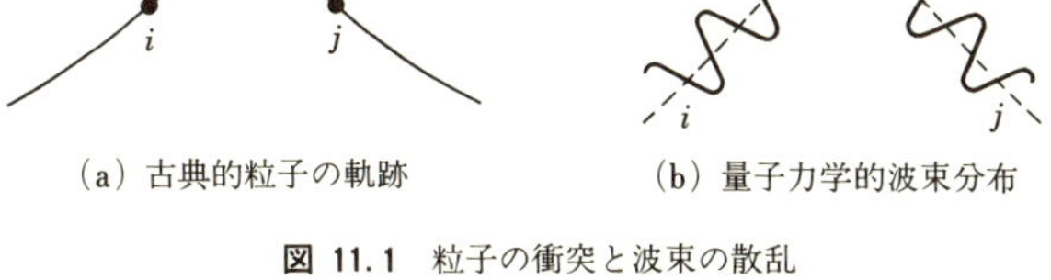

（a）古典的粒子の軌跡　（b）量子力学的波束分布

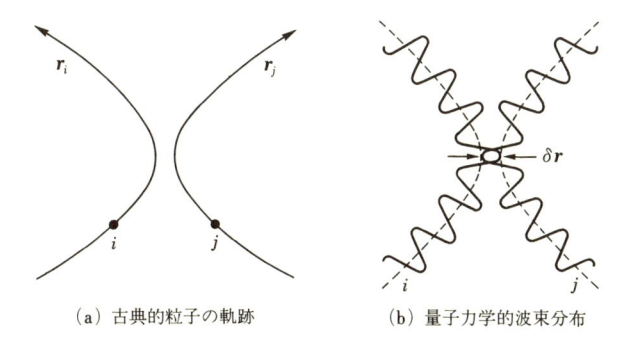

図 11.1　粒子の衝突と波束の散乱

粒子位置（$\boldsymbol{r}_i, \boldsymbol{r}_j$）または粒子番号順（$i, j$）のいずれかを交換することを，あらゆる組合せについて行ったものの和をとる操作である．

$|C_{ij}|^2$ は $(i, \cdots, j)$ 配列状態が交換によって現れる確率を表すが，もともとどの状態も実際の観測では識別できないのであるから，確率密度 $|C_{ij}|^2$ はすべて同じとするのが妥当で，$|C_{ij}|^2=1$ と表す．そうすると，C_{ij} が実数であれば

$$C_{ij}=\pm 1 \tag{11.10}$$

である．$C_{ij} \to C_{ji}$ は $(i, j) \to (j, i)$ の粒子交換を意味するが，そのような交換操作によって式（11.9）の各項の係数がそのままであるか，それとも符号を変えるかのいずれかであることを式(11.10)は意味している．両者のいずれであるかは粒子の個性によって異る．

① 粒子交換によって符号を変える（$C_{ij}=-1$）粒子の場合

この場合，式（11.9）は次のように表される．

$$\Psi_{\mathrm{odd}}(\boldsymbol{r}_1, \cdots, \boldsymbol{r}_N)=\sum_{ij}(P)(-1)^P \phi_1(\boldsymbol{r}_1)\cdots\cdots\phi_i(\boldsymbol{r}_i)\cdots\cdots\phi_j(\boldsymbol{r}_j)\cdots\cdots\phi_N(\boldsymbol{r}_N) \tag{11.11}$$

ここでは記述を簡単にするために，$\sum_{ij}(P)$ は粒子番号 1，…，N は固定して，位置座標 $\boldsymbol{r}_1, \cdots, \boldsymbol{r}_N$ の交換についての和をとるものとする．また遠く離れている番号 (i, j) 間の交換操作は隣接交換を次々と繰り返すことですべて置き換えられるとして，隣接交換の回数を P とする．

式(11.11)の表現は大変複雑のようであるが，ちょうど $\sum_{ij}(P)(-1)^P$ の性質をもったものとして行列式がある．それを用いると，次のように見事に表現される．

$$\Psi_{\mathrm{odd}}(\boldsymbol{r}_1, \cdots, \boldsymbol{r}_N)=\begin{vmatrix} \phi_1(\boldsymbol{r}_1), \phi_2(\boldsymbol{r}_1), \cdots, \phi_N(\boldsymbol{r}_1) \\ \phi_1(\boldsymbol{r}_2), \phi_2(\boldsymbol{r}_2), \cdots, \phi_N(\boldsymbol{r}_2) \\ \vdots \qquad\qquad \ddots \quad \vdots \\ \phi_1(\boldsymbol{r}_N), \phi_2(\boldsymbol{r}_N), \cdots, \phi_N(\boldsymbol{r}_N) \end{vmatrix} \tag{11.12}$$

この行列式の各行は１つの位置に来る各粒子の番号を表し，各列は１つの粒子が各位置に存在する場合を表す．Ψ_{odd} のこの表し方を**スレータ**(Slater)**の行列式**表現という．行列式の展開各項はすべての組合せ交換の場合を与えており，しかも正負の符号がついている．行列式の性質として，2つの行または列を交換

すると全体の符号が反転するが，これは，$\sum_{ij}(P)(-1)^P$ の粒子交換操作に対応している．

この Ψ_{odd} の表現に対応する粒子とは，電子など 10 章の式 (10.12) で学んだスピン量子数 m_Sが, $\pm 1/2$, $\pm 3/2$, …の半整数で表されるものであることがわかっている．この対応関係は証明されておらず，経験的な自然則である．

符号反転交換性は電子集団などの性質に大きな特徴を与えている．それは式(11.11)の表式で，いま $\boldsymbol{r}_i = \boldsymbol{r}_j = \boldsymbol{r}_0$ のように i 番目の粒子と j 番目の粒子が同じ位置 $\boldsymbol{r}_0$ にある場合を考えよう．(i, j) 粒子交換に対して $C_{ij} = -1$ であるから

$$\phi_1(\boldsymbol{r}_1)\cdots\phi_i(\boldsymbol{r}_0)\cdots\phi_j(\boldsymbol{r}_0)\cdots\phi_N(\boldsymbol{r}_N) = -\phi_1(\boldsymbol{r}_1)\cdots\phi_i(\boldsymbol{r}_0)\cdots\phi_j(\boldsymbol{r}_0)\cdots\phi_N(\boldsymbol{r}_N)$$

でなければならない．ところが両者は同一なので，結局これらの項は零でなければならない．このことは式 (11.12) の行列式表現ではより明確である．すなわち $\boldsymbol{r}_i = \boldsymbol{r}_j = \boldsymbol{r}_0$ とすれば，行列式で 2 つの行が同一となり，その結果 Ψ_{odd} は零である．

この結果は「スピン半整数の粒子系では，2 つの粒子は同一の位置または状態に存在することはできない（その確率が零である）」を意味し，これが有名な**パウリ** (Pauli) **の排他原理**である．

このような特徴をもった多粒子系の性質を**フェルミ・ディラック** (Fermi-Dirac) **の統計則**と呼び，それに従うスピン（量子数）半整数の粒子を**フェルミ粒子**という．

このパウリ原理のためにフェルミ粒子集団では，たとえエネルギー最小の法則のもとでも 2 個以上の粒子は基底エネルギー状態に同時に存在できなくて，次々とより高いエネルギー固有状態に分布せねばならず，たとえば金属内の自由電子集団では，図 11.2 のような $\boldsymbol{k}$ 空間の球状分布で，最高のエネルギーレベル E_F (**フェルミエネルギー**) は数万度の温度に等しく，そのレベルの電子はいつも光速の 1% ぐらいの速さの状態にある．

それでも実は，図 5.4 に示される結晶格子空間 a^3 に閉じ込められた局在電子系に比べれば，最高エネルギー $E_F = (\hbar^2/2m)k_{\max}{}^2$ はきわめて小さい．

それは自由電子の場合，$\phi(\boldsymbol{r})$ はマクロな試料内 $(0 \leq r \leq L)$ に広がって，空間量子化されるので，$\boldsymbol{k}$ 空間固有状態分布は図 11.2 のように，$\delta\boldsymbol{k} = (\pi/L)^3 = N^{-3}(\pi/a)^3$ 当り上下スピン⇅の電子 2 個となり，図 5.4 の場合の $\delta\boldsymbol{k} = (\pi/a)^3$

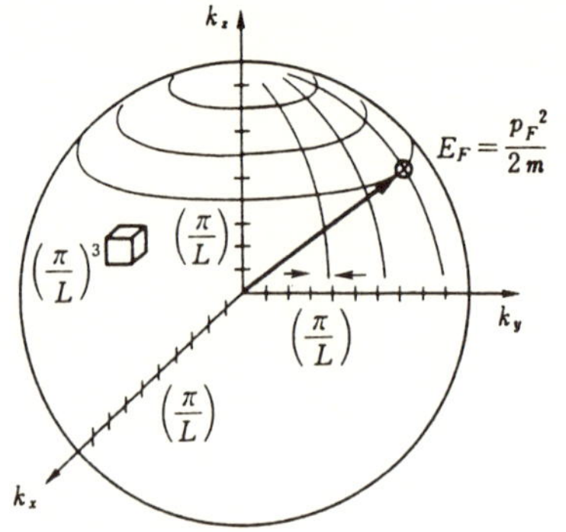

図 11.2　空間 (L^3) 内の自由電子固有状態分布

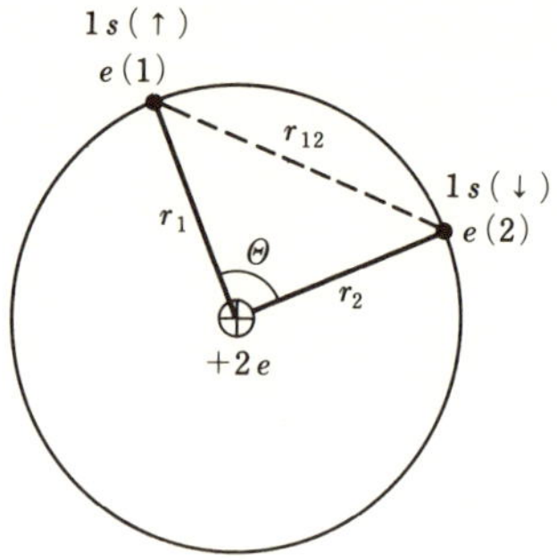

図 11.3　He 原子内の 2 電子状態

当り 2 個の，希薄で高圧力 ($P\infty(\pi/a)$) の電子ガス集合に比べて格段に濃密で，低圧の液態状に凝縮しているといえる．これを自由粒子系の**フェルミ縮退**という．

② 粒子交換によって符号を変えない ($C_{ij}=1$) 粒子の場合

式 (11.9) は $C_{ij}=1$ のために，簡単に次のように表される．

$$\Psi_{\text{even}}(\boldsymbol{r}_1\cdots\cdots\boldsymbol{r}_N)=\sum_{ij}(P)\,\psi_1(\boldsymbol{r}_1)\,\psi_2(\boldsymbol{r}_2)\cdots\cdots\psi_i(\boldsymbol{r}_i)\cdots\cdots\psi_j(\boldsymbol{r}_j)\cdots\cdots\psi_N(\boldsymbol{r}_N)$$
$$(11.13)$$

これで記述される粒子は①と異って，スピン量子数 m_S が 0, ±1, ±2, …のように整数で表されるものである．

たとえば自然のヘリウム (He) 原子は電子が 2 個とそれ以外に原子核が陽子 2 個, 中性子 2 個で構成されている. これらのすべてスピン量子数が半整数の素粒子が各 2 個合わさると，合成スピンは，それぞれ ↑↑ (1/2+1/2) または ↑↓ (1/2−1/2) のベクトル和のようになって，1 または 0 の整数量子数となる．他に光量子などはもともと $m_S=0$ である．

式 (11.13) で表される Ψ_{even} の特徴としては，パウリの排他原理が適用されないので, 各粒子は同じ状態 $\psi(\boldsymbol{r})$ にいくらでも存在することができる. そのためエネルギー最小の法則に従って，低温になるとすべての粒子が同じ基底エネルギー状態 $\psi_0(\boldsymbol{r})$ に存在しようとする．とくに He 原子のように電気的に中性の粒子では，お互いの間のクーロン相互作用反発ポテンシャル V_{ij} も働かないので，同じ空間 $\boldsymbol{r}$ に多数の粒子が存在することができる．

その結果，式 (11.13) は次のように簡単になる．

$$\Psi_{\text{even}}(\boldsymbol{r}_1\cdots\boldsymbol{r}_N)=[\phi_0(\boldsymbol{r})]^N \tag{11.14}$$

いま $\phi_0(\boldsymbol{r})$ として，4.1 節の自由粒子モデルの場合の $\phi_0(\boldsymbol{r})=\exp(i\boldsymbol{k}_0\cdot\boldsymbol{r})$ をここに用いると

$$\Psi_{\text{even}}(\boldsymbol{r}_1\cdots\boldsymbol{r}_N)=[\exp(i\boldsymbol{k}_0\cdot\boldsymbol{r})]^N=\exp(i\boldsymbol{K}_0\cdot\boldsymbol{r}),\quad \boldsymbol{K}_0=N\boldsymbol{k}_0$$

となって，式 (4.7) の1つの自由粒子の状態と同じ形になる．

すなわち，$N=10^{23}$ もの多数粒子集団がすべて足並み(位相)を揃えて，原子スケール(ミクロ)の量子力学的世界の1つの粒子と同じ運動を，目で見えるような大きなスケールの空間で行う．これを**巨視的量子現象**と呼んで，液体ヘリウムの**超流動**現象や金属内の電子集団の**超伝導**現象がこれで説明される．すなわち1つの原子の内部での電子の定常的な軌道運動と同じように，多数の He 粒子や電子 (↑↓の対になったもの) がわれわれの身体よりも大きいパイプやコイルの中を永久循環運動するわけである．

Ψ_{even} で表されるこのような多粒子系の性質を**ボーズ・アインシュタイン** (Bose-Einstein) **の統計則**と呼び，それに従うスピン (量子数) 整数の粒子を**ボーズ粒子**という．また式 (11.14) で表されるような，同一基底状態へ多数の粒子がエネルギー最小則で落ち込むことを**ボーズ凝縮**という．

11.5　原子内2電子状態と交換相互作用

多粒子系の問題を実際に解いてみよう．そのためには最も簡単な2電子系を考える．そのような例として図 11.3 に示されるヘリウム (He) 原子内の2つの電子状態がある．ハミルトニアン $\mathcal{H}$ は式 (11.1) に従って，電子 (1) および (2) の個別の $\mathcal{H}_{01}$，$\mathcal{H}_{02}$ と，電子間相互作用による $\mathcal{H}'$ とに分けて考える．

$$\left.\begin{aligned}
&\mathcal{H}=\mathcal{H}_0+\mathcal{H}'\\
&\mathcal{H}_0=\mathcal{H}_{01}+\mathcal{H}_{02}=\left(-\frac{\hbar^2}{2m}\nabla_1{}^2-\frac{2e^2}{4\pi\varepsilon_0 r_1}\right)+\left(-\frac{\hbar^2}{2m}\nabla_2{}^2-\frac{2e^2}{4\pi\varepsilon_0 r_2}\right)\\
&\mathcal{H}'=\frac{e^2}{4\pi\varepsilon_0 r_{12}}
\end{aligned}\right\} \tag{11.15}$$

2 電子系の全体の波動関数 Ψ は，この$\mathscr{H}$によるシュレディンガー方程式

$$\mathscr{H}(\boldsymbol{r}_1, \boldsymbol{r}_2)\Psi(\boldsymbol{r}_1, \boldsymbol{r}_2\,;\,\nu_1, \nu_2)=E\Psi(\boldsymbol{r}_1, \boldsymbol{r}_2\,;\,\nu_1, \nu_2)$$

の固有解であるが，それを式（10.16）に従って

$$\Psi(\boldsymbol{r}_1, \boldsymbol{r}_2\,;\,\nu_1, \nu_2)=\Phi(\boldsymbol{r}_1, \boldsymbol{r}_2)\cdot X(\nu_1, \nu_2) \tag{11.16}$$

のように電子 (1)，(2) の位置ベクトル $\boldsymbol{r}_1$，$\boldsymbol{r}_2$ を変数とする軌道関数 Φ と，スピン変数 ν_1, ν_2 によるスピン関数 X の積として表す．いままで$\mathscr{H}$は外磁場や軌道運動による内部磁場を考えない限り，スピン磁気能率 $\boldsymbol{\mu}_s$ やスピン演算子 $\hat{S}$ を含まなかったので X を考えずに 11 章で多粒子系を取り扱ってきたが，これからは状態関数 ψ における粒子交換の対称性の問題（$C_{ij}=\pm1$）からそれが必要となる．すなわち，電子はスピン量子数 $m_S=\pm1/2$ のフェルミ粒子であるから，Ψ は（1）と（2）の粒子交換に対して反対称でなければならない．

$$\Psi(\boldsymbol{r}_2, \boldsymbol{r}_1\,;\,\nu_2, \nu_1)=-\Psi(\boldsymbol{r}_1, \boldsymbol{r}_2\,;\,\nu_1, \nu_2)$$

この Ψ の反対称性は式(11.16)によってさらに $\phi(\boldsymbol{r})$ と $X(\nu)$ の対称性に分けて，次のように表される．ここで関数の対称性を(＋)符号で，反対称性を(－)符号で記してある．

$$\left.\begin{aligned}\Psi_{S-}(\boldsymbol{r}_1, \boldsymbol{r}_2\,;\,\nu_1, \nu_2)&=\Phi_+(\boldsymbol{r}_1, \boldsymbol{r}_2)X_-(\nu_1, \nu_2)\\ \Psi_{T-}(\boldsymbol{r}_1, \boldsymbol{r}_2\,;\,\nu_1, \nu_2)&=\Phi_-(\boldsymbol{r}_1, \boldsymbol{r}_2)X_+(\nu_1, \nu_2)\end{aligned}\right\} \tag{11.17}$$

このように 2 種類の組合せで Ψ_- が表現されるので，一応それらを S と T の記号で区別しておく．

（1）　**軌道関数$\Phi(\boldsymbol{r}_1, \boldsymbol{r}_2)$**

2 電子系の $\Phi(\boldsymbol{r}_1, \boldsymbol{r}_2)$ は独立粒子モデルによれば，各電子の個別のシュレディンガー方程式

$$\mathscr{H}_{01}\phi_1(\boldsymbol{r}_1)=E_{01}\phi_1(\boldsymbol{r}_1), \qquad \mathscr{H}_{02}\phi_2(\boldsymbol{r}_2)=E_{02}\phi_2(\boldsymbol{r})$$

の固有解 $\phi_1(\boldsymbol{r}_1)$，$\phi_2(\boldsymbol{r}_2)$ の積によって，次のように表されることを式(11.11)ならびに式(11.13) で学んだ．

$$\left.\begin{aligned}\Phi_+(\boldsymbol{r}_1, \boldsymbol{r}_2)&=\phi_1(\boldsymbol{r}_1)\phi_2(\boldsymbol{r}_2)+\phi_1(\boldsymbol{r}_2)\phi_2(\boldsymbol{r}_1)\\ \Phi_-(\boldsymbol{r}_1, \boldsymbol{r}_2)&=\phi_1(\boldsymbol{r}_1)\phi_2(\boldsymbol{r}_2)-\phi_1(\boldsymbol{r}_2)\phi_2(\boldsymbol{r}_1)\end{aligned}\right\} \tag{11.18}$$

原子や分子（化合物）内で多くの電子が相互作用しながら，新しい軌道状態に 1 電子とは異ったエネルギーで分布する問題を解くときにはこのように，はじめ（第 0 近似）の ϕ_1，ϕ_2 にもとの（He）原子内にそれぞれ 1 つの電子が独立

に存在するときの1電子軌道関数を採用する．それは水素原子の問題を7章で学んだが，そのときの核電荷を $2e$ にすればよく，基底エネルギー状態 $E_0(n=1, l=0, m=0)$ に対応するものとして

$$\varphi_{1s}(r)=C\exp\left[-\frac{r}{a}\right]$$

の形で与えられることが式 (7.36) 以下に記されている．2つの電子はこの $1s$ 軌道 ($n=1, l=0$, $m=0$) にスピン量子数 m_S を $+1/2$ と $-1/2$ とした別の量子状態に存在することができる．

次に原子や分子内で多くの電子が相互作用しながら新しい軌道状態をつくって分布して，エネルギー変化を生ずる問題を扱うときに，式 (11.18) のようにもとの1電子軌道関数の線形和の形で表現して，近似を進めていく方法を原子軌道線形和近似法 (**LCAO 法**，Linear Combination of Atomic Orbitals) と呼ぶ．

(2) **スピン関数** $X(\nu_1, \nu_2)$

2つの電子のスピン状態としては，次の4つの組合せが考えられる．

$$\alpha_1(\uparrow)\alpha_2(\uparrow), \quad \beta_1(\downarrow)\beta_2(\downarrow), \quad \alpha_1(\uparrow)\beta_2(\downarrow), \quad \beta_1(\downarrow)\alpha_2(\uparrow)$$

はじめの項は電子 (1) および (2) が $m_S=+1/2$ の上向きスピン固有状態にあることを意味している．これらの組合せから (1) と (2) の粒子交換に対する対称 (+) あるいは反対称 (−) の $X_\pm(\nu)$ をつくると，次のようになる．

$$\left.\begin{aligned} X_+ &= \begin{cases} X_{+1}(\nu_1\nu_2)=\alpha_1(\uparrow)\alpha_2(\uparrow) \\ X_{+2}(\nu_1\nu_2)=\dfrac{1}{\sqrt{2}}\{\alpha_1(\uparrow)\beta_2(\downarrow)+\beta_1(\downarrow)\alpha_2(\uparrow)\} \\ X_{+3}(\nu_1\nu_2)=\beta_1(\downarrow)\beta_2(\downarrow) \end{cases} \\ X_- &= X_-(\nu_1\nu_2)=\frac{1}{\sqrt{2}}\{\alpha_1(\uparrow)\beta_2(\downarrow)-\beta_1(\downarrow)\alpha_2(\uparrow)\} \end{aligned}\right\} \tag{11.19}$$

このように X_+ には3種類あり，X_- は1種類である．

これらはいずれも式 (10.13) の演算子 $\hat{S}_z$，および $\hat{S}^2=\hat{S}_x{}^2+\hat{S}_y{}^2+\hat{S}_z{}^2$ の固有関数であり，次の期待値が得られる．

$$\langle X_{+1}|\hat{S}_z|X_{+1}\rangle=+1\hbar, \quad \langle X_{+2}|\hat{S}_z|X_{+2}\rangle=0\hbar, \quad \langle X_{+3}|\hat{S}_z|X_{+3}\rangle=-1\hbar$$

またこれら3種類の X_+ について，いずれも $\langle X_+|\hat{S}^2|X_+\rangle=2\hbar^2$．

さらに，X_- について，$\langle X_-|\hat{S}_z|X_-\rangle=0\hbar$，$\langle X_-|\hat{S}^2|X_-\rangle=0\hbar^2$．

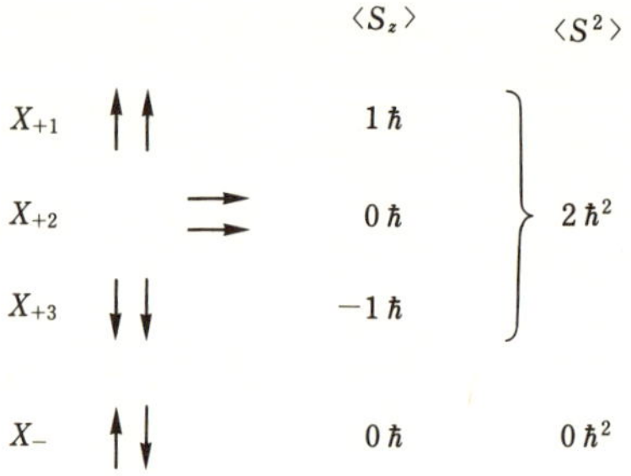

図 11.4　2 電子系のスピン配列モデル

これらのことから, 2 電子系のスピン配列状態は複雑のようであるが, 直観的なイメージとして図 11.4 のようなスピンのベクトル和を考えれば理解の助けになる. ただしこれはあくまでも古典的イメージであって, たとえば X_{+2} は式 (11.19) の表現では (↑↓) の項からなっている.

He 原子の分光実験ではこれらの状態への遷移に対応して, スペクトル分裂がある. X_+ では 3 本の線スペクトルとなるのでこれを **3 重項状態** (triplet state), また X_- では 1 本の線スペクトルであるので **1 重項状態** (singlet state) と呼ばれている.

一般にこの呼び名は分光実験とは離れても, $S=1$ 状態には T の符号を, $S=0$ 状態には S の符号をつけて式 (11.17) のように表す.

独立粒子モデルを基にした LCAO 法により, 第 1 近似としての固有関数は, 結局, 式 (11.18) の $\Phi_\pm$ と (11.19) の $X_\pm$ を式 (11.17) に代入した組合せから, この 2 電子系波動関数として得られることになる.

次にこの固有関数により, 相互作用 $\mathcal{H}'$ を含んだ新しいエネルギー固有値を求めよう. 式 (11.15) の $\hat{\mathcal{H}}=\mathcal{H}_0+\mathcal{H}'$ の中には, スピン変数 $\nu\nu'$ が含まれていないので, 次のように $\langle\hat{\mathcal{H}}\rangle$ の計算には $\Phi(r)$ と $X(\nu)$ を分けることができる.

$$E=\langle\Psi(r,\nu)|\hat{\mathcal{H}}|\Psi(r,\nu)\rangle=\langle\Phi(r)|\mathcal{H}_0+\mathcal{H}'|\Phi(r)\rangle\langle X(\nu)|X(\nu)\rangle$$

① スピン 3 重項状態 ($S=1$)

$$E_T=\left[\langle\Phi_-|\mathcal{H}_0|\Phi_-\rangle+\left\langle\Phi_-\left|\frac{e^2}{4\pi\varepsilon_0 r_{12}}\right|\Phi_-\right\rangle\right]\langle X_+|X_+\rangle \qquad \langle X_+|X_+\rangle=1$$

$$=2E_0(1s)+\langle\{\psi_1(r_1)\psi_2\left(\frac{r_2}{4\pi\varepsilon_0}\right)-\psi_1(r_2)\psi_2(r_1)\}\left|\frac{e^2}{4\pi\varepsilon_0 r_{12}}\right|$$
$$\times\{\psi_1(r_1)\psi_2(r_2)-\psi_1(r_2)\psi_2(r_1)\}\rangle$$
$$=2[E_0(1s)+K(1s)-J(1s)]$$

② スピン1重項状態（$s=0$）

$$E_S=\left[\langle\Phi_+|\mathcal{H}_0|\Phi_+\rangle+\left\langle\Phi_+\left|\frac{e^2}{4\pi\varepsilon_0 r_{12}}\right|\Phi_+\right\rangle\right]\langle X_-|X_-\rangle,\quad \langle X_-|X_-\rangle=1$$
$$=2E_0(1s)+\left\langle\{\psi_1(r_1)\psi_2(r_2)+\psi_1(r_2)\psi_2(r_1)\}\left|\frac{e^2}{4\pi\varepsilon_0 r_{12}}\right|\{\psi_1(r_1)\psi_2(r_2)\right.$$
$$\left.+\psi_1(r_2)\psi_2(r_1)\}\right\rangle$$
$$=2[E_0(1s)+K(1s)+J(1s)]$$

ただし

$$\left.\begin{aligned}K(1s)&=\left\langle\psi_1(r_1)\psi_2(r_2)\left|\frac{e^2}{4\pi\varepsilon_0 r_{12}}\right|\psi_1(r_1)\psi_2(r_2)\right\rangle\\&=\left\langle\psi_1(r_2)\psi_2(r_1)\left|\frac{e^2}{4\pi\varepsilon_0 r_{12}}\right|\psi_1(r_2)\psi_2(r_1)\right\rangle\\J(1s)&=\left\langle\psi_1(r_2)\psi_2(r_1)\left|\frac{e^2}{4\pi\varepsilon_0 r_{12}}\right|\psi_1(r_1)\psi_2(r_2)\right\rangle\\&=\left\langle\psi_1(r_1)\psi_2(r_2)\left|\frac{e^2}{4\pi\varepsilon_0 r_{12}}\right|\psi_1(r_2)\psi_2(r_1)\right\rangle\end{aligned}\right\}\quad(11.20)$$

で表されるものである．全体のエネルギーレベル変化を示すと，図11.5のようになる．$K(1s)$ は電子（1），（2）がともに（1s）軌道の r_1，r_2 の位置（図11.3参照）にいるときの電子間クーロン反発によるエネルギー増大を表しており，これを**クーロン積分**という．

$J(1s)$ は電子（1）が（1s）軌道の r_1 位置に，電子（2）が（1s）軌道の r_2 位

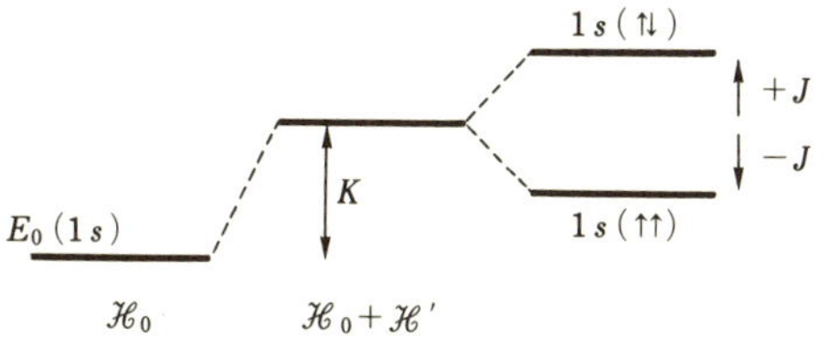

図 11.5　2電子間相互作用による各電子のエネルギー変化

置にある状態から電子間クーロン相互作用$e^2/4\pi\varepsilon_0 r_{12}$を通じて，その位置を交換することによるエネルギー変化を表す．それはスピン（および）軌道関数の対称反対称性により正負（$\pm J$）となる．Jを**交換積分**と呼び，このような効果を**交換相互作用**という．

1重項スピン状態（↑↓）と3重項状態（↑↑）の間のエネルギー差$2J$については，次のようにも理解される．すなわち同一の（1s）軌道を運動する2つの電子が図11.3のように↑と↓の異った量子状態にあるときはパウリ排他原理が働かないので，同じ空間に近接することができて，そのような波束分布の結果$\langle e^2/4\pi\varepsilon_0 r_{12}\rangle$のクーロン反発エネルギーが$2K$からさらに$2J$だけ増大する．それに対して2つの電子が↑と↑の同じ量子状態にある場合は，パウリ原理のために同じ空間で波束が重なり合うことを避けて互いに運動する．その結果，相互作用クーロンエネルギーが，まったく独立個別の運動状態の$2K$よりもかえって$2J$だけ減少する（図11.5参照）．

そのためこのJを電子のスピン間に働く相互作用による**交換エネルギー**という見方もできる．

このようにスピン配列が関係して，フェルミ粒子間の相互作用や粒子分布が変化することを**スピン相関効果**（spin correlation effect）という．

以上のような計算法は単に2電子問題だけでなく，一般の多体系問題に通用して用いられている．

演習問題

11.1　ヘリウム原子内2電子系のスピン固有関数である，式（11.19）のX_{+1}，X_{+2}，X_{+3}，X_{-}のおのおのについて，$\langle \hat{S}^2\rangle$，$\langle \hat{S}_z\rangle$の固有値が図11.4の表示のように得られることを計算で確かめよ．

11.2　$\varphi_{1s}(r)=C\exp[-r/a]$を用いて，式（11.20）の$K(1s)$，$J(1s)$を実際に計算する方法を図4.9および図11.3を参考にして考えよ．

12 結晶内電子状態と電導性

金属や半導体など固体内の電子はイオン格子の周期ポテンシャル内を運動して，エネルギーバンドやギャップなど多彩な特性を示す．ここでは量子力学の基礎からできるだけ平易に，ブロッホ関数の展開により電子の局在，非局在などの物性が理解できるように解説する．

金属や半導体，絶縁体など，エレクトロニクス材料はふつう結晶または微結晶の集合である．結晶とは，さきに7章で説明した図7.9のようにイオンが周期的に配列しており，その空間を進行する電子は周期的ポテンシャルを感ずる．各格子点の位置ベクトルを $\boldsymbol{R}$ とすると

$$\boldsymbol{R}=n\boldsymbol{a}+m\boldsymbol{b}+l\boldsymbol{c} \quad (n,\ m,\ l\ \text{は整数})$$

のように表されるが，そのまわりのポテンシャル $V(\boldsymbol{r})$ は，$V(\boldsymbol{r})=V(\boldsymbol{r}+\boldsymbol{R})$ の周期性をもつ．簡単のために1次元で考えると

$$V(x)=V(x+b) \tag{12.1}$$

すなわち b を周期として繰り返される．それでいま $V(x)=V_K\sin Kx$ のように表して式（12.1）に代入すると，$\sin Kx=\sin K(x+b)$ から $Kb=2\pi$ となり

$$K=\frac{2\pi}{b} \tag{12.2}$$

という特別な波数をもつことがわかる．

このような繰り返しポテンシャル $V(x)$ 内の電子の波動関数 $\psi(x)$ は

$$-\frac{\hbar^2}{2m}\frac{\partial^2}{\partial x^2}\psi(x)+V(x)\psi(x)=E\psi(x) \tag{12.3}$$

のシュレディンガー方程式によって，やはり特別な性質をもつことになる．それをこれからいろいろな場合について調べてみよう．

12.1　$E \ll V_0$ の場合（束縛電子近似）

電子波のエネルギー E がポテンシャルの高さ V_0 より十分に低ければ，電子は図 7.8 のおのおののポテンシャル障壁の間に閉じ込められて図 12.1(a) に表されるようになる（ここでは簡単のためにポテンシャル障壁の幅 a がきわめて小さい針状ポテンシャルで近似されている）．また，波動関数は式（4.13）のように

$$\psi(x) = u \cdot \sin\frac{n\pi}{b}x \tag{12.4}$$

で表され，電子波は進行波 $\exp[ikx]$ の形でなく伝播しない．またエネルギーは

$$E_n = \frac{\hbar^2}{2m}k^2 = \frac{\hbar^2}{2m}\left(\frac{\pi}{b}\right)^2 n^2 \tag{12.5}$$

と表され図 12.2(a) のように離散的となる．だから通常の大きさの電場が印加されても運動エネルギーが増加することができなくて電流が生じない．

周期律表の右端の不活性元素や左側と右側の元素が結合したイオン性結晶内では，電子はイオンによる束縛力が強くてこのモデルのように障壁ポテンシャル内に閉じ込められ絶縁体となっている．

12.2　$V_0 \ll E$ の場合（自由電子近似）

ポテンシャルの高さ V_0 が図 12.1(b)のように，入射電子波 $\psi(x)$ のエネルギー E に比べて十分に小さいので，4.1.1 項の場合のようにほとんど自由電子波で近似される．すなわち式（12.3）の固有解

$$\psi(x) = u \cdot \exp[ikx] \tag{12.6}$$

において振幅 u は x によらずほとんど一定である．そのため $E(k)$ 分散関係は

$$E = \frac{\hbar^2 k^2}{2m}$$

となり，図 12.2(b) に示されるように連続的である．

その結果，電子は電場 $\boldsymbol{E}$ が印加されると加速によって連続的に運動エネルギー増大が可能であり電導性が得られる．実際に周期律表の左端に位置するアル

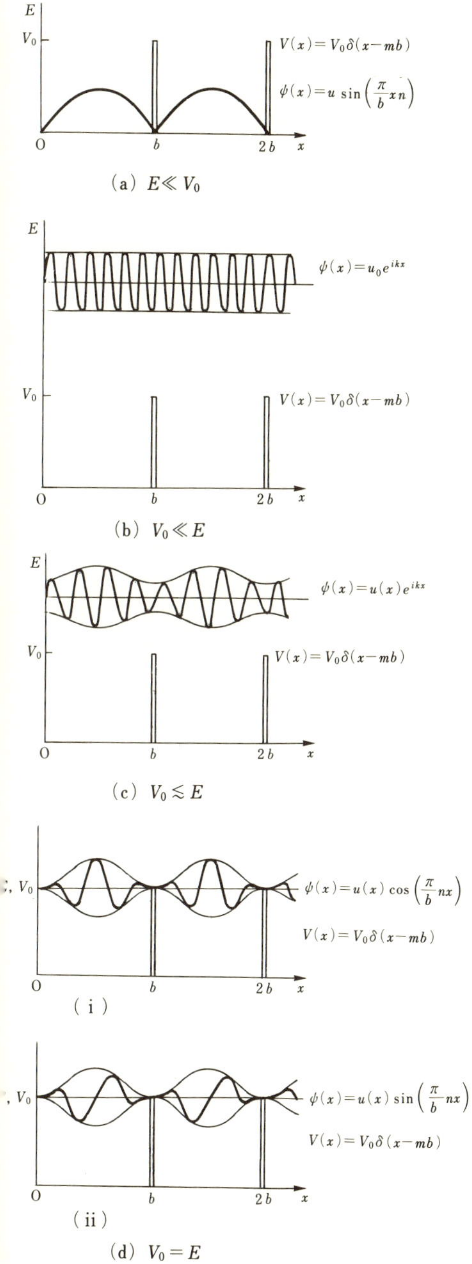

図 12.1 ポテンシャル $V_0\delta(x)$ とエネルギー E の関係による波動関数 $\psi(x)$ の変化

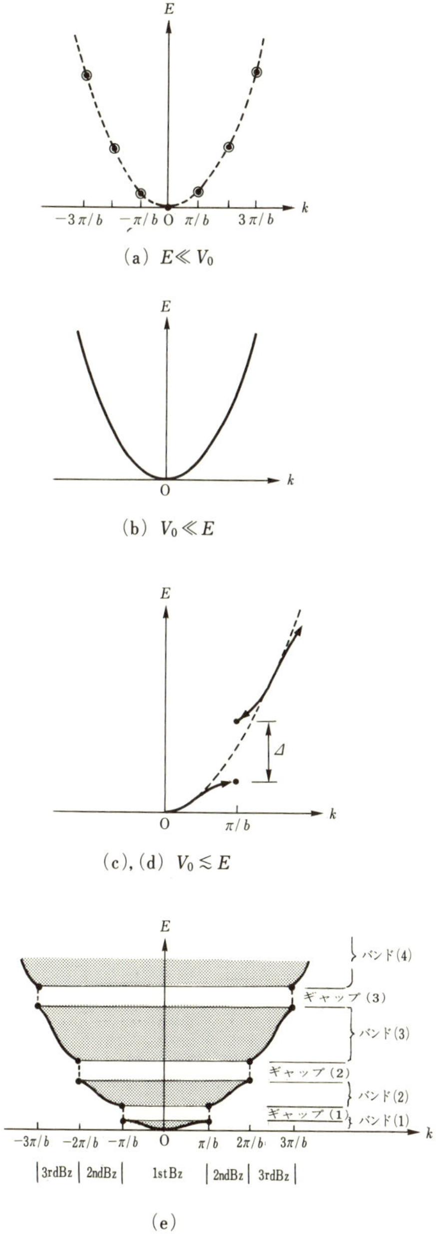

(a) $E \ll V_0$: $V(x) = V_0\delta(x-mb)$, $\psi(x) = u\sin\left(\frac{\pi}{b}xn\right)$

(b) $V_0 \ll E$: $\psi(x) = u_0 e^{ikx}$, $V(x) = V_0\delta(x-mb)$

(c) $V_0 \lesssim E$: $\psi(x) = u(x)e^{ikx}$, $V(x) = V_0\delta(x-mb)$

(d) $V_0 = E$:
 (ⅰ) $\psi(x) = u(x)\cos\left(\frac{\pi}{b}nx\right)$, $V(x) = V_0\delta(x-mb)$
 (ⅱ) $\psi(x) = u(x)\sin\left(\frac{\pi}{b}nx\right)$, $V(x) = V_0\delta(x-mb)$

図 12.2 エネルギー E と波動 k の分散関係 $E(k)$

(a) $E \ll V_0$

(b) $V_0 \ll E$

(c), (d) $V_0 \lesssim E$

(e) バンド(4), ギャップ(3), バンド(3), ギャップ(2), バンド(2), ギャップ(1), バンド(1) ; $|3\text{rdBz}|2\text{ndBz}|\ 1\text{stBz}\ |2\text{ndBz}|3\text{rdBz}|$

カリ金属元素などでは価電子はイオンに緩く結合するだけで自由電子に近いので，このモデルのような電導性が得られている．

12.3　$V_0 \leq E$ の場合（中間状態）

自由電子近似の $V_0 \ll E$ から電子波のエネルギー E が低下して障壁の高さ V_0 に近くなると，電子波は式（12.3）から周期ポテンシャルの影響を受けることになる．そのため式（12.4）の $\psi(x)=u\cdot\exp[ikx]$ で，振幅 u が式（12.2）の波数 $K=2\pi/b$ によって変調（modulate）される結果

$$\psi(x)=u_K(x)\cdot\exp[ikx] \tag{12.7}$$

の形となる．ここで

$$u_K(x)=u_K(x+b) \tag{12.8}$$

である．式(12.8)の性質をもった式（12.7）の関数を**ブロッホ関数**といって伝導電子の状態関数の基本である．

その様子を図 12.1(c) に表す．これは電子の存在確率密度が

$$P(x)=|\psi(x)|^2=|u_K(x)|^2$$

で障壁の間にある程度滞在する様子を反映している．しかし式（12.6）にはまだ伝播する $\exp[ikx]$ の形式が存在するので基本的に進行波であり，$\psi(x)=u\cdot\exp[iKx]\exp[ikx]=u\cdot\exp\left[i\frac{2\pi}{b}x\right]\exp\left[i\frac{\sqrt{2mE}}{\hbar}x\right]$ の位相は障壁に完全には拘束されていない．

周期律表の中間部に位置する多くの元素ではこのような中間状態であり，半導体や半金属としてある程度の電導性をもっている．

12.4　$V_0 \sim E$ の場合（共鳴状態）

さらに E が V_0 に近づくとどうなるだろうか．いままでポテンシャルとは独立であった電子波の波数 k が K に引き込まれ共鳴して，$\psi(x)$ の位相がポテンシャル $V(x)$ と同調するようになる．その様子を図 12.1(d)に表す．すなわち k が $K/2$ に近づくと各ポテンシャルの谷間に電子波もまた同じ形で繰り返されるようになる（位相の lock）．

そのときに電子波のエネルギー $E=(\hbar^2/2m)k^2$ は実は，単純に(7.24)の$(\hbar^2/2m)^2(K/2)^2$ とはならずに，2つの場合に分かれる．すなわちイオンポテンシャルの中心で図12.1(d) に示すように電子の確率密度 $P(x)$ が最大になる場合(i) と，最小になる場合 (ii) で，電荷とポテンシャルの積に当たるクーロンエネルギー

$$E_Q=\int\psi^*(x)\,qV(x)\,\psi(x)\,dx=q\int P(x)\,V(x)\,dx \tag{12.9}$$

に差が生じて次の2つのエネルギー状態に分裂する．

$$E=E_{K/2}\pm E_Q$$

分裂の大きさ

$$\Delta=2E_Q$$

は式 (12.9) からわかるように障壁ポテンシャルの高さ $V(x)$ に比例する．この Δ を**ギャップエネルギー**という．またそのエネルギー分散関係 $E(k)$ は図12.2(d) の $k=\pi/b$ でのように表されることになる．

この点での波動関数は7.1.5項での説明のように

$$\psi_\pm(x)=u\cdot\left(\exp\left[in\left(\frac{K}{2}\right)x\right]\pm\exp\left[-in\left(\frac{K}{2}\right)x\right]\right)\simeq u\left\{\begin{array}{l}\cos n\left(\dfrac{K}{2}\right)x\\[2ex] \sin n\left(\dfrac{K}{2}\right)x\end{array}\right. \tag{12.10}$$

の2つの定在波となって伝播しない．

12.5 全体の分散関係

以上のことから，結晶ポテンシャル V に対して電子のエネルギー E を連続的に変化させたときの $E(k)$ 分散関係をまとめると図12.2(e) のようになる．すなわち $k=\sqrt{2mE}/\hbar$ が $K/2=\pi/b$ より十分に大きい (または小さい) ところでは，自由電子近似の図12.2(b) と同じ $E=(\hbar^2/2m)k^2$ の連続曲線で表される．ところが $k=K/2=(\pi/b)n$ の点では図12.2(d) のように $E=(\hbar^2/2m)^2(K/2)^2\pm E_Q$ の2点に分裂する．それでは k が $K/2$ に近づく領域では分散曲線はどのようになるのか．結果は図12.2(e) に示されている．この問題は自由電

子状態の波動関数 $\psi(x)=u\cdot\exp[ikx]$ に周期ポテンシャル $V(x)$ の影響を9.1 節の摂動法で繰り入れることによって計算することができる．

この場合，摂動ポテンシャル δV は実数のクーロンポテンシャルなので式(9.20) において

$$\langle k|\delta V|k\rangle = V(k) \qquad \langle k|\delta V|k'\rangle\langle k'|\delta V|k\rangle = |V(k,k')|^2$$

として，新しい状態エネルギー $E(k)$ は次のように表される．(演習問題 12.3 参照)

$$E(k)=E_0(k)\pm q\left[V(k)+\sum_{k'\neq k}\frac{|V(k,k')|^2}{E_0(k)-E_0(k')}\right] \qquad (12.11)$$

ここで $E_0(k)$ は無摂動基底状態エネルギーの $(\hbar^2/2m)k^2$ で式 (12.6) に相当する．第 2 項以下は周期ポテンシャル $V(x)$ による摂動エネルギーであるが，± と分裂するのは式 (12.9) のクーロン積分において，$\psi(x)$ が共鳴状態で $\cos kx$ と $\sin kx$ に分かれることによるものと説明される．しかし 12.8 節で述べるように，別にキャリアに電子だけでなく正孔も考えるとその電荷 q の正負によっても±の分枝は生じるとも考えられる．

式(12.11) に従って分散曲線を考えると，第 2 項は 1 次摂動エネルギーで $V(k)$ は周期ポテンシャル $V(x)$ の k 成分でありポテンシャルの形から，$k=K$ より高調波は急激に減少する．第 3 項は 2 次摂動によるもので，ポテンシャルを通じて電子波の $|k\rangle$ から $\langle k'|$ への遷移確率 $|V(k,k')|^2$ による状態の混じり込みからくるエネルギー変化であるが，分子は $k-k'$ が K からずれると小さくなり，逆に分母は $|k-k'|$ とともに大きくなるので第 3 項は k が $\pm nK/2$ からのずれにより連続的に減少する．その結果 $E(k)$ は第 1 項 $E_0(k)$ の無摂動連続曲線に近づく．逆に k が $\pm nK/2$ に近づくにつれて徐々に第 2, 3 項が大きくなり，曲線は図 12.2(b) から漸次外れて図 12.2(c) に接続する．

エネルギーを考えると，電子波の波数 k が周期ポテンシャルの半波数 $K/2$ に近づくと，k が変わってもあまり E が変化しなくなる．これは電子の有効質量 $m^*=\hbar^2\Big/\left(\dfrac{\partial^2 E}{\partial k^2}\right)$ が重くなって，電場が加わってもあまり加速されなくなり電導度が低下する．そして最後に分散曲線が水平，すなわち勾配ゼロ（有効質量∞）となって $K/2$ 点に接続し，電子波は反射されて進行しなくなる．

12.6 バンド構造とブリュアン帯

図 12.2(e) のグラフをエネルギー軸から眺めると分散曲線が連続的な波数領域ではエネルギー固有状態は連続して分布しているので**エネルギーバンド**または**伝導帯**という．これに対して $k=K/2$ では $E=\frac{\hbar^2}{2m}(K/2)^2\pm\Delta$ の 2 点間に，エネルギー固有値は存在しないので**禁制帯**または**エネルギーギャップ**という．このような**ギャップ**は $K/2$ の高調波成分 $k=nK/2$ でも生じるので，図 12.2(e) のように波数 $k=0$ の原点から順にバンドとギャップが交互に現れる．そのバンド領域を波数の小さい方から第 1, 第 2, …**ブリュアン帯(Bz)** という．またギャップが存在する点を**帯境界**という．

ここでは波数は x 方向の 1 次元でしか考えていないが，実際の結晶では 3 次元波数空間に図 4.5 および演習問題略解の図 4 のように，各ブリュアン帯が原点を取り囲む多重の角柱錐の形で存在している．

12.7 多数電子系のフェルミ面

いままでは電子波の固有状態について述べてきたが，結晶内には多数の価電子が存在している．それらは 11.4 節で説明したようにパウリ原理に従うフェルミ粒子系である．そのため波数空間の原点からの距離に比例するエネルギーの小さい固有状態から多数の電子が順に図 11.2 に示されるように占有してゆく．自由空間であればその結果の最大エネルギー電子分布面であるフェルミ面は単純な球面であるが，結晶内の周期ポテンシャル空間では 12.6 節で述べたブリュアン帯の存在によって事情が異なってくる．そして電場が加わったときにその方向に運動エネルギーを増加させて電流を発生するのはフェルミ面近くの電子だけである．それでフェルミ面が帯境界に近付くと，フェルミ縮退している電子系全体が動けなくなって導電性が消失する．

12.8　フェルミ面とブリュアン帯境界の関係

まず，各物質によってフェルミ面はどのブリュアン帯まで上昇してくるのであろうか．それは各ブリュアン帯に存在する電子の固有状態の数に関係するのであるが，実は各バンドには結晶を構成するイオンの総数の2倍までの電子を収容できる状態が存在する．

この事実は，12.3節の中間状態の別の説明として式(12.7)の代わりに12.1節の式(12.4)から出発して，それがイオン間のポテンシャル障壁が低くなってくると隣のイオンからの摂動により電子が飛び移り（状態遷移）の性質をもつという**束縛電子近似**で，図12.2(e)と同様の分散曲線を得る方法がありそれで説明できる．

すなわち各ブリュアン帯のエネルギーバンドに所属する固有状態はもともとイオンに局在した1つの電子状態であるが，それが11章のスピン自由度を考えると2つの状態であった．それがさらに他のN個のイオンからの摂動により結局$2N$個に分かれたものが各ブリュアン帯の固有状態になっていると考えられるからである．

だから，価電子が1個の元素による結晶では電子の総数はN個であり，第1ブリュアン帯の中間部にフェルミ面があり，分散曲線が自由電子的なので金属電導性が示される．ところが2価のイオンによる結晶では第1ブリュアン帯が満たされてフェルミ面はギャップのある帯境界に大部分がくるので絶縁体的となる．つまり奇数価電子をもつ結晶（たとえばNaやAl）は金属的で，偶数価電子の結晶（たとえばMgやSi）は絶縁体または半導体的であることが原理的に説明される．

ところが第2，第3ブリュアン帯ともなると事実はそう簡単ではない．問題を複雑にする原因の1つは原理的に球形の特性をもつフェルミ面と角柱的な形状のブリュアン帯との幾何学的な非調合である．合金や金属間化合物などで成分を変えて価電子数を増大させていくと，球面の一部はブリュアン帯境界のギャップに達するが角柱の隅の方向ではまだ自由なフェルミ面のままである．そのため電導度に異方性が生じる．

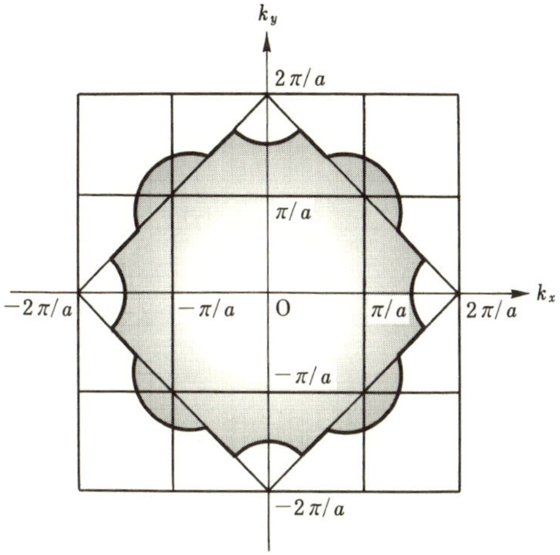

図 12.3 2次元ブリュアン帯でのフェルミ面異方性

もう1つの原因は図 12.2(e) に示された $E(k)$ 分散曲線の $E_0(k)=(\hbar^2/2m)k^2$ からのずれにある．12.5 節に説明したように波数 k がブリュアン帯境界の $K/2$ に近づくと曲線の勾配 $\partial E/\partial k$ が小さくなる．

電子波の固有状態は $\boldsymbol{k}$ 空間では式 (4.12) および図 11.2 に表されているように等間隔（δk）分布なので**状態密度**は一定である．ところがこれをエネルギー軸に変換するとき，$E(k)$ 分散曲線の勾配 $\partial E/\partial k$ が小さいところでは同じ δk に対応する δE が小さいので逆に単位エネルギー当りの固有状態密度は増大する．そして図 12.2(e) のバンド端 $k=K/2$ の点では勾配がゼロなので，理論的に∞のピークをもつエネルギー状態密度となる（**vanHove の特異性**）．

そうすると合金や半導体でキャリア電子数を増大させてフェルミ面を膨張させていくとき，ブリュアン帯境界近くの領域ではエネルギーをあまり増大させずに $\boldsymbol{k}$ 空間で固有状態を増していくことができる．すなわち 3 次元 k 空間では等エネルギー面に相当するフェルミ面は境界近くの部分がどんどん進展してギャップに達し，一方境界に遠い角隅の方向はなかなか伸びなくて自由な面で留まっている．その結果実際の結晶物質のフェルミ面は図 12.3 に例示するようにおよそ球面からはかけ離れた異方的形状となる．

演習問題

12.1　x 方向が周期 $2a$, y 方向が周期 a のイオン配列をもつ2次元結晶の，波数空間 k_x, k_y 面を考え，第1，第2，第3ブリリュアン帯の境界線を記せ．またこれらをミラー指数 $[h, k, l]$ で記述せよ．

　つぎに各帯域の面積が等しいことを計算して示せ．

12.2　上記の2次元結晶が，x 方向に L_x, y 方向に L_y の長さをもつとき，イオンの総数 N はいくらか．つぎに第1ブリリュアン帯内の電子波の固有状態数をスピン自由度も考えて計算せよ．

12.3　式 (12.9) のエネルギー分散関係式を9.1節の摂動法で計算せよ．ただし周期ポテンシャル $V(x)$ の波数成分としては基本周期の $V(K)$, $V(-K)$ だけを考える．

13 エレクトロニクスへの応用

トランジスタや発光ダイオードなど，エレクトロニクス素子の開発進歩は目ざましく，それらの理解と応用がなくては現代社会での生活やさらに技術開発の発展は困難である．専門的な知識やトピックスは他書に譲るとして，いままでの基礎的な学習から量子井戸型レーザーなど，応用への初歩的な入門ガイドを行う．

13.1 半金属と半導体

図 12.3 の場合には帯境界でのエネルギーギャップが小さいので，角隅の部分が完全に埋まらないうちに，一部の境界でギャップを超えて外側の帯域にフェルミ面が進展して，電子キャリアが存在している．角隅に空白としてとり残された部分は逆に見れば，充満された電子状態に対して空孔キャリアがブリュアン帯の角隅から生まれてそのフェルミ面が存在しているものとも考えることができる．このように同じフェルミ面の上で方向によって電子や空孔が並存するものを**半導体**や**半金属**という．

図 12.2(d) において $k=n\pi/b=K/2$ のギャップ点の上下に対称的に分散曲線が接続されているのは，上部分は電子的で下部分は空孔的に対応し，両者は電荷が反対のキャリアとすればクーロンエネルギーが正負対称になっている．**実用の半導体結晶**に利用される Si や Ge などの 4 価物質では，イオン殻と電子の（共有性）結合力が強くて周期ポテンシャルが比較的高いのでエネルギーギャップが図 12.3 の場合よりは大きくて，第 2 ブリュアン帯が充満している．そのような場合を真性半導体という．

この状態に Al や Ga などの 3 価の不純物元素を加える（**ドーピング**）ことに

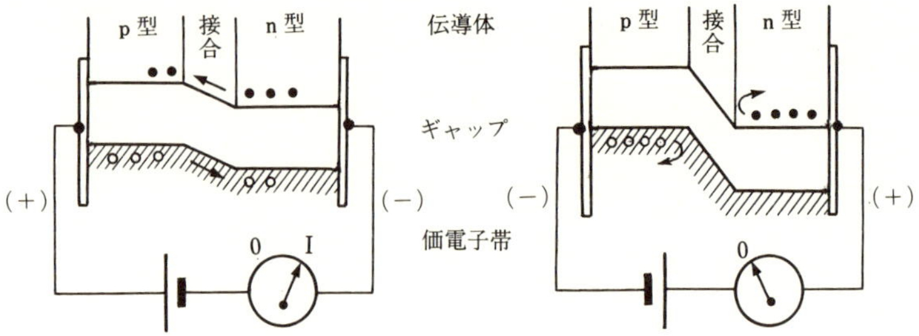

図 13.1 p-n 型半導体接合の整流特性

より，エネルギーギャップの下端すなわち図12.3の波数 k 空間の第2ブリュアン帯の角隅に正孔をわずかに導入してp型とするか，あるいはPやAsなどの5価の元素によりギャップの上端で，第3ブリュアン帯の中央に近い部分に電子キャリアをわずかに導入してn型半導体とする．

これらのp型, n型半導体間の**接合**により, よく知られた**ダイオード**や**トランジスタ**などの**エレクトロニクス素子**が構成される．すなわちp-n接合界面での電荷の移動に図13.1のように整流特性や，さらにp-n-p接合で電流増幅作用を生じさせることができる*⁾.

13.2　化合物半導体とエレクトロニクス

3価元素のGaと5価元素のAsなどを化合物にした場合でも平均4価の半導体が得られる．

この場合SiやGeに比べてバンド構造の分散曲線 $E(k)$ において，勾配 $\partial^2E/\partial k^2 \propto (m/m^*)$ が大きくなり, 有効質量 m^* が小さい. (Geでは $m^*=0.2m$ であるのが，GaAsでは $m^*=0.07m$) そのため易動度 $\mu=e\tau/m^*$ が大きくなり電場でキャリアが容易に加速されるので**高易動度半導体**と呼ばれ，速い情報処理のための素子，たとえば**HEMT** (High Electron Mobility Transistor) が開発されている．このように結晶媒質中では電子は真空中よりもはるかに身軽 ($m^* \ll m$) に動くことが可能なのである．

*) 詳細は本シリーズ白藤純嗣著「半導体工学」(共立出版) 3, 4章参照

GaAsの化合物半導体にはもう1つの大きな応用面がある．GeやSiの場合にはブリュアン帯域が図12.3のようになって波数空間で，電子と正孔のフェルミ面の存在する方向が異なっている．それがGaAsではバンド構造の関係で同じk空間点のギャップの上下において，電子と正孔が存在する**直接遷移型半導体**である．そのため価電子帯と伝導帯の間で運動量がゼロに近い*) 光子が吸収，放出される確率がGe, Siに比べて10^3倍も大きい．だから光と半導体素子の相互作用が強くて**LED**（Light Emission Diode）と呼ばれる発光ダイオードなど，**オプトエレクトロニクス**に利用することができる．

赤色LEDは既に開発されていたが，高エネルギー定常励起を必要とする青色LEDは，最近InGaN半導体を利用して漸く可能となった．

青色LEDの利点はgap内に種々のエネルギーレベルをもつ蛍光体などを添加して，カスケード放出光により全体として太陽光に近い白色発光源を有効に実現したことである．生体生理に太陽光は欠かせない．

13.3 人工格子の量子井戸

GaAsのGaを，同じ3価のAlで置換すると両者のイオンポテンシャルや電子親和力の差などから，ギャップの大きさや価電子帯のレベルに違いが生じる．それでいまGaAsと，そのGaをAlで0.3程度置換した$Ga_{0.7}Al_{0.3}As$の両物質を交互に積層して多層薄膜の接合を作成すると，電子が往来してフェルミレベルが同じに調節される結果，層ごとにイオンのポテンシャルレベルが上下して7.1.5項の図7.8に示されているような周期ポテンシャル配列が生成されるが，これを**量子井戸**という．

この場合山と谷の幅a, bは両物質の積層厚みであり，最近のナノテク技術によれば10^{-9}～10^{-8} mで自由な選択が可能である．これは1次元方向の**人工格子**であり，井戸ポテンシャル内での離散型エネルギーレベルが実現している**)．

---

*) 光子では光速cが大きいので運動量$p=\hbar k=h\nu/c$はエネルギー$E=h\nu$に比べてきわめて小さい．

**) しかも積層面内では2次元的な広がりがある電子状態なので，演習問題13.1に示されているように状態密度$D_2(E)$がエネルギーによらずに一定という特徴がある．

いまこの谷の幅 b を 5 nm とすると，式（4.13）から単一井戸型ポテンシャル内の基底状態エネルギーレベルは

$$E_1=\frac{\hbar^2}{2m}\left(\frac{\pi}{b}\right)^2=1.3\times10^{-2}\ \mathrm{eV}$$

ところがこの真空中の状態に比べて，GaAs の半導体内では電子の有効質量が $m^*/m=7\times10^{-2}$ のように軽いため，次のようにより高いレベルとなる．

$$E_1^*=\frac{\hbar^2}{2m^*}\left(\frac{\pi}{b}\right)^2=0.19\ \mathrm{eV}$$

さらにこの単一井戸が多重積層による周期的量子井戸になると，結晶格子での図 12.2(e)のようなミニバンドが形成されて元の離散型エネルギーレベルに幅が生じる．その結果キャリアは周期井戸ポテンシャル間を移動することができる．

たとえば GaAs/GaAlAs の場合には図 13.2 に示すように本来の半導体結晶格子の周期ポテンシャルによるエネルギーギャップ Δ の上下にこの微細な幅をもったレベルが分布することになる．そしてこれらの Δ を挟んだレベル間の電子正孔対の励起再結合によって光子の吸収発生が生じるが，いくつかのレベル間に選択可能性がある．

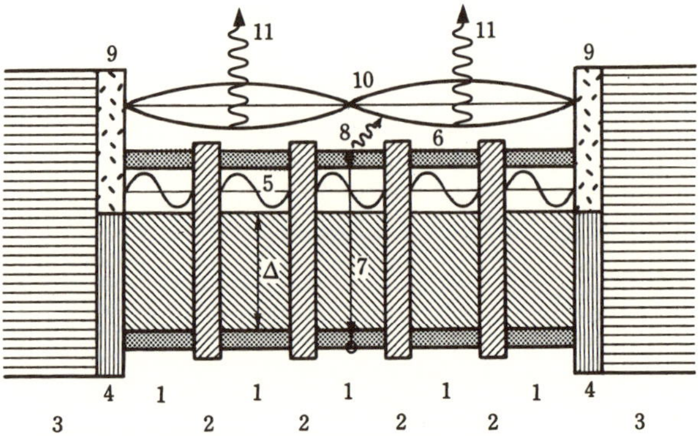

図 13.2　半導体井戸型レーザーの構造
1）120Å GaAs，2）35Å $Ga_{0.8}Al_{0.2}As$
3）キャリア注入用半導体(GaAlAs)，4）注入用接合
5）電子波，6）周期構造ミニバンド，7）電子正孔結合
8）光子放出，9）光反射膜
10）共鳴光波，11）レーザー発光

GaAsでは格子イオンポテンシャルVから式(12.9)を使って計算すると$\Delta=1.5\,\mathrm{eV}$となるが，

$$E=h\nu=1.53,\ 1.59,\ 1.69\,\mathrm{eV}$$

などの光子が観測されている．このEはΔに上記のレベルエネルギーE_1^*が加わったものである．Eを波長λに換算すると$h\nu=1.53\,\mathrm{eV}$の場合，巻末の換算表から$\lambda=0.81\,\mu\mathrm{m}$程度であり，赤色可視光に相当する．

13.4 発光ダイオード

この半導体層に両側の接合から注入された電子正孔結合による発光が一般の発光ダイオード（LED）の原理であるが，さらに特定の波長λに共鳴する構造を加えると鋭い単色光のレーザーとなる．いま図13.2に示されるように全体の厚みを$\lambda=0.81\,\mu\mathrm{m}$に合わせて多重積層して，その両側に光反射膜を作成すると光共振器が成立する．

まずこの量子井戸に隣接するn型およびp型の半導体との間の接合に，図13.1に示されているように電圧を加えてキャリアを**注入**（pumping）すると多数の電子-正孔対がギャップを挟んで分布することになる．いまその一部が自発再結合して光子を放出した場合，そのうち共鳴波長のものが反射膜の間を往復して，それに相当する励起子の再結合を生じさせて発光して反射する．これがさらに次々と誘導放射を促して発振状態となり強力なレーザー光が多重積層に沿って発生する．これが最近のオプトエレクトロニクスで実用されている**量子井戸構造レーザー**の原理である．

さらに最近はGaN系の多重積層素子による青色レーザーが開発されると，それより低エネルギー励起の赤緑色蛍光体をさらに組み合わせることにより，全体として白色発光の高効率照明器具が広く開発利用されようとしている．

このような量子エレクトロニクスの理解と技術開発には量子力学の理解が欠かせない．

演習問題

13.1　図11.2のように，3次元 $\boldsymbol{k}$ 空間内の自由電子状態は等確率密度 $2\times(\pi/L)^{-3}$ で分布している．だから波数の大きさ k での状態密度 $D_3(k)$ は

$$D_3(k)\,\delta k = 4\pi k^2 \times 2 \times \left(\frac{\pi}{L}\right)^{-3} \delta k$$

である．次に $E=(\hbar^2/2m)\,k^2$ の関係でエネルギー状態密度 $D_3(E)$ を求めると，$D_3(E)\,\delta E = D_3(k)\,\delta k$ だから

$$D_3(E) = D_3(k) \times \left(\frac{dE}{dk}\right)^{-1}$$

で計算される．実際に $D_3(k)$ と $E(k)$ を使って計算して，3次元エネルギー状態密度 $D_3(E)$ が $E^{1/2}$ に比例することを示せ．

同様にして2次元，1次元での $D_2(E)$，$D_1(E)$ がそれぞれ E^0，$E^{-1/2}$ に比例することを計算で示せ．

演習問題略解

1.1　もし物質がどこまでも細分できる連続体であるならば，たとえば砂糖水と塩水を任意の割合に採り合わせていくらでも異った組成体が合成できることになり，2：1のように定比の理由がなくなる．

一方，物質存在単位が有限の原子であっても，それが大変小さい($1\,\mathrm{cm}^3$ の中に 10^{22} 個程度)ので，微小部分では1個のA原子の周囲に1個のB原子，2個のB原子，…のようにいろいろの決まった割合の反応組成であっても，全体の $A_{1-x}B_x$ 合金の内部ではそれらが現れる割合がAとBの全体割合 $\left(\dfrac{x}{1-x}\right)$ に応じて変化して，見かけ上は $0<x<1$ の連続した割合で一様な合金が可能となる．

1.2　人体の構造の特徴として，手の運動を支配する筋肉は1つでなく，必ず関節の両側にそれを伸ばす筋と曲げる筋があって，物体を支えてただ保持している場合にも両者はつねにエネルギーを消費して交互に収縮する活動を行っており，そのバランスによって一定の位置を保っている．そのため物体を重力に抗して変位する運動を行っていない場合にもエネルギーが消費される．

1.3　$L=10^{-7}\,\mathrm{m}=2\left(\dfrac{\pi}{3n}\right)^{\frac{1}{3}}$ を解いて，$n=10^{22}/\mathrm{m}^3$

集積面密度 $=\dfrac{1}{L^2}=10^{10}/\mathrm{cm}^2$

2.1　$\dfrac{n_2}{n_1}=\dfrac{k_2}{k_1}=\dfrac{\lambda_1}{\lambda_2}=\dfrac{v_1}{v_2}=\dfrac{\overline{\mathrm{PO}_2}}{\overline{\mathrm{QO}_1}}=\dfrac{\sin\theta_1}{\sin\theta_2}$

2.2　$\Delta E_{nn'}=h\nu_{nn'}=chR_H\left[\dfrac{1}{n^2}-\dfrac{1}{(n+q)^2}\right]=\dfrac{chR_H}{n^2}\left[1-\left(1+\dfrac{q}{n}\right)^{-2}\right]\simeq 2q\left|\dfrac{E_n}{n}\right|$

2.3　$E=-\dfrac{e^2}{8\pi\varepsilon_0 r}=-\dfrac{chR_\mathrm{H}}{n^2}$　　$\therefore\ \ r=\dfrac{e^2}{8\pi\varepsilon_0 chR_H}n^2$

$$\therefore\ \ p=\sqrt{2m|E|}=\sqrt{2mchR_H}\cdot\frac{1}{n}$$

$$\oint p\,dr=2\pi rp=\frac{e^2}{4\varepsilon_0}\sqrt{\frac{2m}{chR_H}}\,n\equiv nK$$

2.4　問題2.3の K を式 (2.12) に従って h とおくと

$$\frac{e^2}{4\varepsilon_0}\sqrt{\frac{2m}{chR_H}}=h$$

これを R_H について解く．

$m=9.1\times10^{-31}$ kg，$e=1.6\times10^{-19}$ クーロン，$\varepsilon_0=8.9\times10^{-12}$ F/s，$h=6.6\times10^{-34}$ J·s を用いて計算せよ．

2.5　$E=10^5\mathrm{eV}=\dfrac{1}{2}mv^2 \qquad \therefore\quad v=1.9\times10^8(\mathrm{m/s})$

$$E=h\nu=1.6\times10^{-14}(\mathrm{J}) \qquad \nu=2.4\times10^{19}(\mathrm{s}^{-1}=\mathrm{Hz})$$

$$E=eV=\frac{p^2}{2m},\ p=\hbar k=\frac{h}{\lambda} \qquad \therefore\quad \lambda=\frac{h}{\sqrt{2meV}}$$

$$\lambda=3.9\times10^{-12}(\mathrm{m})$$

3.1　$E=mc^2=c^2\left[m_0{}^2+\left(\dfrac{m_0v}{c}\right)^2\right]^{\frac{1}{2}}=c\sqrt{m_0{}^2c^2+p^2}$

$E=\hbar\omega$，$p=\hbar k$を用いると

$$\omega^2=\left(\frac{m_0c^2}{\hbar}\right)^2+c^2k^2$$

$\hbar\omega=i\hbar\dfrac{\partial}{\partial t}$，$\hbar k=-i\hbar\nabla$ を用いると

$$\left(\frac{\hbar}{c}\right)^2\frac{\partial^2\psi}{\partial t^2}=\hbar^2\nabla^2-m_0{}^2c^2$$

3.2　$\mathscr{H}\psi=-\dfrac{\hbar^2}{2m}\nabla^2\psi+V\psi=E\psi, \qquad \psi^*\mathscr{H}\psi=-\dfrac{\hbar^2}{2m}\psi^*\nabla^2\psi=\psi^*(E-V)\psi$

ここで ∇^2 という微分演算子はその右側の関数 ψ にだけ演算されるので，$\psi^*\nabla^2\psi\rightarrow\nabla\psi^*\nabla\psi=|\nabla\psi|^2$ とはならない．

すなわち $\hat{\mathscr{H}}=\dfrac{1}{2m}\hat{p}^2+V$ であっても $\psi^*\hat{\mathscr{H}}\psi=\dfrac{1}{2m}(\hat{p}\psi^*)\cdot(\hat{p}\psi)+\psi^*V\psi$ ではない．

4.1　$\mathscr{H}\,\psi(x,y,z)=\left[-\dfrac{\hbar^2}{2m}\left(\dfrac{\partial^2}{\partial x^2}+\dfrac{\partial^2}{\partial y^2}+\dfrac{\partial^2}{\partial z^2}\right)+V_1(x)+V_2(x)+V_3(z)\right]\psi(x,y,z)=E\psi(x,y,z)$ において 4.1.2 項の説明から $\psi(x,y,z)=\phi_1(x)\cdot\phi_2(y)\cdot\phi_3(z)$，$E=E_1+E_2+E_3$ とおくと，同様の変数分離が可能となり

$$-\frac{\hbar^2}{2m}\frac{\partial^2\phi_1(x)}{\partial x^2}=(E_1-V_1(x))\phi_1(x), \qquad -\frac{\hbar^2}{2m}\frac{\partial^2\phi_2(y)}{\partial y^2}=(E_2-V_2(y))\phi_2(y),$$

$$-\frac{\hbar^2}{2m}\frac{\partial^2\phi_3(z)}{\partial z^2}=(E_3-V_3(z))\phi_3(z)$$

の各式が得られる．

4.2　x，y，z の 3 方向についていずれも図 4.5(a)の左下段で表されるポテンシャル空間であるので，その固有関数 $\psi(x,y,z)$ とエネルギー固有値 E は例題に従って次のように表される．

$$\psi_{lmn}(x,y,z)=C\sin\left(\frac{l\pi}{a}x\right)\sin\left(\frac{m\pi}{a}y\right)\sin\left(\frac{n\pi}{a}z\right)$$

$$E_{lmn}=\frac{\hbar^2}{2m}\left(\frac{\pi}{a}\right)^2(l^2+m^2+n^2)$$

基底エネルギーは $E_{111}=3\dfrac{\hbar^2}{2m}\left(\dfrac{\pi}{a}\right)^2=1.6\times10^{-17}\,(\mathrm{J})=10^2\,(\mathrm{eV})$

4.3　式 (4.23) の $\phi(\xi)$ を式 (4.20) に用いると

$$u''\phi_0+2u'\phi_0'+u[\phi_0''+(\lambda-\xi^2)\phi_0]=0$$

これに $\phi_0'=-\xi\phi_0$ および式 (4.21) の $\phi_0''=(\xi^2-1)\phi_0$ を入れると

$$(u''-2\xi u')\phi_0+(\lambda-1)u\phi_0=0$$

となり，式 (4.24) が得られる．

4.4　$S(s,\xi)=e^{\xi^2}\cdot e^{-(s-\xi)^2}$

この $e^{-(s-\xi)^2}$ を $s=0$ のまわりにテーラー展開すると

$$S(s,\xi)=e^{\xi^2}\cdot\sum_{n=0}^{\infty}\frac{s^n}{n!}\left[\frac{\partial^n}{\partial s^n}e^{-(s-\xi)^2}\right]_{s=0}$$

これを式 (4.28) と比較すると，式 (4.29) の $H_n(\xi)$ 表現が得られる．

4.5　式 (4.35) と同様に $\dfrac{\partial^2}{\partial y^2}$，$\dfrac{\partial^2}{\partial z^2}$ を表現して，それらに式 (4.32)，(4.34) を用いて計算すること．

5.1　$\psi(x)=Ae^{ikx}$ のように，どこまでも伝播する波の場合には

$$\int_{-\infty}^{+\infty}\psi^*(x)\psi(x)\,dx=A^2\int_{-\infty}^{+\infty}dx=1$$

とすれば $A\to0$ すなわち $\psi(x)=0$ となる．それで代りに図 4.6 のような $[x,x+a]$ で規格化すると

$$\int_x^{x+a}\psi^*(x)\psi(x)\,dx=A^2\int_x^{x+a}dx=A^2a=1\qquad\therefore\quad A=\frac{1}{\sqrt{a}}\qquad\therefore\quad\psi(x)=\frac{1}{\sqrt{a}}e^{ikx}$$

$\psi(x)=\psi(x+a)$ から $e^{ika}=1$　　$\therefore\quad k_n=\dfrac{2\pi n}{a}\quad(n=1,2,3,\cdots)$

$$E_n=\frac{\hbar^2}{2m}\left(\frac{\pi}{a}\right)^2n^2,\qquad\phi_1(x)=\frac{1}{\sqrt{a}}e^{i\frac{2\pi}{a}x},\qquad\phi_2(x)=\frac{1}{\sqrt{a}}e^{i\frac{4\pi}{a}x}$$

確率密度分布 $P(x)=\psi^*(x)\psi(x)=\dfrac{1}{a}$ （一定）

平均 $\langle x\rangle=\displaystyle\int_{x_0}^{x_0+a}\psi^*(x)x\psi(x)\,dx=\frac{1}{a}\int_{x_0}^{x_0+a}xdx=x_0+\frac{a}{2}$

$$\langle p_x\rangle=\int_{x_0}^{x_0+a}\psi^*(x)\left(-i\hbar\frac{\partial}{\partial x}\right)\psi(x)=\frac{\hbar k_n}{a}\int_{x_0}^{x_0+a}dx=\hbar k_n$$

5.2　井戸型ポテンシャル $[0,L]$ 内の基底状態 $\phi_1(x)$ と第 1 励起状態 $\phi_2(x)$ は 39 頁

の例題の結果から

$$\psi_1(x)=\frac{1}{\sqrt{L}}\sin\frac{\pi}{L}x,\qquad \psi_2(x)=\frac{1}{\sqrt{L}}\sin\frac{2\pi}{L}x$$

これを用いると

$$P_1(x)=\frac{1}{2L}\left(1-\cos\frac{2\pi}{L}x\right),\qquad P_2(x)=\frac{1}{2L}\left(1-\cos\frac{4\pi}{L}x\right)$$

グラフは図 5.1 を参照せよ．

また

$$\langle p_x\rangle_1=\int_0^L\psi_1{}^*(x)\left(-i\hbar\frac{\partial}{\partial x}\right)\psi_1(x)\,dx=\frac{-i\hbar}{L}\left(\frac{\pi}{L}\right)\int_0^L\sin\frac{\pi}{L}x\cos\frac{\pi}{L}xdx=0,$$

$$\langle p_x\rangle_2=0$$

すなわち，壁の間を進行反射して往復する粒子の運動量の平均値はゼロである．

5.3 $I=\int_{-\infty}^{+\infty}\psi_{\boldsymbol{k}}{}^*(\boldsymbol{r})\,\psi_{\boldsymbol{k}'}(\boldsymbol{r})\,d\boldsymbol{r}=\int_{-\infty}^{+\infty}e^{i(\boldsymbol{k}'-\boldsymbol{k})\cdot\boldsymbol{r}}d\boldsymbol{r}$

$$=\int_{-\infty}^{+\infty}\exp[i(k_x{}'-k_x)x]\,dx\int_{-\infty}^{+\infty}\exp[i(k_y{}'-k_y)y]\,dy\int_{-\infty}^{+\infty}\exp[i(k_z{}'-k_z)z]\,dx$$

$$=\delta(k_k{}'-k_x)\cdot\delta(k_y{}'-k_y)\cdot\delta(k_z{}'-k_z)$$

$$=\delta(\boldsymbol{k}'-\boldsymbol{k})=0\quad(\boldsymbol{k}'\neq\boldsymbol{k})$$

$I'=\int_{-\infty}^{+\infty}\sin kx\cos kx'dk$ において，$f(k)\equiv\sin kx\cos kx'$ は $k\gtrless0$ の変化に対して奇関数である．したがって

$$I'=\int_{-\infty}^{+\infty}f(k)\,dk=\int_{-\infty}^{0}f(k)\,dk+\int_0^{\infty}f(k)\,dk=0$$

のため直交している．

5.4 $A^2\int_{-L}^{L}\cos^2\frac{n\pi}{L}xdx=1,\qquad B^2\int_{-L}^{L}\sin^2\frac{n\pi}{L}xdx=1$ から $A=B=\frac{1}{\sqrt{2L}}$

$$\int_{-L}^{L}\cos\frac{n'\pi}{L}x\cos\frac{n\pi}{L}xdx=\frac{1}{2}\int_{-L}^{L}\left\{\cos\frac{\pi}{L}(n-n')x+\cos\frac{\pi}{L}(n+n')x\right\}dx$$

$$=\delta(n-n')$$

$$\int_{-L}^{L}\sin\frac{m'\pi}{L}x\sin\frac{m\pi}{L}xdx=\frac{1}{2}\int_{-L}^{L}\left\{\cos\frac{\pi}{L}(m-m')x-\cos\frac{\pi}{L}(m+m')x\right\}dx$$

$$=\delta(m-m')$$

$$\int\sin\frac{m\pi}{L}x\cos\frac{n\pi}{L}xdx=\frac{1}{2}\int_{-L}^{L}\left\{\sin\frac{\pi}{L}(m+n)x+\sin\frac{\pi}{L}(m-n)x\right\}dx=0$$

5.5 $I_{23}=\int_{-\infty}^{+\infty}H_2(\xi)\,H_3(\xi)\,d\xi=\int_{-\infty}^{+\infty}(4\xi^2-2)\,\xi\cdot(8\xi^2-12)\,d\xi$

のように $H_2(\xi)\cdot H_3(\xi)$ は $\xi\gtrless0$ の変化について奇関数なので $I_{23}=0$．

5.6　（図 1）　$g(k)=\int_{-\infty}^{+\infty}f(x)e^{-ikx}dx=\int_{-a}^{a}e^{i(k_0-k)x}dx=\dfrac{e^{i(k_0-k)a}-e^{-i(k_0-k)a}}{i(k_0-k)}$

$$=2a\cdot\frac{\sin(k-k_0)a}{(k-k_0)a}$$

これは $f(x)=e^{ik_0x}$ 関数を有限領域 $[-a,a]$ で切断したために生じたスペクトル $g(k)$ の $\delta(k-k_0)$ からの広がり効果である．

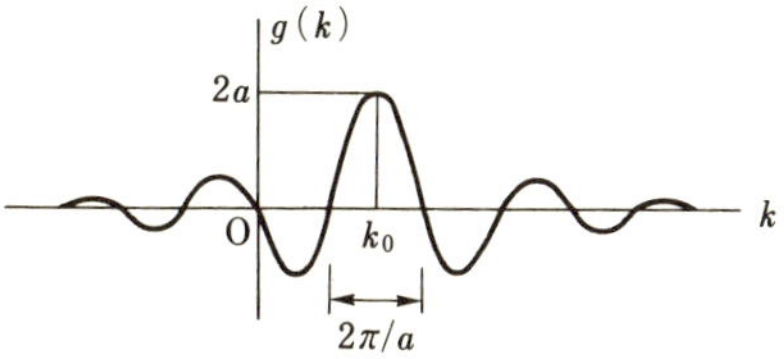

図 1

5.7　$f(x)$ を図 2 のようにずらせて $f(x)=\dfrac{1}{2}+q(x)$ とすれば $q(x)$ は x について奇関数である．そのため

$$f(x)=\frac{1}{2}+\sum_{n=1}^{\infty}\left(a_n\cos\frac{n\pi}{L}x+b_n\sin\frac{n\pi}{L}x\right)$$

において $a_n=0$，$a_0=\dfrac{1}{2}$

$$b_n=\frac{1}{L}\int_{-L}^{L}q(x)\sin\frac{n\pi}{L}xdx$$

$$=\frac{2}{L}\int_0^L\sin\frac{n\pi}{L}xdx=\frac{2}{n\pi}[1-(-1)^n]$$

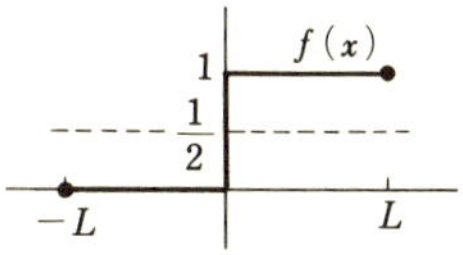

図 2

6.1　$\boldsymbol{j}=nq\boldsymbol{v}$．一方 $\boldsymbol{S}$ は 6 章の最後の説明から $\boldsymbol{S}=\mathrm{Re}[n\boldsymbol{v}]$．ゆえに電流は

$$\boldsymbol{j}=q\boldsymbol{S}=-\frac{iq\hbar}{2m}[\psi^*\nabla\psi-\psi\nabla\psi^*]$$

で計算することができる．注目すべきことは波動関数 ψ が $\psi=\exp[i\boldsymbol{k}\cdot\boldsymbol{r}]$ のように複素数進行波で表現されるときのみ，$\boldsymbol{j}\neq0$ である．

7.1　7.1.2 項の①の場合を参照して固有関数は次のようになる．

$$\psi_{\mathrm{I}}(x)=Ae^{ik(x+a)}+Be^{-ik(x+a)},\qquad k=\frac{\sqrt{2mE}}{\hbar}$$

$$\psi_{\mathrm{II}}(x)=De^{i\alpha(x+a)}+Fe^{-i\alpha(x-a)},\qquad \alpha=\frac{\sqrt{2m(E+V_0)}}{\hbar}$$

$$\psi_{\mathrm{III}}(x)=Ce^{ik(x-a)}$$

これらを用いると境界接続条件の式は式 (7.12) で $a\rightarrow2a$ としたものと同じになる．その結果，R と T は式 (7.15) で $a\rightarrow2a$，$V_0\rightarrow-V_0$ と置換したものに等しい．

$$R=\left[1+\frac{4E(E+V_0)}{V_0^2\sin^2 2\alpha a}\right]^{-1},\qquad T=\left[1+\frac{V_0^2\sin^2 2\alpha a}{4E(E+V_0)}\right]^{-1}$$

7.2　（証明略）

7.3　$(1+Q)^{-1}+(1+Q^{-1})^{-1}\equiv1$

7.4　$T=16\left(\dfrac{k}{\bar{\beta}}+\dfrac{\bar{\beta}}{k}\right)^{-2}\cdot e^{-2\bar{\beta}a}$ において

$$k=\frac{\sqrt{2m\times(2eV)}}{\hbar}=\frac{\sqrt{2\times 9.1\times 10^{-31}\,\mathrm{kg}\times 2\times 1.6\times 10^{-19}\,\mathrm{J}}}{1.1\times 10^{-34}\,\mathrm{J\cdot s}}\simeq 6\times 10^{9}\,\mathrm{m}^{-1},$$

$$a_1=\sqrt{\frac{E}{V_0}}\,a=\frac{a}{\sqrt{2}}$$

$$ka=6\times 10^{9}\,\mathrm{m}^{-1}\times 10^{-9}\,\mathrm{m}=6$$

$$I=\bar{\beta}\cdot(a-a_1)=\int_{a_1}^{a}\frac{\sqrt{2m(cx^2-E)}}{\hbar}dx=ka\int_1^{y_0}\sqrt{y^2-1}\,dy$$

$$=\frac{ka}{2}\left[y\sqrt{y^2-1}-\log(y+\sqrt{y^2-1})\right]_1^{y_0}$$

$$=\frac{ka}{2}(y_0\sqrt{y_0^2-1}-\log(y_0+\sqrt{y_0^2-1})\qquad\left(y_0=\sqrt{\frac{V_0}{E}}=\sqrt{\frac{4}{2}}=\sqrt{2}\ \text{を入れると}\right)$$

$$=\frac{ka}{2}(\sqrt{2}-\log(\sqrt{2}+1))\simeq\frac{0.53}{2}ka=\frac{3.2}{2}$$

$$\therefore\quad e^{-2\bar{\beta}(a-a_1)}=e^{-3.2}=0.04,\qquad \text{また}\quad \bar{\beta}=\frac{ka}{a-a_1}\times\frac{0.53}{2}=0.9k$$

$$\therefore\quad\left(\frac{k}{\bar{\beta}}+\frac{\bar{\beta}}{k}\right)^{-2}=\frac{1}{4}$$

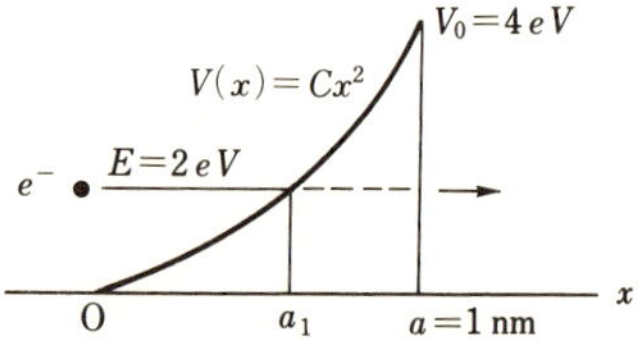

図 3

これらを T の式に用いると，$T=16\times\frac{1}{4}\times 0.04\simeq 0.1$．すなわち $E=2eV$ の電子に対する図 3 のようなバリアーの透過率は 10^{-1} 程度である．これを角形ポテンシャルの図 7.4 の場合と比較すると興味深い．

8.1　$(AB)_{ik}{}^{\dagger}=(A^*B^*)_{ki}=\sum_j A_{kj}{}^*B_{ji}{}^*=\sum_j B_{ji}{}^*A_{kj}{}^*=\sum_j B_{ij}{}^{\dagger}A_{jk}{}^{\dagger}=(B^{\dagger}A^{\dagger})_{ik}$

ゆえに $(AB)^{\dagger}=B^{\dagger}A^{\dagger}$

8.2　$[A, B+C]=A(B+C)-(B+C)A=AB+AC-BA-CA$

$$=(AB-BA)+(AC-CA)=[A,B]+[A,C]$$

$$[A,B]C+B[A,C]=(AB-BA)C+B(AC-CA)$$

$$=ABC-BAC+BAC-BCA$$

$$=ABC-BCA=[A,BC]$$

8.3　$\mathcal{H}\psi=-\frac{\hbar^2}{2m}\frac{\partial\psi}{\partial x^2}=E\psi$ と $p_x\phi=-i\hbar\frac{\partial\phi}{\partial x}=\hbar k\phi$ は，$E=\frac{\hbar^2}{2m}k^2$ の関係があるとき，ともに $\psi=\phi=Ae^{ikx}$ の固有関数で満足される．そうすると

$$[\mathcal{H},p_x]\psi=(\mathcal{H}p_x-p_x\mathcal{H})\psi=\mathcal{H}(p_x\psi)-p_x(\mathcal{H}\psi)=\mathcal{H}k\psi-p_xE\psi$$

$$=\hbar k\mathcal{H}\psi-Ep_x\psi=(\hbar kE-E\hbar k)\psi=0$$

すなわち $[\mathcal{H},p_x]=0$ で可換である．

8.4　$[\hat{\mathcal{H}}, \hat{A}]=0 \quad \therefore 0=\langle\psi^*|(\hat{\mathcal{H}}\hat{A}-\hat{A}\hat{\mathcal{H}})|\psi\rangle$

$$
\begin{aligned}
&=\left\langle\psi^*\middle| i\hbar\frac{\partial}{\partial t}\hat{A}\middle|\psi\right\rangle-\left\langle\psi^*\middle|\hat{A}i\hbar\frac{\partial}{\partial t}\middle|\psi\right\rangle \\
&=i\hbar\int\psi^*\left(\frac{\partial\hat{A}}{\partial t}\psi+\hat{A}\frac{\partial\psi}{\partial t}\right)d\boldsymbol{r}-i\hbar\int\psi^*\hat{A}\frac{\partial\psi}{\partial t}d\boldsymbol{r},
\end{aligned}
$$

$$\therefore \quad \left\langle\frac{\partial\hat{A}}{\partial t}\right\rangle=0$$

8.5　式 (8.1) から

$$
\begin{aligned}
[\hat{L}_x, \hat{L}_y]&=\hat{L}_x\hat{L}_y-\hat{L}_y\hat{L}_x \\
&=-\hbar^2\left[\left(y\frac{\partial}{\partial z}-z\frac{\partial}{\partial y}\right)\left(z\frac{\partial}{\partial x}-x\frac{\partial}{\partial z}\right)-\left(z\frac{\partial}{\partial x}-x\frac{\partial}{\partial z}\right)\left(y\frac{\partial}{\partial z}-z\frac{\partial}{\partial y}\right)\right] \\
&=-\hbar^2\left[y\frac{\partial}{\partial x}+yz\frac{\partial^2}{\partial x\partial z}-xy\frac{\partial^2}{\partial z^2}-z^2\frac{\partial^2}{\partial x\partial y}\right. \\
&\quad\left.+zx\frac{\partial^2}{\partial y\partial z}-zy\frac{\partial^2}{\partial x\partial z}+z^2\frac{\partial^2}{\partial x\partial y}+xy\frac{\partial^2}{\partial z^2}-x\frac{\partial}{\partial y}-xz\frac{\partial^2}{\partial z\partial y}\right] \\
&=-\hbar^2\left[y\frac{\partial}{\partial x}-x\frac{\partial}{\partial y}\right]=i\hbar(\hat{L}_z)
\end{aligned}
$$

$\therefore \quad [\hat{L}_x, \hat{L}_y]=i\hbar\hat{L}_z,$　　同様に $[\hat{L}_y, \hat{L}_z]=i\hbar\hat{L}_x,$　　$[\hat{L}_z, \hat{L}_x]=i\hbar\hat{L}_y$

次に

$$[\hat{L}^2, \hat{L}_x]=[\hat{L}_x{}^2, \hat{L}_y]+[\hat{L}_y{}^2, \hat{L}_x]+[\hat{L}_z{}^2, \hat{L}_x]$$

については，問題 8.2 の演算子積 $\hat{B}\hat{C}$ と $\hat{A}$ の交換関係から，$\hat{B}=\hat{C}$ として，$[\hat{B}^2, \hat{A}]=\hat{B}[\hat{B}, \hat{A}]+[\hat{B}, \hat{A}]\hat{B}$. これを用いると

$$
\begin{aligned}
[\hat{L}^2, \hat{L}_x]&=\hat{L}_x[\hat{L}_x, \hat{L}_x]+[\hat{L}_x, \hat{L}_x]\hat{L}_x+\hat{L}_y[\hat{L}_y, \hat{L}_x]+[\hat{L}_y, \hat{L}_x]\hat{L}_y \\
&\quad+\hat{L}_z[\hat{L}_z, \hat{L}_x]+[\hat{L}_z, \hat{L}_x]\hat{L}_z \\
&=-i\hbar(\hat{L}_y\hat{L}_z+\hat{L}_z\hat{L}_y)+i\hbar(\hat{L}_z\hat{L}_y+\hat{L}_y\hat{L}_z)=0
\end{aligned}
$$

同様に $[\hat{L}^2, \hat{L}_y]=[\hat{L}^2, \hat{L}_z]=0$. すなわち $\hat{L}^2$ と $\hat{L}_x$, $\hat{L}_y$ または $\hat{L}_z$ は同時に観測することができる.

8.6　式 (8.3) から

$$\hat{L}^2 Y_{lm}(\theta, \varphi)=-\hbar^2\left[\frac{1}{\sin\theta}\frac{\partial}{\partial\theta}\left(\sin\theta\frac{\partial}{\partial\theta}\right)+\frac{1}{\sin^2\theta}\frac{\partial^2}{\partial\varphi^2}\right]Y_{lm}(\theta, \varphi)$$

であるが，$\hat{L}^2 Y_{lm}(\theta, \varphi)=\lambda\hbar^2 Y_{lm}(\theta, \varphi)$ とおくと式 (4.41) となる．そこでは $Y_{lm}(\theta, \varphi)=\Theta(\theta)\cdot\Phi(\varphi)$ と表せば変数分離が可能で，式 (4.42)，(4.43) となり，結局

$$\Phi(\varphi)=Ae^{im\varphi} \quad (m=0, \pm 1, \pm 2, \cdots)$$

および，式 (4.51) のように

$$\Theta(\theta)=P_l^m(\cos\theta) \quad (\lambda=l(l+1), l=0, 1, 2, \cdots) \qquad ①$$

が得られた．そのため式（8.2）の第3項の $\hat{L}_z$ については

$$\hat{L}_z Y_{lm}(\theta,\varphi)=\Theta(\theta)\hat{L}_z\Phi(\varphi)=\Theta(\theta)\cdot(-i\hbar)\frac{\partial}{\partial\varphi}\Phi(\varphi)=m\hbar Y_{lm}(\theta,\varphi)$$

が得られ，また上式の①から

$$\hat{L}^2 Y_{lm}(\theta,\varphi)=l(l+1)\hbar^2 Y_{lm}(\theta,\varphi)$$

となり，結局，式(8.4)のように $Y_{lm}(\theta,\varphi)$ は $\hat{L}_z$ および $\hat{L}^2$ の固有関数となっている．

8.7 $[\hat{L}_z,\hat{L}_+]=[\hat{L}_z,\hat{L}_x+i\hat{L}_y]=[\hat{L}_z,\hat{L}_x]+i[\hat{L}_z,\hat{L}_y]$

$$=i\hbar\hat{L}_y+\hbar\hat{L}_x=\hbar(\hat{L}_x+i\hat{L}_y)=\hbar\hat{L}_+$$

$$\hat{L}_z\hat{L}_+=[\hat{L}_z,\hat{L}_+]+\hat{L}_+\hat{L}_z=\hbar\hat{L}_++\hat{L}_+\hat{L}_z$$

$$\therefore\quad \hat{L}_z\hat{L}_+Y_{lm}(\theta,\varphi)=\hbar\hat{L}_+Y_{lm}(\theta,\varphi)+\hat{L}_+\hat{L}_zY_{lm}(\theta,\varphi)$$

式（8.4）から $\hat{L}_zY_{lm}(\theta,\varphi)=m\hbar Y_{lm}(\theta,\varphi)$ を用いると

$$\hat{L}_z\hat{L}_+Y_{lm}(\theta,\varphi)=(m+1)\hbar\hat{L}_+Y_{lm}(\theta,\varphi) \qquad ②$$

一方

$$\hat{L}_zY_{lm+1}(\theta,\varphi)=(m+1)\hbar Y_{lm+1}(\theta,\varphi) \qquad ③$$

式②と③を比較すると，いま

$$\hat{L}_+Y_{lm}(\theta,\varphi)=cY_{lm+1}(\theta,\varphi) \qquad ④$$

が成立すれば両者はうまく対応する．すなわち $\hat{L}_+$ は $Y_{l,m}(\theta,\varphi)$ の固有値，および固有関数の次数 m を $\to m+1$ に上昇させる演算子である．同様に $\hat{L}_-\equiv\hat{L}_x-i\hat{L}_y$ は $m\to m-1$ の下降演算子となっている．

9.1 このポテンシャル内の固有関数の固有値は9.1.1項の［例］から

$$\psi_0{}^{(0)}(x)=\frac{1}{\sqrt{L}}\cos\frac{\pi}{2L}x,\qquad E_0{}^{(0)}=\frac{\hbar^2}{2m}\left(\frac{\pi}{2L}\right)^2$$

$$\psi_1{}^{(0)}(x)=\frac{1}{\sqrt{L}}\sin\frac{\pi}{L}x,\qquad E_1{}^{(0)}=\frac{\hbar^2}{2m}\left(\frac{\pi}{L}\right)^2$$

式（9.16）から

$$\Delta E_0{}^{(1)}=\lambda\int_{-L}^{L}\psi_0{}^{(0)*}(x)\,\delta(x)\,\psi_0{}^{(0)}(x)\,dx=\lambda|\psi_0{}^{(0)}(0)|^2=\frac{\lambda}{L}$$

$$\Delta E_1{}^{(1)}=\lambda\int_{-L}^{L}\psi_1{}^{(0)*}(x)\,\delta(x)\,\psi_1{}^{(0)}(x)\,dx=\lambda|\psi_1{}^{(0)}(0)|^2=0$$

式（9.17）から

$$\psi_0{}^{(1)}(x)=\psi_0{}^{(0)}(x)+\lambda\cdot\frac{\langle\psi_1{}^{(0)}(x)|\,\delta(x)\,|\psi_0{}^{(0)}(x)\rangle}{E_0-E_1}\psi_1{}^{(0)}(x)$$

$$\psi_1{}^{(1)}(x)=\psi_1{}^{(0)}(x)+\lambda\cdot\frac{\langle\psi_0{}^{(0)}(x)|\,\delta(x)\,|\psi_1{}^{(0)}(x)\rangle}{E_1-E_0}\psi_0{}^{(0)}(x)$$

ところが

$$\langle \psi_1^{(0)}(x) | \delta(x) | \psi_0^{(0)}(x) \rangle = \langle \psi_0^{(0)}(x) | \delta(x) | \psi_1^{(0)}(x) \rangle = \psi_0^{(0)}(0)\,\psi_1^{(0)}(0) = 0$$

ゆえに

$$\psi_0^{(1)}(x) = \psi_0^{(0)}(x), \qquad \psi_1^{(1)}(x) = \psi_1^{(0)}(x)$$

つまり，対称なポテンシャル摂動によっては，固有関数のパリティは保存される．

9.2　式 (9.20) から

$$\varDelta E_0^{(2)} = \varDelta E_0^{(1)} + \lambda^2 \frac{\langle 0 | eE_0 x | 1 \rangle \langle 1 | eE_0 x | 0 \rangle}{E_0^{(0)} - E_1^{(0)}} \qquad ①$$

$$\varDelta E_0^{(1)} = \langle 0 | eE_0 x | 0 \rangle = \frac{\lambda e E_0}{L} \int_{-L}^{L} x \cos^2 \frac{\pi}{2L} x dx = 0 \qquad ②$$

$$\langle 0 | x | 1 \rangle = \langle 1 | x | 0 \rangle = \frac{1}{L} \int_{-L}^{L} x \sin \frac{\pi}{2L} x \cdot \cos \frac{\pi}{2L} x dx$$

$$= \frac{1}{2L} \int_{-L}^{L} x \left\{ \sin \frac{3\pi}{2L} x + \sin \frac{\pi}{2L} x \right\} dx$$

$\left(公式 \int y \sin y dy = \sin y - y \cos y を用いると \right)$

$$= \frac{1}{2L} \left[\left(\frac{2L}{3\pi} \right)^2 \left\{ \sin \frac{3\pi}{2L} x - \frac{3\pi}{2L} x \cos \frac{3\pi}{2L} x \right\} + \left(\frac{2L}{\pi} \right)^2 \left\{ \sin \frac{\pi}{2L} x - \frac{\pi}{2L} x \cos \frac{\pi}{2L} x \right\} \right]_{-L}^{L}$$

$$= \frac{2L}{(3\pi)^2}(-2) + \frac{2L}{\pi^2} \times 2 = \frac{4L}{\pi^2} \left(1 - \frac{1}{9} \right) = \frac{32}{9} \frac{L}{\pi^2} \qquad ③$$

一方

$$E_0^{(0)} - E_1^{(0)} = \frac{\hbar^2}{2m} \left(\frac{\pi}{L} \right)^2 \left(\frac{1}{4} - 1 \right) = -\frac{3\hbar^2}{8m} \left(\frac{\pi}{L} \right)^2 \qquad ④$$

式①に②～④を用いると

$$\varDelta E_0^{(2)} = -(\lambda e E_0)^2 \frac{\left(\frac{32}{9\pi} \right)^2 \left(\frac{L}{\pi} \right)^2}{\frac{3\hbar^2}{8m} \left(\frac{\pi}{L} \right)^2} = -(\lambda e E_0)^2 \cdot \frac{8m}{3\hbar^2} \cdot \left(\frac{32}{9\pi} \right)^2 \cdot \left(\frac{L}{\pi} \right)^4$$

9.3　(i)　$\displaystyle \int_{-\infty}^{+\infty} |\psi(x)|^2 dx = A^2 \int_{-\infty}^{+\infty} e^{-2\alpha x^2} dx = 2A^2 \int_0^{\infty} e^{-2\alpha x^2} dx = \sqrt{\frac{\pi}{2\alpha}} A^2 = 1$

$$\therefore \quad A = \left(\frac{2\alpha}{\pi} \right)^{\frac{1}{4}}$$

(ii)　$\displaystyle \langle \mathscr{H} \rangle = -\frac{\hbar^2}{2m} \left\langle \frac{\partial^2}{\partial x^2} \right\rangle + \langle c x^4 \rangle = \langle \mathscr{H}_1 \rangle + \langle \mathscr{H}_2 \rangle$

$$\left\langle \frac{\partial^2}{\partial x^2} \right\rangle = A^2 \int_{-\infty}^{+\infty} e^{-\alpha x^2} \frac{\partial^2}{\partial x^2} e^{-\alpha x^2} dx$$

$$=\left[e^{-\alpha x^2}\frac{\partial}{\partial x}e^{-\alpha x^2}\right]_{-\infty}^{+\infty}-\int_{-\infty}^{+\infty}\left(\frac{\partial}{\partial x}e^{-\alpha x^2}\right)^2dx$$

$$=-4\alpha^2A^2\int_{-\infty}^{+\infty}x^2e^{-2\alpha x^2}dx=-\alpha A^2\int_{-\infty}^{+\infty}e^{-\alpha x^2}dx=-\alpha$$

$$\langle x^4\rangle=A^2\int_{-\infty}^{+\infty}x^4e^{-2\alpha x^2}dx=\frac{3}{(4\alpha)^2}A^2\int_{-\infty}^{+\infty}e^{-\alpha x^2}dx=\frac{3}{(4\alpha)^2}$$

$$\therefore\quad \langle\mathcal{H}\rangle=\left[\frac{\hbar^2}{2m}\alpha+\frac{3c}{(4\alpha)^2}\right]\quad\therefore\quad\left[\frac{\partial\langle\mathcal{H}\rangle}{\partial\alpha}\right]_{\alpha_0}=\frac{\hbar^2}{2m}-\frac{6c}{16}\frac{1}{\alpha_0{}^3}=0$$

$$\therefore\quad \alpha_0=\left(\frac{3mc}{4\hbar^2}\right)^{\frac{1}{3}}$$

(iii)　$\psi_0(x)=\left(\frac{2\alpha_0}{\pi}\right)^{\frac{1}{4}}e^{-\alpha_0x_2}$,　$E_0=\frac{\hbar^2}{2m}\alpha_0+\frac{3c}{(4\alpha_0)^2}=\frac{9}{16}\frac{c}{\alpha_0{}^2}=\frac{9c}{16}\cdot\left(\frac{4\hbar^2}{3mc}\right)^{\frac{2}{3}}$

10.1　図 10.3 の実験で原子線像が，もし 3 本の等間隔線に分かれていたとする．その間隔 $\Delta\mu_{sz}$ から式 (10.3) により $\Delta S_z=\hbar$ が確認され，結局 $\langle S_z\rangle=m\hbar$ $(m=0, \pm1)$ が得られることになる．その場合には式 (8.4) の $\hat{L}_z$ との類推から

$$\hat{S}_z\varphi(\phi)=m\hbar\varphi(\phi)$$

となり，式 (8.2) の $\hat{L}_z$ の表現を用いて

$$-i\hbar\frac{\partial}{\partial\phi}\varphi(\phi)=m\hbar\varphi(\phi)\quad\therefore\quad\varphi(\phi)=Ae^{im\phi}\quad(m=0, \pm1)$$

という固有関数表現が得られて，スピンの場合にも式 (10.13) のような複雑な表現が不要であったことになる．

10.2　$\alpha=\begin{pmatrix}1\\0\end{pmatrix}$, $\beta=\begin{pmatrix}0\\1\end{pmatrix}$　から　$\alpha^*\alpha=(1\quad0)\begin{pmatrix}1\\0\end{pmatrix}=1=\beta^*\beta=(0\quad1)\begin{pmatrix}0\\1\end{pmatrix}$

$$\alpha^*\beta=(1\quad0)\begin{pmatrix}0\\1\end{pmatrix}=0=\beta^*\alpha=(0\quad1)\begin{pmatrix}1\\0\end{pmatrix}$$

10.3　$\hat{S}_+=\hat{S}_x+i\hat{S}_y=\frac{\hbar}{2}\left[\begin{pmatrix}0&1\\1&0\end{pmatrix}+i\begin{pmatrix}0&-i\\i&0\end{pmatrix}\right]=\frac{\hbar}{2}\begin{pmatrix}0&2\\0&0\end{pmatrix}$,

$$\hat{S}_-=\hat{S}_x-i\hat{S}_y=\frac{\hbar}{2}\begin{pmatrix}0&0\\2&0\end{pmatrix}$$

$$\hat{S}_+\beta=\frac{\hbar}{2}\begin{pmatrix}0&2\\0&0\end{pmatrix}\begin{pmatrix}0\\1\end{pmatrix}=\hbar\begin{pmatrix}1\\0\end{pmatrix}=\hbar\alpha,\qquad \hat{S}_+\alpha=\frac{\hbar}{2}\begin{pmatrix}0&2\\0&0\end{pmatrix}\begin{pmatrix}1\\0\end{pmatrix}=\hbar\begin{pmatrix}0\\0\end{pmatrix}=0$$

$$\hat{S}_-\alpha=\frac{\hbar}{2}\begin{pmatrix}0&0\\2&0\end{pmatrix}\begin{pmatrix}1\\0\end{pmatrix}=\hbar\begin{pmatrix}0\\1\end{pmatrix}=\hbar\beta,\qquad \hat{S}_-\beta=\frac{\hbar}{2}\begin{pmatrix}0&0\\2&0\end{pmatrix}\begin{pmatrix}0\\1\end{pmatrix}=\hbar\begin{pmatrix}0\\0\end{pmatrix}=0$$

10.4　$\hat{S}^2=\left(\frac{\hbar}{2}\right)^2\hat{\sigma}^2$

$$\hat{\sigma}^2=\begin{pmatrix}0&1\\1&0\end{pmatrix}\begin{pmatrix}0&1\\1&0\end{pmatrix}+\begin{pmatrix}0&-i\\i&0\end{pmatrix}\begin{pmatrix}0&-i\\i&0\end{pmatrix}+\begin{pmatrix}1&0\\0&-1\end{pmatrix}\begin{pmatrix}1&0\\0&-1\end{pmatrix}=3\begin{pmatrix}1&0\\0&1\end{pmatrix}$$

$$\therefore \hat{S}^2\alpha=\frac{3}{4}\hbar^2\begin{pmatrix}1&0\\0&1\end{pmatrix}\begin{pmatrix}1\\0\end{pmatrix}=\frac{3}{4}\hbar^2\begin{pmatrix}1\\0\end{pmatrix}=\frac{3}{4}\hbar^2\alpha,\ \text{同様に}\ \hat{S}^2\beta=\frac{3}{4}\hbar^2\beta$$

$\hat{S}^2$ 演算子の固有関数は α，β であり，固有値は縮退してともに $\frac{3}{4}\hbar^2$ である．

11.1　2電子系の演算子については次のように扱う．

$$\hat{S}_z\alpha_1\alpha_2=(\hat{S}_{1z}+\hat{S}_{2z})\alpha_1\alpha_2=\left(\frac{\hbar}{2}+\frac{\hbar}{2}\right)\alpha_1\alpha_2\quad\therefore\quad\langle X_{+1}|\hat{S}_z|X_{+1}\rangle=+1\hbar$$

$$\hat{S}_z\beta_1\beta_2=\left(-\frac{\hbar}{2}-\frac{\hbar}{2}\right)\beta_1\beta_2\quad\therefore\quad\langle X_{+3}|\hat{S}_z|X_{+3}\rangle=-1\hbar$$

$$\hat{S}_z(\alpha_1\beta_2+\beta_1\alpha_2)=(\hat{S}_{1z}+\hat{S}_{2z})(\alpha_1\beta_2+\beta_1\alpha_2)=\left(\frac{\hbar}{2}-\frac{\hbar}{2}-\frac{\hbar}{2}+\frac{\hbar}{2}\right)(\alpha_1\beta_2+\beta_1\alpha_2)$$

$$\therefore\quad\langle X_{+2}|\hat{S}_z|S_{+2}\rangle=0\hbar$$

次に

$$\hat{S}^2\alpha_1\alpha_2=(\hat{S}_1+\hat{S}_2)(\hat{S}_1+\hat{S}_2)\alpha_1\alpha_2=(\hat{S}_1{}^2+\hat{S}_2{}^2+2\hat{S}_1\cdot\hat{S}_2)\alpha_1\alpha_2$$
$$=\left(2\times\frac{3}{4}\hbar^2+2\hat{S}_1\cdot\hat{S}_2\right)\alpha_1\alpha_2$$

ここで $\hat{S}_1\cdot\hat{S}_2=\hat{S}_{1x}\hat{S}_{2x}+\hat{S}_{1y}\hat{S}_{2y}+\hat{S}_{1z}\hat{S}_{2z}$ であるが，スピン関数系は $\alpha(\uparrow)$，$\beta(\downarrow)$ のみなので x, y 成分は $\hat{S}_\pm=\hat{S}_x\pm i\hat{S}_y$ を使って次のように変形して考える．

$$\hat{S}_1\cdot\hat{S}_2\alpha_1\alpha_2=\left\{\hat{S}_{1z}\hat{S}_{2z}+\frac{1}{2}(\hat{S}_{1+}\hat{S}_{2-}+\hat{S}_{1-}\hat{S}_{2+})\right\}\alpha_1\alpha_2=\left(\frac{\hbar}{2}\right)^2\alpha_1\alpha_2+\frac{\hbar^2}{2}(0\times1+1\times0)\alpha_1\alpha_2$$

まとめると

$$\hat{S}^2\alpha_1\alpha_2=\left(\frac{3}{2}\hbar^2+2\times\frac{\hbar^2}{4}\right)\alpha_1\alpha_2=2\hbar^2\alpha_1\alpha_2,\qquad\text{これから}\ \langle X_{+1}|\hat{S}^2|X_{+1}\rangle=2\hbar^2$$

同様にして　$\hat{S}^2\beta_1\beta_2=2\hbar^2\beta_1\beta_2\quad\therefore\quad\langle X_{+3}|\hat{S}^2|X_{+3}\rangle=2\hbar^2$

次に

$$\hat{S}^2(\alpha_1\beta_2+\beta_1\alpha_2)=(\hat{S}_1{}^2+\hat{S}_2{}^2+2\hat{S}_{1z}\hat{S}_{2z}+\hat{S}_{1+}\hat{S}_{2-}+\hat{S}_{1-}\hat{S}_{2+})(\alpha_1\beta_2+\beta_1\alpha_2)$$
$$=\left\{\frac{3}{4}\hbar^2\times2+2\left(\frac{\hbar}{2}\right)\left(-\frac{\hbar}{2}\right)\right\}(\alpha_1\beta_2+\beta_1\alpha_2)-\hbar^2(\beta_1\alpha_2+\alpha_1\beta_2)$$
$$=0(\alpha_1\beta_2+\beta_1\alpha_2)$$
$$\therefore\quad\langle X_{+2}|\hat{S}^2|X_{+2}\rangle=0\hbar$$

11.2　$\varphi(1s)$ は4.3節および7.2節の水素原子内固有関数を参照すると

$$\varphi(1s)=Ae^{-\frac{r}{a}},\qquad a=\frac{4\pi\varepsilon_0\hbar^2}{2me^2}$$

と表されるので，$K(1s)$ と $J(1s)$ は次のようになる．

$$K(1s)=J(1s)=\frac{A^4e^2}{4\pi\varepsilon_0}\iint\frac{1}{r_{12}}e^{-\frac{2(r_1+r_2)}{a}}d\boldsymbol{r}_1d\boldsymbol{r}_2 \qquad ①$$

ここで電子 (1) と (2) の間の距離 r_{12} は図 11.3 で余弦定理を用いると $r_{12}=\sqrt{r_1{}^2-2r_1r_2\cos\Theta+r_2{}^2}$ となるが，この形は 4.3.3 項でルジャンドル関数 $P_l(\cos\theta)$ を学んだときの図 4.9 の u に対応しているので，それを応用することにする．

すなわち図 11.3 ではそれぞれ独立に分布する $e(1)$ と $e(2)$ について①の 2 重積分を行うわけであるが，$e(1)$ の分布を考えるときは $e(2)$ を図 4.9 のように z 軸上に固定して，まず $d\boldsymbol{r}_1$ についての積分を行うことにする．

図 4.9 の $u=\sqrt{1-2r_1\cos\theta+r_1{}^2}$ は特別に $r_2=1$ とした場合であるが，一般には

$$\frac{1}{r_{12}}=\frac{1}{\sqrt{r_1{}^2-2r_1r_2\cos\theta_1+r_2{}^2}}=\frac{1}{r_2}\sum_{l=0}^{\infty}P_l(\cos\theta)\left(\frac{r_1}{r_2}\right)^l \quad (r_1<r_2) \qquad ②$$

のように $P_l(\cos\theta)$ を用いて表現される．

ここで $r_1<r_2$ としたのは次の理由による．すなわち固定した $e(2)$ からみて，$e(1)$ が核からより遠い距離 ($r_2<r_1$) で ($1s$) のような球対称外殻軌道上にあるときは，そのクーロン場は $e(2)$ にあまり影響しない（球殻電荷分布の内部電界は打ち消される）のでその分布領域は省略している*)．

式②を①に入れて整理すると，次のような積分表現となる．

$$K=J=-\sum_l\int_0^\infty dr_2r_2{}^{2-(l+1)}e^{-\frac{2r_2}{a}}\int_1^{-1}d(\cos\theta_2)\int_0^{2\pi}d\varphi_2\times$$

$$\int_0^{r_2}r_1{}^{2+l}e^{-\frac{2r_1}{a}}dr_1\int_1^{-1}P_l(\cos\theta_1)\,d(\cos\theta_1)\int_0^{2\pi}d\varphi_1 \qquad ③$$

ここで 4.3.3 項のルジャンドル関数系 $\{P_l(\cos\theta)\}$ について考える．これは完全直交系なので

$$\int_1^{-1}P_l(\cos\theta)\,P_m(\cos\theta)\,d(\cos\theta)=\delta_{lm}$$

ところが $P_0(\cos\theta)=1$ なので

$$\int_1^{-1}P_l(\cos\theta_1)\,d(\cos\theta_1)=\int_1^{-1}P_0(\cos\theta_1)\,P_l(\cos\theta_1)\,d(\cos\theta_1)=\delta_{l0}$$

すなわち③の積分において，$l=0$ の項のみが存在する．その結果

$$K(1s)=J(1s)=\frac{A^4e^2}{4\pi\varepsilon_0}(4\pi)^2\int_0^\infty r_2e^{-\frac{2}{a}r_2}dr_2\int_0^{r_2}r_1{}^2e^{-\frac{2}{a}r_1}dr_1 \qquad ④$$

のような計算を行えばよいことになる．

この近似計算のもとでは，式④は結局

---

*) この省略近似を行わない．より精確な計算については，望月和子：量子物理，オーム社，1974 の p 100 を参照のこと．

$K=J=$

$$\int_0^{\infty}\rho(r_2)\frac{e^2}{4\pi\varepsilon_0 r_2}Q(r_1<r_2)\,dr_2,$$

$$\rho(r)=4\pi r^2|e^{-\frac{r}{a}}|^2$$

の形となり，$\rho(r_2)$ よりも内部の $e(1)$ の電荷 Q を中心に集めて，それと $\rho(r_2)$ の間のクーロンエネルギーを積分したものとなっている．

12.1　この2次元結晶の単位格子は図4(i) に表され，その波数空間表示は図4(ii) である．各ブリュアン帯は境界線で囲まれており，分別図示されている．各帯域の面積はすべて $k_xk_y=(2\pi)^2/ab$ に等しい．なおミラー指数 (hkl) とは結晶格子面を表すために面の垂線ベクトル成分の最小公倍数表示であるが，それが逆格子点に対応するので，図中に代表点のミラー指数記号を表す．

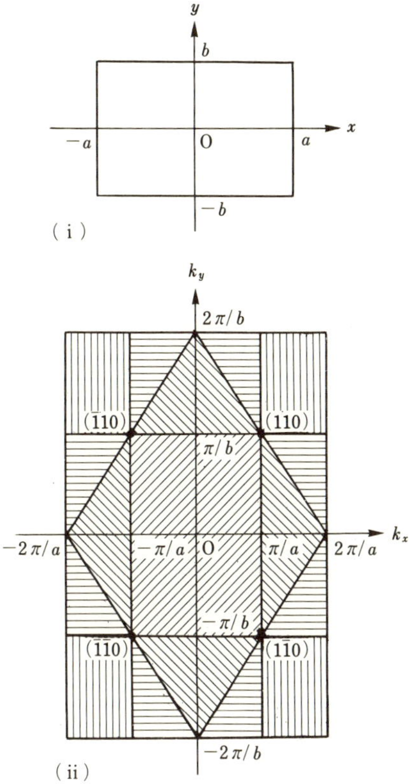

図4　(i) 2次元ポテンシャル周期 $(a,\ b)$ と，それによる (ii) 波動空間 $(\boldsymbol{k_x},\ \boldsymbol{k_y})$ のブリュアン帯構造

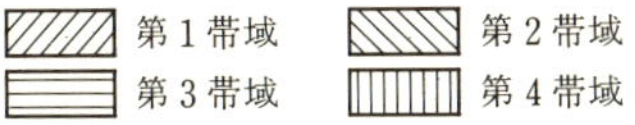

12.2　この $\boldsymbol{k}$ 空間での固有状態の分布は4章の図4.5以下に示されているように

$$k_x=\left(\frac{\pi}{L_x}\right)n \quad (n=\pm1,\ \pm2,\ \cdots),$$

$$k_y=\left(\frac{\pi}{L_y}\right)l \quad (l=\pm1,\ \pm2,\ \cdots)$$

のように等間隔分布である．だから固有状態は単位面積 $\delta k_x\cdot\delta k_y=\pi^2/L_xL_y$ 当り，スピン自由度を合わせて2個存在している．

第1ブリュアン帯域の面積 $S_{k1}=(\pi/2a)\cdot(\pi/a)$ をこれで割ると帯域内の状態数 N_k は

$$N_k=2\times\frac{S_{k1}}{\delta k_x\delta k_y}=2\times\left(\frac{\pi^2}{2a^2}\right)\Big/\left(\frac{\pi^2}{L_xL_y}\right)$$

だけ存在する．$L_x=2aN_x$，$L_y=aN_y$，$N_x\cdot N_y=N$ から

$$N_k=\frac{L_xL_y}{a^2}=2N$$

となって，各ブリュアン帯には結晶イオン総数 N の 2 倍の電子状態数が存在する．

12.3 シュレディンガー方程式

$$(\mathscr{H}_0+\mathscr{H}')\psi(x)=E\psi(x) \tag{12.11}$$

において $\mathscr{H}_0=-\dfrac{\hbar^2}{2m}\dfrac{\partial^2}{\partial x^2}$，$\mathscr{H}'$ とおく．

ここで周期ポテンシャル $V(x)$ には $\cos kx$，$\sin kx$ の基本モードのみを考えて $V(x)=V(k)\exp[iKx]+V(-Kx)\exp[-iKx]$ とする．

求める固有関数（9.3）を H_0 での $\psi_0(x)=\exp[ikx]$ で展開して $\psi(x)=\sum_k C_k\exp[ikx]$ として式（12.11）に代入して計算すると

$$\sum E_0(k)\,C_k\exp[ikx]+\sum_K qV(K)\exp[iKx]\sum_k C_{k-K}\exp[i(k-K)x]=E\sum_k\exp[ikx]$$

この式の $\sum\exp[ikx]$ の級数項のうちで，$\exp[ikx]$ の項を選ぶと

$$C_k(E_0(k)-E)+C_{k-K}\cdot qV(K)=0 \tag{12.12}$$

$\exp[i(k-K)x]$ の項を選ぶと

$$C_{k-K}(E_0(k-K)-E)+C_k\cdot qV(-K)=0 \tag{12.13}$$

その他の項では $V(k)$ がゼロなので $C_k=0$ と選べる．摂動状態の固有関数 $\boldsymbol{\Psi}(x)$ を求めるのに，この式（12.12）と（12.13）を連立させて解くのであるが未知係数 C_k，C_{k-K} に解が存在するための条件として，次の永年方程式を満足する固有値 E が求められる．

$$\begin{vmatrix} E_0(k)-E & qV(K) \\ qV(-K) & E_0(k-K)-E \end{vmatrix}=0$$

この行列式を解いて得られた E についての 2 次方程式を求める．

まず $k=K/2$ の場合は簡単に $(E_0(K/2)-E)^2=V(K)\,V(-K)=|\,V(K)|^2$ となり

$$E=E_0\pm q\,|\,V(K)|$$

が得られる．これが 1 次摂動の結果である．

次の 2 次摂動として $k\neq K/2$ の場合を考える．そのときは一般的に

$$E^2-\{E_0(k)+E_0(k-K)\}E+\{E_0(k)\cdot E_0(k-K)-q^2V(K)\,V(-K)\}=0$$

根の公式から E は

$$E=\left(\frac{1}{2}\right)\left[\{E_0(k)+E_0(k-K)\}\right.$$
$$\left.\pm\sqrt{\{E_0(k)-E_0(k-K)\}^2+4q^2V(K)\,V(-K)}\right]$$

摂動ポテンシャル $V(K)\,V(-K)=|\,V(K)|^2$ が小さいとして展開近似を行うと

$$E \simeq \left(\frac{1}{2}\right)\left[\{E_0(k)+E_0(k-K)\} \pm \{E_0(k)-E_0(k-K)\} \cdot \left(1+\frac{2|qV(K)|^2}{\{E_0(k)-E_0(k-K)\}^2}\right)\right]$$

これを整理すると次のようになる．

$$E=\begin{cases} E_0(k)+\dfrac{|qV(k)|^2}{E_0(k)-E_0(k-K)} \\ E_0(k-K)-\dfrac{q|V(k)|^2}{E_0(k)-E_0(k-K)} \end{cases}$$

図 12.5 を見てわかるように上の式は $k>(K/2)$ での電子キャリアの分枝であり，下の式は $k-K$ と対称的な $(K/2)<k$ での正孔キャリアの分枝である．電子についての 1 次摂動と 2 次摂動の結果をまとめると結局

$$E(k)=E_0(k)+|qV(K)|+\frac{|qV(k)|^2}{E_0(k)-E_0(k-K)}$$

となって式 (12.10) に相当する．

13.1　$E(k)$ より微分を求めると $\dfrac{dE}{dk}=\dfrac{\hbar^2}{2m}\times 2k$，これと $D_3(k)=4\pi k^2\times 2\times\left(\dfrac{\pi}{L}\right)^{-3}$ から

$$D_3(E)=D_3(k)\left(\frac{dE}{dk}\right)^{-1}=4\pi\left(\frac{L}{\pi}\right)^3\left(\frac{2m}{\hbar^2}\right)k=\frac{4L^3}{\pi^2}\left(\frac{2m}{\hbar^2}\right)^{3/2}\times E^{1/2}$$

同様にして

$$D_2(E)=D_2(k)\left(\frac{dE}{dk}\right)^{-1}=2\pi k\times 2\left(\frac{\pi}{L}\right)^{-2}\left(\frac{\hbar^2}{2m}\right)^{-1}\frac{1}{2k}=\frac{4L^2}{\pi}\left(\frac{2m}{\hbar^2}\right)$$

$$D_1(E)=D_1(k)\left(\frac{dE}{dk}\right)^{-1}=1\times 2\left(\frac{\pi}{L}\right)^{-1}\left(\frac{\hbar^2}{2m}\right)^{-1}\frac{1}{2k}=\frac{L}{\pi}\left(\frac{2m}{\hbar^2}\right)^{1/2}\times E^{-1/2}$$

基礎物理定数表

名　称	記　号	数　値	単　位	読み方
プランク定数	h	6.626068	10^{-34} J·s	(J：ジュール)
	$\hbar=h/2\pi$	1.054571	10^{-34} J·s	
素電荷	e	1.602176	10^{-19} C	(C：クーロン)
電子の質量	m	9.109381	10^{-31} kg	
陽子の質量	M	1.672621	10^{-27} kg	
磁束量子	$h/2\mathrm{e}$	2.067833	10^{-15} Wb	(Wb：ウェーバー)
ボーア磁子	$\mu_B=e\hbar/2m$	9.274008	10^{-24} J·T^{-1}	(T：テスラ)
核磁子	$\mu_N=e\hbar/2M$	5.050783	10^{-27} J·T^{-1}	
真空中の光速度	c	2.997924	10^{8} m·s^{-1}	
真空中の誘電率	ε_0	8.854187	10^{-12} F·m^{-1}	(F：ファラド)
真空中の透磁率	μ_0	1.256637	10^{-6} N·A^{-2}	(A：アンペア)
ボーア半径	$a_0=4\pi\varepsilon_0\hbar^2/me^2$	5.291772	10^{-11} m	
万有引力定数	G	6.673(10)	10^{-11} N·m^2·kg^{-2}	(N：ニュートン)
ボルツマン定数	k	1.380650	10^{-23} J·K^{-1}	(K：ケルビン)
アボガドロ定数	N_A	6.022141	10^{23} mol^{-1}	(mol：モル)

(「理科年表」2004 年版)

エネルギー換算表

$$1[\mathrm{eV}]=1.602176\times10^{-19}[\mathrm{J}]=8.065541\times10^{3}[\mathrm{cm}^{-1}]$$
$$=2.417989\times10^{14}[\mathrm{Hz}]=1.160450\times10^{4}[\mathrm{K}]$$
$$=1.727598\times10^{4}[\mathrm{T}]$$

さくいん

ア アインシュタイン
Einstein ……11
アインシュタインの関係
Einstein relation ……18
イ 位相速度
phase velocity ……7
1 次元空間
one dimensional space ……31
1 重項
singlet state ……146
一般化運動量
generalized momentum ……25
一般化座標
generalized coordimate ……25
ウ 運動量演算子
momentum operator ……25
ヴァンホーブの特異性
Van Hove singularity ……157
エ 永年方程式
secular equation ……114
エサキダイオード
Esaki diode ……91
エネルギー演算子
energy operator ……25
エネルギーギャップ
energy gap ……155
エネルギー固有値
energy eigen value ……29
エネルギー最小の原理
energy minimization principle ……124
エネルギー縮退
energy degenerated ……64
エネルギーバンド
energy band ……155
エルイーディー
LED (light emitting diode) ……161
エルシーエイオー法
LCAO (linear combination of atomic orbital) ……145
エルミート演算子
Hermitian operator ……110
エルミート共役
Hermitian conjugate ……109
エルミート性
Hermitian ……107
エルミートの多項式
Hermite polynominals ……44
エレクトロニクス素子
electronics element ……38, 160
エーレンフェストの定理
Eherenfest's theorem ……78
演算子
operator ……24
演算子の積
operator product ……106
オ 帯境界

zone boundary ……………………155
オブザーバブル
observable ……………………………108
オプトエレクトロニクス
opto-electronics ……………………161
カ 階段ポテンシャル
step potential ……………………………81
回転座標系
rotational coordinate ……………104
可　換
commutable……………………………107
角振動数
angular frequency ……………………7
確率振幅
probability amplitude………………63
確率の流れの密度
probability current density ………80
確率密度
probability density …………………56
換算質量
reduced mass……………………………99
完全系
complete system ………………………62
観　測
observation……………………………57, 58
観測平均値
observable mean value ……………60
環電流
ring current……………………………105
完備系
complete system……………………108
キ 規格化条件
normalization condition……………56
規格直交性
normalized orthogonality …………62
奇関数
odd function ……………………45, 66
菊　池
Kikuchi …………………………………13
期待値
expectation value………………60, 77
軌道角運動量
orbital angular momentum………102
軌道角運動量子数
azimurthal quantun number ………95
軌道関数
orbital function ……………………144
逆行列
inverse matrix ……………………144
ギャップ
gap ………………………………………155
ギャップエネルギー
gap energy ……………………………153
級数展開法
series expansion ……………………45
球面調和関数
spherical harmonic function………53
共役の関係
conjugated relation …………………65
境界条件
boundary condition ……………37, 70
行列力学
matrix dynamics ……………………110
極座標表示
polar coordinate expression ………45
巨視的
macroscopic ………………………………2
巨視的量子現象

macroscopic quantum phenomenon ……143
禁制帯
forbidden band ……155
ク 偶関数
even function ……45, 66
クライン・ゴルドン方程式
Klein-Gordon equation ……30
グリマルディ
Grimaldi ……8
クーロン積分
Coulomb integral ……147
群速度
group velocity ……75
ケ 結晶格子
crystal lattice ……92
結晶格子空間
crystal lattice space ……46
ケット・ベクトル
cket-vector ……61
ゲルラッハ
Gerlach ……129
原子内電子状態
electronic state in atom ……99
コ 高易動度半導体
high mobility semicoductor ……160
交換エネルギー
exchange energy ……148
交換関係
commutation relation ……122
交換子
commutator ……106
交換積分
exchange integral ……148
交換相互作用
exchange interaction ……148
光電子効果
photo electron effect ……10
固有関数
eigen function ……29
固有状態
eigen state ……61
サ 作用量積分
action integral ……17
3 重項状態
triplet state ……146
シ 時間を含むシュレディンガー方程式
time dependent Schrödinger equation ……26
磁気能率
magnetic moment ……105
磁気量子数
magnetic quantum number ……99
試行関数
trial function ……43
仕事関数
work function ……11
自己合理的な形
self-consistent style ……138
始状態
initial state ……60
実　験
experiment ……129
周　期
period ……7
周期境界条件
periodic boundary condition …40, 41
自由空間

free space ……31
終状態
final state ……60
シュテルン
Stern ……129
主量子数
principal quantum number ……99
シュレディンガー方程式
Schrödinger equation ……28
昇降演算子
step up and down operator ……116
状態遷移確率
state transition probability ……108, 109, 122
状態ベクトル
state vector ……132
状態密度
density of state ……157
障　壁
barrier ……85
人工格子
synthetic lattice ……161
振動数
frequency ……7
ス 水素原子
hydrogen atom ……94
スピン
spin ……128
スピン 1 重項状態
spin singlet state ……147
スピン演算子
spin operator ……130
スピン角運動量
spin angular momentum ……102
スピン関数
spin function ……145
スピン 3 重項状態
spin triplet state ……146
スピン磁気能率
spin magnetic moment ……129
スピン磁気量子数
magnetic spin quautum number ……134
スピン昇降演算子
spin up and down operator ……134
スピン相関効果
spin correlation effect ……148
スピン量子数
spin quantum number ……144
スレータの行列式
Slater determinant ……140
セ 接　合
junction ……160
摂動法
perturbation approximation ……118
ゼーナー効果
Zener effect ……91
ゼーマンエネルギー
Zeeman energy ……129
線形性
linearity ……68
ソ 束縛電子近似
bound electron ……156
タ ダイオード
diode ……160
対角行列
diagonal matrix ……112
多項式展開法

polynomial development …………44
ダビットソンとガーマー
Davidson and Germer………………13
ダブルケービー法（WKB 法）
Wentzel-Kramers-Brillouin method
…………………………………………91
多粒子系
many particle system ……………136
段階近似
iteration ……………………………119
チ 逐次近似
iterative approximation……………45
中心力ポテンシャル
central force potential ……………48
超伝導
superconductivity …………………143
超流動
super fluidity ………………………143
調和振動
harmonic oscillation ………………45
調和振動子
harmonic oscillation………………126
直交座標成分
rectangular coordinate ……………34
直接遷移型半導体
directly transition type semiconductor ……………………………………161
テ デルタ関数
delta function …………………64, 103
電子雲
electron cloud ………………………59
電子線回折
electron diffraction …………………12
電磁波
electro-magnetic wave ……………10
電子密度分布
electron density distribution………98
伝導帯
conduction band……………………155
電流密度
electric current density ……………80
ト 透過波
transmitted wave ……………………82
透過率
transmission probability …………83
動径波動関数
radial wave function …………94, 97
独立粒子系モデル
independent particles model ……137
ド・ブロイ
de Broglie ……………………………14
ドーピング
doping ………………………………159
ド・ブロイの関係式
de Broglies' relation ………………17
トランジスタ
transistor ……………………………160
トンネル効果
tunneling effect………………………88
トンネルダイオード
tunnel-diode …………………………90
ナ 内　積
scalar product ………………………60
ハ ハイゼンベルグの運動方程式
Heisenberg's equation of motion
…………………………………………114
ハイゼンベルグ表示
Heisenberg expression ……………111

パウリの行列
Pauli matrix ……………………… 133
パウリの排他原理
Pauli exclusion principle ………… 141
波　数
wave number ……………………… 7
波　束
wave packet ……………… 22, 64, 76
波束の収縮
wave packet contraction ………… 59
波　長
wave length ………………………… 7
発光ダイオード
LED ………………………………… 162
波　動
wave motion ……………………… 6
波動関数の連続性
continuity of wave function ……… 69
波動方程式
wave equation …………………… 22
ハートレーの近似法
Hartree approximation ………… 138
ハミルトニアン
Hamiltonian ……………………… 115
ハミルトン関数
Hamilton function ……………… 115
パリティ
parity …………………………… 65, 67
バルマー系列
Balmer series …………………… 16
半金属
semi metal ………………………… 159
反射波
reflected wave …………………… 82
反射率
reflection probability …………… 83
半導体
semiconductor …………………… 159
ヒ 非可換
incommutable …………………… 106
光共振器
light resonant cavity …………… 162
光の回折
light diffraction ………………… 8
光の干渉
light interference ……………… 8
光の屈折
light deflection ………………… 5
光の分散
light dispersion ………………… 5
微視的
microscopic ……………………… 2
非線形微分方程式
nonlinear differential equation … 43
微分演算子
differential operator …………… 46
フ フェルミエネルギー
Fermi energy …………………… 141
フェルミ縮退
Fermi degeneration …………… 142
フェルミ・ディラックの統計則
Fermi-Dirac statistics ………… 141
フェルミ粒子
Fermi particle …………………… 141
不確定性関係
uncertainty relation …………… 107
不確定性原理
uncertainty principle …………… 65

複素共役
complex conjugate ……………………60
物質波
material wave ……………………………12
物理量
observable ………………………………102
部分積分法
partial integration ……………………76
ブラッグ反射
Bragg reflection ………………………92
ブラ・ベクトル
bra-vector …………………………………61
プランク
Planck ……………………………………12
プランク定数
Plank constant …………………………11
フーリエ関数系
Fourier function system……………64
フーリエ展開
Fourier expansion ……………………64
ブリュアン帯
Brillouin band ………………………155
ブロッホ関数
Bloch function ………………………152
分散関係
dispersion relation ……………………22
ヘ　平均自由行程
mean free path …………………………2
平均場近似
mean field approximation ………138
ヘムト
HEMT (height electron mobility transistor) ……………………………………160
変換行列
transformation matrix ……………132
変数分離
seperation of variables ……………27
変数変換
variable transformation……………46
変分近似法
variational approximation ………124
変分試行関数
trial variation function …………127
変分パラメータ
variational parameter ……………126
ホ　ボーア
Bohr…………………………………………15
ボーア磁子
Bohr magneton ………………………106
ボーア半径
Bohr radius ………………………………99
方位量子数
azimurthal quantum number ……99
母関数
generating function …………………44
ボーズ・アインシュタインの統計則
Bose-Einstein statistics …………143
ボーズ凝縮
Bose condensation……………………143
ボーズ粒子
Bose particle …………………………143
マ　マクスウェルの波動方程式
Maxwell's equation……………………10
マトリックス表示
matrix expression……………………109
ム　無限高井戸型ポテンシャル
infinite well-type potential ………36
ヤ　ヤング

Young ……9

ユ ユニタリー行列
unitary matrix ……113

ラ ラゲールの多項式
Laguerre's polynomial ……96
ラゲールの陪（バイ）多項式
Laguerre's associated polynomial ……96

リ 離散的固有値
discrete eigen values ……35
リュドベリー定数
Rydberg constant ……16
量子井戸
quantum well ……161
量子井戸構造レーザー
quantum well type laser ……162
量子エレクトロニクス
quantum electronics ……2
量子効果
quantum effect ……2
量子統計の問題
quantum statistical problem ……139
量子力学
quantum mechanics ……1

ル ルジャンドル関数
Legendre function ……50
ルジャンドルの陪（バイ）関数
Legendre's associated function ……52

レ レナード
Lenard ……10
連続的固有値
continuous eigen values ……32

ロ ローレンツ力
Lorentz force ……25

d-軌道
d-orbital ……100
f-軌道
f-orbital ……100
p-軌道
p-orbital ……99
s-軌道
s-orbital ……99
α 放射能
α-radioactivity ……92

〈著者・校閲者紹介〉

青木　亮三（あおき　りょうぞう）

1957年　大阪大学理学部物理学科卒業
専　攻　電子物性，超伝導
現　在　大阪大学名誉教授．理学博士

平木　昭夫（ひらき　あきお）

1958年　大阪大学大学院理学研究科修士課程修了
専　攻　電子物性
現　在　大阪大学名誉教授・高知工科大学教授．理学博士

情報・電子入門シリーズ⑭

わかりやすい　量子力学〔第2版〕

検印廃止

1994年11月25日　初版1刷発行
2003年 9 月10日　初版9刷発行
2005年 9 月20日　第2版1刷発行
2022年 2 月25日　第2版9刷発行

著　者　青木亮三　© 2005
校閲者　平木昭夫
発行者　南條光章

発行所　**共立出版株式会社**

〒112-0006　東京都文京区小日向4-6-19
電話 03-3947-2511　振替 00110-2-57035
URL www.kyoritsu-pub.co.jp

印刷：中央印刷 / 製本：ブロケード

NDC 421.3 / Printed in Japan

一般社団法人
自然科学書協会
会員

ISBN 978-4-320-02444-1